優勢談判

★ SECRETS OF POWER NEGOTIATING ★

把自己的思想放進別人的腦袋，
把別人的錢放進自己的口袋

羅傑・道森
著

陳諭聖
譯

獻給我美麗的妻子
吉賽拉（Gisela）
她將愛帶進我的人生。

另外還要獻給所有參與研討會的學員、
我的書的讀者，
以及我的有聲書的聽眾，
他們都與我分享自己談判的故事。

最後要獻給我那三個非常好的小孩
茱莉亞（Julia）、德懷特（Dwight）和約翰（John），

以及漂亮的孫子
雅絲翠（Astrid）與湯瑪斯（Thomas）

CONTENTS

談判末期的策略

不道德的談判策略

談判原則

Part 2 解決棘手的談判問題

Part 3 談判的施壓方法

Part 4

跟美國以外的人談判

Part 5

了解玩家

Part
6
開發對對方的影響力

簡介 什麼是優勢談判？

職涯通訊出版社（Career Press）十五年前出版這本書的第一版之後，發生很多事情。很多事情發生在我身上，世界上也出現很多變化。當然，影響我們最大的改變，就是網路。人與人的溝通變得比以前更加容易。現在，我早上起床就要回覆前一天晚上從世界各地寄來的電子郵件，因為我睡覺的時候，他們還在上班。現在，我在上海教「優勢談判」課程的時間，很可能跟在西雅圖教課的時間差不多。

這本書的第三版很大程度反映出我們生活的這個美麗新世界。你會發現增加與其他文化的人溝通的篇章。這是我從科威特、奈及利亞、中國、紐西蘭、冰島等世界各地舉辦的優勢談判工作坊中學到的。儘管我們的文化不同，我發現大多數人都希望從談判中得到同樣的東西：他們希望雙方可以公平交易、他們想要用全新的談判技巧來改善自己的處境、他們想要有足夠的技巧來阻止對方利用這些優勢。

第三版還包含討論兩個主題的章節，這兩個主題似乎讓參加工作坊的學員很著迷：那就是肢體語言與話中隱藏的含義。還記得高科技／高觸及理論（high-tech/high-touch theory）嗎？那個理論說，我們愈是透過機器互相接觸，難得的面對面會議就會變得愈重要。我們愈是因為電子郵件和愈來愈簡短的簡訊而相互隔絕，我們就愈渴望更加了解別人。

你還會找到探討調解與仲裁的新增章節。這是我們這個新世界的一個重大轉變，而且是非常受歡迎的轉變。想要解決問題，把對方告上法院是非常昂貴又耗時的方法。因此，用調解（在訓練有素的調解員指導下，真誠的人能夠尋找雙方都可以接受的解決方案）取代興訟是更合理的趨勢。

在這一版中，你會發現**需要記住的新重點**非常寶貴。如果你用 iPad 或 Kindle 讀這本書，你會發現這些重點很有價值，在上場談判前的最後一分鐘可以拿來複習。搜尋「重點」，然後在要去談判的路途上瀏覽。如果你把這本書當作很好的老派書籍在閱讀，你會發現幾乎每一章的最後都會找到必須記住的重點。

過去十五年發生很多變化，但是也有很多事情保持不變。談判的目標仍然是創造一個雙贏的解決方案，這是一種創造性的方法，讓你和對方都可以在離開談判桌時感覺到自己贏了。

雙贏談判者談論的總是兩個人只有一顆柳橙，但他們都想占為己有。他們決定最好的方法是將柳橙從中間切開，每個人都拿到需要的一半。為了確保公平，他們決定由一個人切分柳橙，另一個人則先選擇拿哪一塊。

不過，當他們在談判中討論自己的潛在需求時，他們發現其中一個人想要拿柳橙來榨汁，另一個人則需要柳橙皮，因為他想要烤個蛋糕。他們奇妙地找到一個讓雙方都贏，而且沒有人會輸的方法。

哦，這樣做當然沒問題！這種情況可能發生在現實世界，但是這還不足以讓這個概念顯得很有意義。面對現實吧：當你坐下來談判時，對方想要的東西可能跟你一樣。不會有神奇的雙贏解決方案。如果他們要買東西，他們想要用最低價來買，而你想要用最高價來賣。如果他們要賣東西，他們想要開最高價賣出，而你想要用最低價買進。他們想要從你的口袋掏出錢來放進自己的口袋裡。

不過優勢談判採取不同的立場，它要教你如何在談判桌上獲勝，同時讓對方覺得自己贏了。我會教你如何做到這點，並以一種讓對方永遠覺得自己會贏的方式來做這件事。他們不會在第二天早上醒來時想著：「現在我知道那個人對我做了什麼。等著吧，下次走著瞧。」他們不會這樣想。他們會想著跟你談判時的感覺有多好，而且他們迫不及待想要再次見到你。

讓對方覺得自己會贏的能力是如此重要，以致於我幾乎要告訴你這就是優勢談判的定義。兩個人可能會在情況相同的狀態下進行談判，或許他們正在買賣房地產或機器設備。雙方可能會以完全相同的價格和條件來完成談判，但是優勢談判高手在離開談判桌時會讓對方覺得自己贏了。糟糕的談判者離開談判桌時，則會讓對方感覺自己輸了。

如果你學習並應用這本書要教你的優勢談判的秘密，你就再也不會覺得自己輸給對方。在離開談判桌時，你會一直知道自己贏了，而且知道你跟對方的關係已經改善。

如果你有任何看法、建議、想要分享的故事、要抱怨的事情，或是有問題想要詢問，請寄電子郵件至 Roger@RogerDawson.com 與作者聯繫。

Part 1

玩一場優勢談判遊戲

玩一場優勢談判的遊戲就像下西洋棋一樣，需要按照一套規則行事。不過談判和下西洋棋最大的不同在於，在談判的時候，對方不必知道規則。對方會針對你做出的舉動，做出預測得到的回應。這不是因為抽象的魔法，而是因為我的數千名學生告訴我他們多年來的談判經驗，從他們的回饋中，我們知道對方會針對你做出的任何優勢談判舉動做出反應。當然不是每次都這樣，但是有很高的可能性會出現這樣的情況。因此我們現在知道談判更像是一門科學，而非一門藝術。

如果你會下西洋棋，就會知道這個遊戲中有個策略性的棋步，稱為「讓棋」[1]（gambits）。當我談到「談判策略」（negotiating gambits）的時候，我談的是涉及一些風險的策略性舉動。我會教你選擇適當策略的方法。有技巧的選擇適當的策略，並在正確的時機使用，會使風險降到最低。**談判初期的策略**，會讓遊戲按照你想要的方向開始，**談判中期的策略**則會讓遊戲持續朝你想要的方向前進。當你準備好將對方「將軍」的時候，你可以使用**談判末期的策略**，如果用銷售術語來說，就是讓生意成交。

在本書的第一節，我會教你優勢談判的策略。你會學到談判初期的策略：也就是你在與對方接觸的早期階段會做的事情，確保為成功的結果做好準備。隨著談判的進展，你會發現每一項進展都取決於你在早期階段營造的氛圍。你應該決定你的要求是什麼，以及你要呈現的態度，以及精心制定計畫去涵蓋所有談判的要素。

你的開局策略會決定輸贏。你必須對對方、市場和對方公司進行仔細評估，藉此來決定使用的開局策略。

接下來，我會教你談判中期的策略，讓你保持對你有利的氣勢。在這個階段，不同的事情會開始發揮作用。雙方的舉動會圍繞著參與者產生氣流，並把他們推到不同的方向。你會學到如何應對這些壓力，並繼續主導這場遊戲。

最後，我會教你不道德的談判策略、談判原則，與談判末期的策略，來完成談判，而且讓你得到你想要的東西，對方也會感覺自己贏了。最後幾分鐘可以讓一切變得不一樣。就像賽馬一樣，比賽中只有一點很重要，那就是衝過終點線。身為優勢談判高手，你會學到如何順利控制這整個過程直到最後一刻，就讓我們開始學習優勢談判的策略吧！

但先說一兩句跟性別有關的事。我從英國來到美國之後，美式英語中性別的使用發生很多變化。約翰・甘迺迪（John F. Kennedy）不再被允許說：「（我們的目標是）把**男人**送到月球……然後把**他**安全送回地球。」博比・甘迺迪（Bobby Kennedy）不會憑著「有些**男人**只會看到事情本來的樣子，而且問為什麼？而我則夢想從未發生過的事情，然後問：為什麼不這樣呢？」這樣的口號贏得加州初選。

在這本書，政治正確的做法是把每個人都稱為他或她，如今，我用全新的新式電腦來寫這本書，我只要花五分鐘就可以把稱謂改成這樣。但相信我，你會討厭這種做法。這就像赤腳走在發燙的鵝卵石上，跌跌撞撞的試圖弄清楚為什麼要這麼做。就連不會讓我出錯

1 譯註：這是指為了取得優勝，在開局時犧牲一子或數子。

而受懲罰的出色編輯茱蒂·布蘭登（Jodi Brandon）都告訴我：「用他或她都好，只要讓讀者一開始就知道有一種性別的人，就意味著有另一種性別的人。」你在這裡看到的就是這樣。（如果你還是不高興，我鼓勵你寫電子郵件，寄到 Roger@RogerDawson.com 給我。）

談判初期的策略

第1章 要求比預期更多的東西

優勢談判的一項基本原則是，你應該向對方要求比預期更多的東西。亨利・季辛吉（Henry Kissinger）甚至說過：「會議桌上的成效，取決於可以將自己的要求誇大到多少。」你應該這樣做有一些理由：

- 為什麼你跟商店要求的折扣，應該要比你認為有機會獲得的折扣更大？
- 為什麼你應該跟老闆要一間商務辦公室，即使你認為得到一間個人辦公室就已經很幸運了？
- 如果你正在應徵一份工作，為什麼你要求的薪水與福利，應該要比你認為他們會提供給你的薪水與福利還多？
- 如果你不滿意在一間餐廳的用餐體驗，為什麼你應該要求服務員免除所有費用，即使你認為他們只會扣除出問題的餐點費用？

如果你考慮過這些情況，你可能會想出一些好理由來要求比預期更多的東西。顯而易見的答案是，它給你一些談判的空間。如果你在賣東西，你隨時可以降價，但永遠不可能漲價；如果你在買東西，你可以隨時漲價，但永遠不可能降價。（讀到第十四章的時候，我會告訴你如何利用蠶食策略要得更多。有些東西在談判結束時比談判開始時更容易要得更多。）你應該要求的是你的ＭＰＰ，也就是你的最高報價價位（maximum plausible position）。這是你可以要求到最多的東西，而且其他人從你的立場上來看，仍然認為有些合理的地方。

你對對方的了解愈少，一開始的報價就應該要愈高，這有兩個理由：

1. 你的假設可能有錯。如果你不知道對方的需求，對方願意付出的價格也許比你以為的還要高。如果他是賣方，他也許會願意接受比你以為還低的價格。
2. 如果這是一段新的關係，如果你能夠做出更大的讓步，你會顯得更樂於合作。你愈了解對方和他的需求，你就愈能更動自己的立場。如果對方不了解你，他們一開始的要求也許會更離譜。

如果你的要求超過最佳報價單位，就暗示有些調整彈性。如果其他人覺得你最初的報價很離譜，而且你的態度是「不要就拉倒」，那可能連談判開始的機會都沒有。對方的反應可能是：「那我們沒什麼好談的。」如果你暗示有些彈性可以調整，你一開始開出離譜的報價可能就不會被追究。

如果你直接從賣方那裡買房子，你也許會說：「我理解你是根據已知的情況，對這棟房子開價二十萬美元，對你來說，這似乎是合理的價格。也許你知道一些我不知道的事情，但是根據我做的所有研究，對我來說，我們似乎在談的是價值接近十六萬美元的東西。」這時賣方可能會想：「這太荒謬了，我絕對不會用這個價格賣掉，但他似乎看起來很誠懇，如果我花點時間跟他談判，看看可以讓他的開價推得多高，對我有什麼損失呢？」

如果你是銷售人員，你可能會對買方說：「只要更精確知道你的需求，我們就有可能修改這個報價，但是根據我們目前知道你要訂購的數量、包裝的品質，以及不需要即時存貨，我們最好的價格會是每個小零件二・二五美元左右。」那時其他人可能會想：「這太離譜了，但是這裡似乎有些彈性調整的空間，所以我想我會花一點時間跟他談判，看看我可以讓他的報價降到多低。」

除非你已經是經驗豐富的談判者，不然你就會遇到這個問題。你的實際ＭＰＰ可能比想像的高很多。我們都害怕被其他人嘲笑（稍後在第五十五章討論懲罰的力量時會討論到這點）。我們都不願意開出的價格會讓其他人嘲笑或貶低我們。因為有這樣的恐懼，你可能會想要把ＭＰＰ修改到低於其他人認為合理的最大金額。

如果你都以正向思考，那麼對你來說，要求比期望得到更多的另一個原因應該顯而易見，那就是你還是有可能得到要求的東西。你不知道那天宇宙是如何運作的，也許你的守護神正在雲端俯瞰著你，心想：「哇，看看那個好人，他已經努力工作那麼久，就讓他休息一下。」你可能會得到你要求的東西，而你會發現，想要做到這件事，唯一的方法就是提出要求。

此外，要求比預期得到更多的東西，會使你提供的東西感覺更有價值。如果你正在應徵一份工作，而且要求比預期得到更多的薪水，你會在人事主管的腦海中植入一種看法，認為你有那個價值；如果你賣一輛車，要求比預期得到更多的錢，那樣的開價會讓買方更相信那部車更值錢。

要求比預期得到更多的東西還有另一個好處，那就是可以避免談判陷入僵局。看看波斯灣戰爭的例子。我們要求薩達姆・海珊（Saddam Hussein）做什麼事？（也許用「要求」這個詞並不完全正確。）美國總統喬治・布希（George Bush）在國情咨文演說中使用一段優美、押頭韻的話，來描述我們公開談判的立場，這段話可能是佩姬・盧南（Peggy Noonan）寫的。他說：「我不是在吹牛炫耀，不是在虛張聲勢，也不是要欺負人。這位仁兄必須做到三件事，他必須離開科威特，他必須恢復科威特的合法政權（不要重蹈蘇聯在阿富汗的覆轍，建立傀儡政府），而且必須賠償他所造成的損害。」

這個公開談判的立場非常清楚明確。問題是那也是我們的底線，也是我們準備好至少要解決的問題，難怪會出現僵局。之所以不得不陷入僵局，是因為我們並沒有給薩達姆・海珊獲勝的空間。如果我們說：「好吧，我們想要把你和你的親信驅逐出境。我們希望在巴格達建立一個非阿拉伯人主導的中立政府。我們希望聯合國監督伊拉克撤除所有軍事裝備。此外，我們希望你離開科威特，恢復科威特的合法政權，並賠償你造成的損失。」那麼我們可能會得到我們想要的東西，而且還是可以讓薩達姆・海珊獲勝。

我知道你現在在想什麼。你在想：「羅傑，薩達姆・海珊不在我去年寄送的聖誕賀卡名單上，我不想要讓他這種人獲勝。」我同意這個看法。不過，在談判上這會創造一個問題，那就是創造出僵局。

有時，你會想要製造僵局

你可能會從波斯灣的局勢得出以下兩個結論。第一種是美國國務院的談判人員是白痴，第二種可能性是，這個情況是美國想要製造的僵局，因為這符合美國的目的。我們其實並不想去接受喬治．布希在國情咨文中要求的三件事。史瓦茲柯夫將軍（General Schwarzkopf）在自傳《身先士卒》（*It Doesn't Take a Hero*）中說道：「我們到達那裡的那一刻就明白，只有在軍事上獲勝才是勝利，其他任何事情對美國而言都是失敗的。」我們不能讓薩達姆．海珊把六十萬軍隊撤出邊境，因為我們會不斷揣測什麼時候他會再次選擇入侵科威特。我們需要有個理由進駐科威特，並在軍事上對他迎頭痛擊。

波斯灣戰爭的情況，目的就是要製造僵局。我擔心的是，當你參與談判時，你正在無意中製造僵局，因為你無法勇於要求比預期更多的東西。優勢談判高手會說，你應該要求比預期更多東西的最後一個原因是，如果想要創造一種讓對方感覺自己贏了的氛圍，這是唯一的方法。

如果你一開始就提出最好的條件，在與對方談判時就不可能讓他們感覺自己贏了。缺乏經驗的談判者總是想要用最好的條件開始談判。這些求職者想的是：「這是一個供不應求的市場，而且如果我要求太高的薪水，他們甚至不會考慮要用我。」

這些人在賣房子或車子時會想：「如果我要求太多，他們只會笑我。」這位銷售人員對銷售經理說：「我今天要出去提案，我知道競爭很激烈，城裡所有人都要提案。讓我降價，不然我們就沒有機會拿到這份訂單。」談判人員知道要求比預期更多東西的價值。

我來簡要說明要求比預期更多東西的理由：

- 你也許就可以得到那麼多。
- 這會給你一些談判空間。
- 感覺你提供的東西更有價值。
- 可以防止協商陷入僵局。
- 創造一種讓對方感覺自己贏了的氛圍。

在受人高度矚目的談判中，像是美式足球員或航空公司飛行員罷工的情況，雙方最初提出的要求都很奇怪。我還記得我曾參與一次工會談判，談判中最初的要求令人難以置信。工會要求員工的薪資要提高到三倍，公司一開始的條件則是可以雇用沒有加入工會的員工，換句話說，要在那裡建立一個非強制加入的工會，有效摧毀現有工會的勢力。

當蘇丹反叛軍綁架三名紅十字會員工時，他們要求一億美元的贖金才釋放人質。幸運的是，沒有人嚴肅看待這個要求，因此他們很快就把要求降到兩百五十萬美元。美國國會議員比爾・理查森（Bill Richardson）後來以美國駐聯合國大使的身分，施展他的談判技巧。他坐在一棵樹下，不理會在他前面揮動槍枝的反叛軍。他最後用五噸稻米、四輛舊吉普車和一些收音機等紅十字會救援物資，成功拯救人質。

我記得北京剛開放訪客入境的時候，我想要坐三輪車回到只有兩個街區外的飯店（三輪車就像人力車，只是前面有台自行車拉動）。當三輪車司機知道我是美國人時，他們欣喜若狂，他們都圍過來，顯然好像當作我不存在一樣，他們還建議幸運的司機必須跟我談派車費。其中一個告訴他要跟我要十美元，另一個說要二十美元，最後他們同意五十美元是開始談判最適合的起點。最後我給他一美元，這個金額比他一天的工資還多，而且他非常高興。

優勢談判高手知道這類談判最初的要求總是很極端，因此他們不會被這種要求困擾。他們知道隨著談判的進展，他們會朝折衷的方案努力，從中找出雙方都能接受的解決方案。然後他們就可以召開記者會，宣布自己在談判中獲勝。

律師如何要求更多

德州阿馬里洛（Amarillo）的約翰・布羅德富特（John Broadfoot）是我的律

師朋友，他幫我測試這個理論。有一次他代表一棟房子的買方，而且儘管他已經完成一筆很好的交易，他還是在想：「我想要看羅傑『要求比預期更多的東西』法則如何發揮作用。」他憑空想出對買方提出的二十三個要求。有些要求很荒謬。他確信至少有一半的要求馬上會被捨棄。但讓他驚訝的是，他發現那棟房子的賣方只對其中一個要求中的一句話表示強烈反對。即使在那時，約翰就像我教他的那樣，沒有立刻妥協。他堅持了幾天，最後才勉強讓步。雖然在二十三個要求中只有一句話做出讓步，但賣方仍然覺得自己贏得談判。

把目標放中間

下一個問題是，如果你的要求比期望得到的東西更多，你應該要求比期望多多少？答案是你應該把你的目標放到中間。你最初的提案與你的目標差距，應該等於對方的提案與你的目標之間的差距。

舉幾個簡單的例子：

- 汽車經銷商對一台車開價一萬五千美元，你想要用一萬三千美元買下來。那先開價一萬一千美元。
- 有個員工詢問是否可以花四百美元買一張新桌子。你認為三百二十五美元比較合理，你應該告訴他，你希望他不要花超過兩百五十美元。

- 你是銷售人員，買方提議用一．六美元買下你的小零件，你可以接受一．七美元的價格。把目標放中間的原則告訴你，你一開始應該開價一．八美元，最後就會用中間值成交，你仍然可以達成目標。

當然，最後並不會一直以中間值成交，但是如果你沒有其他東西作為一開始開價的基礎，那麼這是很好的假設。假設你最終會在雙方報價的中間值成交。如果你追蹤這種情況，我相信你會很驚訝這有多常見。

用一件生活瑣事來說明。你的兒子來找你，說他需要二十美元來參加週末的釣魚活動。你說：「不可能，我不會給你。你知道嗎，我在你這個年紀的時候，我每週只有〇．五美元的零用錢，而且我還要做事才能得到這筆錢？我會給你十美元，就這麼多。」

兒子說：「爸，十美元沒辦法參加活動。」

現在你已經建立好談判範圍（negotiating range）。他要二十美元，你願意付十美元。觀察看看最後用十五美元成交的頻率有多高。在我們的文化中，平分差價似乎很公平。

在大型國際談判中取中間值

熱門事件：一九八二年，我們（美國）正與墨西哥政府就巨額國際貸款的償還金額進行談判。他們拖欠大約八百二十億美元的貸款。他們的首席談判代表是財政部長赫蘇斯・赫爾佐克（Jesus Herzog）。美國的代表則是財政部長唐納德・雷根（Donald Regan）和聯準會主席保羅・沃克（Paul Volcker）。我們提出一個有創意的解決方案，要求墨西哥提供大量石油，用來作為我們的戰略石油儲備，赫爾佐克同意了。然而這並沒有解決問題。我們向墨西哥人提議，他們要付給我們一億美元的談判費，對他們而言，在政治上可以接受用這個方法來付給我們應計利息（accrued interest）。墨西哥總統洛佩斯・波帝略（Lopez Portillo）聽到我們的要求時，勃然大怒。他的意思就像是說：「你叫羅納德・雷根滾開，我們不會給美國談判費，一毛都不會付。」現在我們已經確立談判範圍。我們要求一億美元，他們只打算給零元。猜猜他們最後付給美國多少錢？你猜對了，答案是五千萬美元。

不論是生活上的瑣事，還是熱門事件，我們終究會做出妥協。優勢談判高手會把目標放中間，這樣可以確保無論發生什麼狀況，他們仍然會得到想要的東西。為了把目標放中間，你要讓對方先表達自己的立場。如果對方先讓你表達自己的立場，那麼他可能就會把他的目標放中間，這樣就會像經常發生的狀況一樣，你最終會做出妥協，對方會得到他想要的東西。這是談判的基本原則，我們之後會回來談這件事（見第二十六章）。讓對方先表明立場可能不會像你擔憂得那麼糟，而且這是你把提案的目標放中間唯一的方法。

相反地，不要讓對方騙你先做出承諾，如果現況對你來說不錯，而且也沒有壓力要讓你採取行動，就大膽跟對方說：「是你要來找我的，我很滿意現在的情況，如果你想要這樣做，就必須提個方案給我。」

將目標放中間的另一個好處是，隨著談判持續下去，可以知道你可以做出多大的讓步。來看看如何在之前描述的三種狀況下使用。汽車經銷商要價一萬五千美元，你想要用一萬三千美元買進。你開價一萬一千美元。然後，如果賣方的出價降到一萬四千五百美元，你可能會把出價調高至一萬一千五百美元，但接下來你的目標還是會設在中間。如果賣方接下來出價一萬四千兩百美元，你可能會把出價調高三百美元，到一萬一千八百美元。

你的一位員工問你，他是否可以花四百美元買一張新桌子，你認為三百二十五美元才合理。因此你建議用兩百五十美元去買。如果這位員工回答說他可以花三百五十美元買到他需要的桌子，你可以告訴他要在三百美元的預算內買進。因為你們的出價都調整五十美元，所以你的目標還是在中間。

還記得有個買方要用一．六美元買進你的小零件嗎？你告訴他，如果用一．八美元以下的價格賣出，那公司就會虧錢。你的目標是用一．七美元賣出，買方則把開價提高到一．六三美元，你現在可以把價格降到一．七七美元，而且你的目標仍然在談判桌上兩個報價的中間，這樣，你就可以朝著目標前進，而且知道如果對方願意平分差價，你還是可以實現目標。

不過，把目標放中間是有危險的。你的反應不應該變得如此好預測，以致於讓對方察覺到你的讓步模式。我以數學計算出讓步價格，藉此清楚說明我的看法，但是你應該稍微改變你的行動，這樣你就不會輕易讓人確定你採取行動的原因。稍後（第十六章），我會更詳細介紹讓步的模式。

關於要求更多東西的寓言

從前，有對老夫婦住在太平洋偏遠島嶼上一間破舊的茅草屋。有一天，一場颶風席捲村莊，摧毀他們的家。因為他們又老又窮，無法重建小屋，因此這對夫婦搬去跟女兒和女婿一起住。這樣的安排讓整個家的氣氛很不愉快，因為女兒的小屋本來就不夠女兒、女婿和四個小孩一起住，更不用說還要收留他們。

女兒去找村子裡的聖人，解釋這個問題，並問到：「我們該怎麼辦？」

這位聖人悠閒抽著菸斗，回答說：「妳有雞，不是嗎？」

「是啊。」她回答，「我們有十隻雞。」

「那就把雞帶進小屋一起住吧。」

對那個女兒來說，這樣做似乎很荒謬，但她聽從這位聖人的建議。這個行動自然讓問題更加嚴重，情況很快就讓人難以忍受，小屋裡充滿著羽毛和惡言相向。

這個女兒回頭去找那位聖人，再次請求指點。

「妳有養豬，是嗎？」

「沒錯，我養了三隻豬。」

「那必須把豬帶進小屋一起住。」

這似乎是很荒謬的建議，但是質疑聖人是不可思議的事，因此她把豬帶進小屋。現在，八個人、十隻雞，還有三隻豬共同生活在一間狹小、嘈雜的小屋裡，居住條件真的很差。她的丈夫抱怨說，屋子吵到聽不到廣播的聲音。

第二天，女兒擔心家人的精神狀態，最後絕望的懇求聖人提供建議給她。「求求你，」她哭著說：「我們不能這樣生活，告訴我該怎麼做，我會照著做，請幫幫我們。」

這一次，聖人的反應讓人困惑，但更容易理解。「把屋子裡的小雞和豬移走。」她很快就把動物趕出去了。接下來的日子裡，全家人幸福的生活在一起。這個故事的寓意是，放棄一些東西之後，交易總是看起來很美好。

要求得到比預期更多的東西。這似乎是很明顯的原則，但卻是你在談判中可以仰賴的東西。在數千場研討會的現場，以及數千次可追溯到現實生活的場景中，參與其中的人反覆證明這個原則沒有錯。你要求得愈多，得到的東西就愈多。

你的目標應該是提高你的「最高報價價位」。如果你最初的提案很極端，請暗示還有一些彈性可以調整。這會鼓勵對方跟你談判。你對對方的了解愈少，就應該要求愈多。陌生人可能會帶給你驚喜，而且你可以藉由做出更大的讓步來建立善意。把目標放在你的提案與對方的提案中間，這樣就算最後平分差價，你還是會得到你要的東西。只有讓對方先表達立場，你才能這樣做。繼續把目標放在你的提案和對方的提案中間，你就可以藉由讓步來讓目標成真。

需要記住的重點

要求得到比預期更多的東西有五個理由：

1. 你也許就可以得到那麼多。
2. 這會給你一些談判空間。
3. 感覺你提供的東西更有價值。
4. 可以防止協商陷入僵局。
5. 創造一種讓對方感覺自己贏了的氛圍。

第2章 永遠不要接受第一次報價

你永遠不應該接受第一次報價（或還價），理由是這會自動觸發對方腦中的兩個想法。假設你正考慮買第二台車，街上有個人有台車要賣，要價一萬美元。對你來說，這輛完美的車價格很漂亮，你等不及想在別人搶先買下之前出手。在途中，你開始思考按照他們的報價出價可能是錯的，因此你決定提出八千美元的超低報價，只為了看到他們的反應。你出現在他們家，檢查車子，試車一下，然後對車主說：「這不是我正在找的車，但我會出八千美元買下。」

你等著他們因為這麼低的報價生氣，但是實際發生的情況是，那位丈夫看著妻子說：「親愛的，妳覺得怎麼樣？」

妻子說：「我們還是賣掉吧。」

這樣的交易是不是讓你非常高興？這是否會讓你思考：「哇，我不敢相信我可以成交，我不可能用更低的價錢買到。」

我不這樣認為。你可能會想：「我本來可以做得更好，一定是出了什麼問題。」現在考慮一個更複雜的例子，你暫時用對方的立場來思考。假設你向飛機引擎製造商買東西，你會見到負責引擎軸承（engine bearings）製造的銷售人員，這個引擎軸承對你來說是相當重要的零件。

平常採購的供應商讓你失望，因此你需要跟這家新公司緊急採購。這是唯一一家能夠在三十天內提供你需要的產品、用來防止裝配線停擺的公司。如果你無法及時拿到引擎，你和飛機製造商的合約就會失效，這個製造商占你的業務量高達85%。

在這種情況下，對於你需要的軸承，價格絕對不是最優先的考量，然而，當你的秘書宣布銷售人員已經過來的時候，你心裡想：「我是優秀的談判者，我會提出超低的報價，目的只是要看看會發生什麼事。」

銷售人員對你簡報，並向你保證，他可以按照你要的規格準時出貨。他對你開出的價格是每個軸承兩百五十美元，這讓你很驚訝，因為你之前付出的價格是每個兩百七十五美元。你設法掩飾你的訝異，回答說：「我們之前只付一百七十五美元（在商業上，我們稱這是在說謊，但這種情況一直存在）。」而銷售人員回答說：「好吧，我們成交。」

此時，幾乎可以肯定你會有兩個反應：(1)「我本來可以做得更好」，以及(2)「一定有什麼地方出問題」。多年來我舉辦的數千場研討會中，我向觀眾描述這樣的情況，他們除了有這兩個反應之外，我不記得還有其他的反應。有時候觀眾可能會換個角度表達，但通常的反應自動都是：「我本來可以做得更好」，以及「一定有什麼地方出問題」。讓我們分別檢視這兩種反應。

第一種反應：我本來可以做得更好。有趣的是，這個反應與價格無關。只與對方對報價的反應方式有關。如果你出價七千美元買一台車，或是六千美元，而他們馬上告訴你，他們接受這個價格，該怎麼辦？難道你不認為你本來可以做得更好嗎？如果那位銷售軸承的銷售人員同意用一百五十美元或一百二十五美元的價格賣給你，難道你不認為你本來可以做得更好嗎？

買地的時候，「我本來可以做得更好」

多年前，我在華盛頓州的伊頓維爾（Eatonville）買了一百英畝的土地，伊頓維爾是在瑞尼爾山（Mount Rainier）西方的一個漂亮小鎮。賣方開價十八萬五千美元，我分析這塊地，確定如果我能用十五萬美元買下來，就相當便宜。我把這個價格放在中間，要求房仲向賣方開價十一萬五千零五十美元。（特定的數字可以建立可信度，因此更有可能讓他們接受這個報價，而不是拒絕這個報價。稍後會詳細介紹這點。）

我回到加州拉哈布拉高地（La Habra Heights）的家，要房仲向賣方開價，坦白說，我認為如果他們肯對這麼低的報價提出任何還價，那就很幸運了。令我驚訝的是，幾天後，我收到郵件說賣方接受我提出的報價和條件，我很確定我用很便宜的價格買到這塊土地。一年內，我賣掉六十英畝的土地，價格比我買一百英畝的價格還高。之後，我又賣掉二十英畝的土地，價格也比原來買進一百英畝的價格還高。當他們接受我的報價時，我應該想：「哇，太棒了，我不可能得到更低的價格。」這本來是我應該要想的事情，但是我沒有這樣想。我想的是：「我本來可以做得更好。」

第二種反應：一定有什麼地方出問題。當我收到賣方接受那塊地的出價時，我的第二個反應是：「一定有什麼地方出問題。我要仔細研究初步產權報告（preliminary title report），如果他們願意接受我認為他們不會接受的報價，那一定是發生一些我不懂的事情。」

當那輛車的賣方答應你第一次的出價時，你的第二個想法是肯定有什麼地方出問題。軸承的買方第二個想法是：「一定有什麼地方出問題，也許是上次談判軸承合約之後，市場有些改變。我想我不會讓這個買賣繼續，而是告訴那個業務員，我要向公司的委員會確認，然後跟其他供應商聊聊。」

如果接受第一份報價，任何人都會想到這兩種反應。假設你的兒子來跟你說：「今天晚上可以借我車子嗎？」你說：「當然沒問題，兒子，你就開走吧。一路順風。」他會不會自然而然地想著：「我本來可以做得更好。或許可以得到十美元的電影票錢？」他會不會也自然而然地想著：「這是怎麼回事？為什麼他們不想要我在家裡？有什麼事情我不知道？」

這是非常容易了解的談判原則，但是當你處於談判最激烈的時刻，你卻很難記住這些事。你在心裡可能已經想像著你預期對方會做出的反應，而這樣做很危險。拿破崙一世

（Napoleon Bonaparte）說過：「指揮官不可饒恕的罪責就是『有既定的想法』，假設敵人會在特定的情況下採取行動，但實際上當時他的反應可能完全不同。」你本來以為他們會以低得荒謬的數字來還價，但出乎意料的是，對方的報價比你想像得要合理得多。

舉個例子：你終於鼓起勇氣要跟老闆爭取加薪。你要求加薪15%，但你認為能夠加薪10%就很幸運了。但讓你訝異的是，你的老闆告訴你，他認為你的工作做得很棒，而且很樂意幫你加薪。你是否發現自己正想著，你工作的公司真是慷慨？我不這樣認為，你可能希望自己可以要求加薪25%。

你的兒子跟你要一百美元去參加週末健行。你說：「門都沒有，我會給你五十美元，不會再多了。」實際上，你已經把他的提案金額放中間（見第一章），而且預期你會勉強同意給他七十五美元。出乎意料的是，你的兒子說：「這樣有點不夠，爸爸，但是沒關係，有五十美元已經很好了。」你是否認為把金額降到五十美元很聰明？我不那麼認為，你可能會想要知道他會接受多低的錢。

你正要把自己的房子賣掉，你開價十萬美元，買方出價八萬美元，你以九萬美元還價。你認為最後的價格會是八萬五千美元，但是出乎意料的是，買方馬上接受九萬美元的價格。你就承認吧，你難道不認為，如果他們把出價拉高到九萬美元，你本來會跟他們開出更高的價錢嗎？

優勢談判高手會小心翼翼，避免自己太快陷入同意的陷阱，這會自動在對方的腦海中產生一種想法：「我應該可以做得更好，下次要改進。」經驗豐富的人不會告訴你他感覺在談判中談輸了，但是他會把這份感受藏在心裡，想著：「下次我跟這個人打交道時，我會成為更強硬的談判者。下次我不會在談判桌上留下任何籌碼。」

一定有什麼地方出問題

拒絕第一個報價可能很難，特別是如果你已經跟這個人接觸幾個月，而且你正準備放棄時，他卻提出一個提案。這會誘惑你去抓住可以抓到的機會。當這種情況發生時，就要當個優勢談判高手：記住不能太快答應。

很多年以前，我在南加州一家房地產公司擔任董事長，那家公司擁有二十八個辦事處與五百四十名銷售人員。有一天，有個雜誌推銷員走進來，想要我們在他們的雜誌上刊登廣告。我知道那本雜誌，而且知道這是絕佳的機會，所以我想要我的公司上那個雜誌。他提出非常合理的價格，需要花兩千美元的合理投資。

因為我喜歡談判，所以我開始對他使用一些策略，把價格殺到八百美元的超低價。你可以想像我當時的想法。沒錯，我在想：「天啊，如果我在短短幾分鐘就把價格從兩千美元殺到八百美元，我想知道如果我繼續談判，價格可以殺到多低？」我使用在談判中期所謂的「訴諸高層」（Higher Authority）策略進行談判（見第七章），我說：「這聽起來不錯，我只需要讓董事會通過。幸運的是，他們今晚要開會，我來跟他們說，然後告訴你最後的結果。」

幾天後，我回電跟他說：「你一定不知道我有多不好意思。你知道我真的覺得你報給我八百美元的價格，到董事會完全不會有任何問題，但是他們現在很難處理這件事，因為最近的預算問題讓大家很頭痛，所以他們回覆另一個價格，但是那個價格太低了，我都不好意思告訴你那個價格是多少。」

電話那頭沉默了一陣子，他終於開口說：「他們同意的價格是多少？」

「五百美元。」

「沒關係，我接受，」他說。我感覺自己被騙了，雖然我把價格從兩千美元殺到五百美元，不過我還是覺得價錢還可以殺得更多。

這個故事還有後續。我總是不願意在研討會上講這個故事，因為擔心這可能會影響到正在跟我談判的人。不過幾年後，我在加州房地產經紀人協會（California Association of Realtors）的大型會議上演講，那年的活動在聖地牙哥舉行。我在演講中說了這個故事，沒想到那個雜誌銷售人員就在演講廳的後方，演講結束時，我看到他擠過人群走過來，我做好可能被他罵的準備。不過他握著我的手笑著說：「非常感謝你跟我解釋這件事，我不知道急著快速成交會產生什麼影響。我再也不這麼做了。」

有時你應該同意第一個報價

我曾經認為有一條100％該遵守的規則，那就是永遠不該同意第一個報價，直到我接到洛杉磯某間房地產公司的高階經理人提姆・羅許（Tim Rush）的來信，他告訴我：「我上次開車經過好萊塢大道（Hollywood Boulevard），在車裡聽著你的演講卡帶。我到一間加油站上廁所，回到車上時，有人用槍抵住我的背說：『好了，先生，給我錢包。』嗯，我剛聽你的卡帶，所以我說：『我會給你現金，但錢包和信用卡留給我，好嗎？』不過他說：『先生，你沒聽懂我說的話嗎？給我錢包！』」在這個訴訟盛行的年代，以下是我的免責聲明：有時你應該同意第一個報價，但是幾乎100%該遵守的規則是：永遠不要接受第一個報價。

需要記住的重點

1. 永遠不要接受第一個報價或還價，因為這會自動產生兩個想法：「我本來可以做得更好（下次會更好）」，以及「一定有什麼地方出問題」。
2. 最大的危險在於，你在心裡已經想像著你預期對方會做出的反應，而且他的還價超出你的預期。為這種可能性做好準備，這樣就不會措手不及。

第3章 對提案望而卻步

優勢談判高手知道應該要一直望而卻步：對於對方的提案做出震驚與訝異的反應。假設你在度假勝地，停下來看炭筆素描。他沒有標明價錢，所以你問他要多少錢，他告訴你十五美元。如果這個價錢沒有嚇到你，下一句話他會說：「多五美元可以上色。」如果你還是沒有被嚇到，他會說：「我們這裡還有紙箱，你應該也會需要一個。」

也許你認識一個永遠不會像這樣望而卻步的人，因為望而卻步有損他的尊嚴，那樣的人走進商店對店員說：「這件外套多少錢？」

店員回答：「兩千美元。」

而那個人會回答說：「這還不錯！」你在後面應該快要心臟病發作了。我知道這聽起來很蠢，而且很荒謬，但是實際上，當人們對你提案時，他們會觀察你的反應。他們可能暫時不會認為你會同意他們的要求。他們只是丟出一個提案，看看你的反應會是什麼。

舉例來說：

- 你在賣電腦，買方要求延長保固。
- 你要買車，經銷商提供的折舊換新只優惠幾百美元。

- 你要賣工作用品給契約工，買方要求免費運送到工作的地方。
- 你要賣房子，買方想要在交易完成的兩週前搬家。

上述每一種情況，對方可能一刻都沒想過你會同意他的要求，但是如果你沒有望而卻步，他自動會想到：「也許我會讓他們同意那個提案，不過我不認為會這樣，但是我想我會成為強硬的談判者，看看我能談到多好的條件。」

當你了解談判雙方正在想什麼的時候，觀察那場談判是非常有趣的事。這對你來說不是很有吸引力嗎？當你正在跟他談判時，難道不想知道對方的想法嗎？我在進行為期一或兩天的「優勢談判的秘密」工作坊時，我們會分組，運用我教過的原則，實際進行談判。我創立一個研討會，並根據參與者從事的行業量身定做。如果他們是醫療設備的銷售人員，他們可能會發現自己正要把雷射外科手術設備賣給醫院。如果他們是印刷店的老闆，研討會可能會討論要併購城鎮邊緣的一家小型印刷公司。

我把觀眾分成買方、賣方和裁判。裁判的處境非常有趣，因為他們會參與買方與賣方的計畫會議。他們知道雙方的談判範圍。他們知道一開始出價是多少，而且他們知道兩方談出的條件有多好。印刷公司的賣方接受的最低價格是七十萬美元，但是一開始的開價高達兩百萬美元。買方一開始出價四十萬美元，但是如果有必要，他們已經準備好一百五十萬美元。談判範圍在四十萬美元到兩百萬美元之間，但是可接受的價格在七十萬美元到一百五十萬美元之間。

接受範圍包含買方與賣方談判範圍重疊的價格水準。如果兩方的談判範圍確實重疊，而且有一個可接受的範圍，那幾乎可以肯定他們同意的最終價格會落在這個區間裡。如果買方談判範圍的最高價格比賣方談判範圍的最低價格還低，那麼一方或兩方就不得不對他們的目標做出妥協。

談判開始時，雙方都試圖先讓對方提出自己的報價。必須有人打破僵局，因此賣方可能會出價兩百萬美元（這是他們談判範圍的最高價）。他們認為兩百萬美元是很離譜的高價，而且他們幾乎沒有勇氣提出這個價格。他們認為這樣做對方並不會理你。不過令他們驚訝的是，買方似乎沒有被嚇到，賣方預期買方會說：「你想要我們怎麼樣？你一定是瘋了。」他們的實際反應也許溫和得多。「我們沒有準備好接受那麼高的價格。」一時之間，談判的調性改變了。不久前，兩百萬美元似乎是不可能實現的目標，不過現在賣方認為，或許他們之間的差距並不像之前想像的那麼遙遠，現在他們在想：「我們堅守立場，做個強硬的談判者，也許我們可以談到這麼好的條件。」

望而卻步很重要，因為大多數人相信他們看到的東西比聽到的東西更重要。對大多數人來說，視覺勝過聽覺。你可以放心的假設，跟你談判的人中，至少有70%的人是視覺動物。他們看到的東西比聽到的東西更重要。我很確定你已經接觸過一些神經語言程式學（neuro-linguistic programming, NLP）。你知道人的學習不是靠視覺、聽覺，就是動覺（kinesthetic，他們感覺到的東西最重要）。周遭可能有一些靠味覺或嗅覺學習的人，但是這樣的人並不多，他們通常是廚師或調香師[2]。

如果你想知道你是靠什麼在學習，那就閉上眼睛十秒鐘，想想十歲時住過的房子。你可能在腦海裡看到那棟房子，這樣的話，你就是用視覺在學習。或許你沒有看到一幅畫面，但是你聽到正在發生的事情，或許是有火車經過，或是有小孩在玩，這意味著你是用聽覺學習。尼爾·柏曼（Neil Berman）是我在新墨西哥州聖達菲（Santa Fe）的一個心理治療師好友，他能記住與病人的每一次談話，但是如果他在超市裡遇到病人，他認不出來。當他們跟他說早安的那一刻，他就想起來：「喔，沒錯，他有反社會傾向的躁鬱症性格。」

第三種可能性是，你沒看到什麼房子，也沒聽到什麼正在發生的事，但你只是對你十歲時住過的房子樣子有些感覺。這讓你用動覺學習。請先假設大多數人是用視覺學習，除非你有充分理由認為對方並不是這樣的人。請先假設他們看到的東西比聽到的東西更有影響力。這就是為什麼對對方的提案以望而卻步來回應是如此重要。在你有機會看到望而卻步的效果之前，不要認為這樣做太幼稚或太過戲劇性了。望而卻步是如此有效，以致於我的學生第一次使用時通常會很驚訝。有位女士告訴我，她在波士頓一家最好的餐廳選擇葡萄酒時望而卻步，侍酒師馬上把價格降低五美元。有位男士告訴我，一個簡單的望而卻步動作，就讓汽車銷售人員把Corvette降價兩千美元。我有個講師朋友參加我在加州橘郡（Orange County）的研討會，並決定看看他是否可以用這個方法來提高演講費用。當時他才剛開始講師生涯，收費一千五百美元。他去一家公司，提議他們聘請他進行內部培訓。

2 譯註：指調配香水的專家。

培訓總監說：「我們有興趣找你來幫我們，但是我們最多只能給你一千五百美元。」

如果是過去，他可能會說：「這是我的價碼。」但是現在他會很驚訝的說：「一千五百美元？只有一千五百美元，我可能無法提供服務。」

訓練總監皺著眉頭苦思。「好吧，」他說，「我們付給講師的最高費用是兩千五百美元，我們只能付這麼多了。」這意味著我的朋友每次演講都可以增加一千美元的額外獲利，而他只花十五秒就做到了。真是不錯的價碼。

需要記住的重點

1. 對對方的提案望而卻步，他們可能不期望得到他們要求的東西，不過，如果你沒有顯現出驚訝的樣子，那就傳達這是可能達成的提案。
2. 望而卻步之後往往會有讓步，如果你沒有望而卻步，對方就會成為更強硬的談判者。
3. 假設對方是用視覺學習，除非你有充分理由認為他不是這樣的人。
4. 即使沒有跟對方面對面，你還是應該感到震驚與驚訝，在電話上望而卻步也非常有效。

第4章 避免咄咄逼人的談判

在談判一開始幾分鐘說出的話，往往會決定談判的氛圍。對方很快就會感覺到你是否正在尋求雙贏的解決方案，或是你是個強硬的談判者，會不擇手段去得到想要的東西。在與律師談判時，有個問題是，他們是非常咄咄逼人的談判者。你收到一個白色信封，左上角有黑色凸起的字，你想著：「哦，不！這次又是什麼？」你打開這封信，他們第一個要溝通的事情是什麼？是威脅：如果你不給他們想要的東西，他們就會對你採取行動。

律師是咄咄逼人的談判者

我曾經為五十名發起醫療訴訟（或是他們更喜歡稱之為醫師責任訴訟）的律師舉辦研討會。我從來沒碰到過哪個律師渴望參加談判研討會，這些人也不例外，儘管他們還是參加這個研討會。他們會參加這個研討會，是因為提供案源給這些律師的組織告訴他們，如果他們想從這個組織收到更多案件和工作，就應該參加我的研討會。

因此這些律師讓步了，但他們在一開始就很不高興，因為週六要跟我一起度過。不過，一旦這場研討會開始，他們就變得很投入，而且很開心。我讓他們專心探討一個案例：有個外科醫師因為一位修女的不幸意外事件而被起訴。我完全不敢相信他們會如此咄咄逼人。大多數人一開始都會先惡意威脅，然後從那時開始變得更加惡言相向。我不得不停止這項練習，接著告訴他們，如果他們想要在不進行昂貴的訴訟下真正解決問題（而且我嚴重懷疑他們有動機要進行昂貴的訴訟），他們就不應該在談判的早期階段表現出咄咄逼人的樣子。

你要很小心在談判剛開始時說出來的話。如果對方的立場你完全不同意，先不要爭辯。只要一爭辯，總是會使對方更有欲望去證明自己是對的。你最好先同意對方的觀點，然後再使用「現在的感受、之前的感受、發現」（Feel, Felt, Found）公式。

你可以回答說：「我完全理解你對這件事情的感受，很多人也跟你現在一樣有相同的感受（現在你已經緩解相互競爭的感受，你不是在跟他們爭論，而是同意他們的看法）。但是你知道我一直都發現到什麼事嗎？當我們仔細觀察的時候，我們總是發現……」來看一些例子。

你在賣東西，對方說：「你的價格太高了。」如果你跟他爭論，因為他有個人利害關係，所以他會證明你是錯的，而他是對的。相反地，如果你說：「我完全理解你對這件事情的感受。許多人第一次聽到價格時，也跟你一樣有完全相同的感受。然而，當他們仔細查看我們提供的產品時，他們總是會發現我們提供的是市場上價值最高的產品。」

我在職涯通訊出版社出版的《優勢薪資談判的秘密》（*Secrets of Power Salary*

Negotiating）書中詳細介紹薪資合約的談判。假設你正在應徵一份工作，人資主管說：「我認為你在這個領域沒有足夠的經驗。」如果你的回答是：「我之前處理過更困難的工作。」那可能會讓人有「我是對的，而你是錯的」的印象。這只會迫使他去捍衛自己的立場。相反地，你可以說：「我完全理解你對這件事的感受，很多人也和你現在一樣有完全相同的感受。不過，我一直在做的事情與你正在尋找的職務之間有一些明顯相似的地方，但並不明顯。我來告訴你相似的地方是什麼。」

如果你是銷售人員，買方說：「我聽說你們的物流部門有問題。」跟他爭論會讓他懷疑你的客觀性。相反地，你可以說：「我可以理解你怎麼會聽到這件事，因為我也聽到過。我認為這個謠言可能是幾年前我們搬遷倉庫那時開始流傳的，但現在通用汽車和通用電氣等等的大公司信任我們，把他們的庫存商品交給我們，而且我們從來沒有碰到問題。」

還有個人說：「我不信任海外供應商，我認為我們應該保留國內的工作。」你愈爭論，就會愈迫使他捍衛自己的立場。相反地，你可以說：「我完全理解你對這件事的感受，因為這些日子以來，有很多人跟你有相同的感受。但是你知道我們發現什麼事嗎？因為產品最初的組裝是在泰國完成，因此我們實際上能夠將我們在美國勞動力增加42％以上，這就是為什麼……」不要一開始就爭論，這樣會產生咄咄逼人的談判，而是要養成先同意的習慣，然後再讓對方改變看法。

在我的研討會上，我有時會要求前排的某個人站起來。當我伸出兩隻手，手掌朝向站起來的人時，我會要求他把手放在我的手上。做完這件事之後，我不說任何話，只是輕輕地推他。在沒有任何指示的情況下，他總是會自動地開始反擊。當你推擠別人時，別人也會推擠你。同樣的，當你開始與某人爭論時，他或她自然會想要反駁。

使用「現在的感受、之前的感受、發現」公式的另一個好處是，他會讓你有時間去思考。同樣地，你有時也會在時機不對的時候跟人碰面，你也許是銷售人員，正在打電話約訪，而買方對你說：「我沒有時間浪費在跟說謊、討厭的銷售人員講話。」你從沒有聽過這樣的事情，這讓你很震驚。你不知道該說什麼，但是如果你在心裡回想起「現在的感受、之前的感受、發現」這個公式，你可以說：「我完全理解你對這件事的感受。很多人都有相同的感受。然而，我總是發現……」當你講到這裡的時候，你就會想到要說什麼話。你平靜地說：「我完全理解你的感受，許多人也有同樣的感受，不過……」「現在的感受、之前的感受、發現」公式會讓你有時間恢復冷靜，而且確切知道你要說什麼話。

需要記住的重點

1. 不要在談判的早期階段跟人爭論，這只會創造咄咄逼人的談判。
2. 使用「現在的感受、之前的感受、發現」公式來扭轉敵意。
3. 當對方擺出意想不到的敵意時，如果在心裡回想起「現在的感受、之前的感受、發現」公式，就會讓你有時間思考。

第5章 不情願的賣方與買方

想像一下，你有一艘帆船，而且非常想要賣掉。你一開始得到這艘帆船時，感覺很新奇，但是現在你幾乎不會開船出去，而且維修費與停泊費一直讓你的口袋大失血。現在是週日早上，你放棄和好友一起打高爾夫球的機會，因為你需要去碼頭打掃你的船。你一邊擦著船，一邊咒罵自己當初買下這艘船有多愚蠢。你正想著「我要把這個垃圾交給接手的人」的時候，你看到一個裝扮奢華的男人，挽著一個年輕女性從碼頭走下來，他穿著Gucci的樂福鞋（loafers）、白色休閒褲，以及藍色的Burberry西裝外套，搭配絲質領帶。他的年輕女友穿著高跟鞋、絲質緊身連衣裙、戴著大墨鏡，還有巨大的鑽石耳環。

他們在你的船邊停了下來，那個人說：「年輕人，這艘船看起來很漂亮，有要賣嗎？」他的女友依偎在他身邊說：「喔，我們買下來吧，波普西（Poopsy），這應該很有趣。」你感覺興奮極了，你正在心裡說：「謝天謝地，謝天謝地。」

表達這種情緒並不會讓你的船用最好的價格賣出，不是嗎？你要如何賣到最好的價格？那就是扮演不情願的賣方。你繼續擦著船，然後說：「歡迎上船，不過我不想要賣這艘船。」你帶他們參觀這艘船，參觀途中，你告訴他們你有多喜歡這艘船，還有開這艘船有多好玩。最後你告訴他們：「我可以想像，對你們來說這艘船有多完美，你們會享受到這艘船帶來的樂趣，但是要我割捨這艘船，我實在無法接受。不過，你老實說，你們可以給我最好的價格是多少？」

優勢談判高手知道，這種「不情願的賣方」技巧可以在談判開始前擴大談判範圍。如果你做得好，激起對方擁有這艘船的欲望，買方就會在心裡形成一個價格區間。他可能會想：「我願意出三萬美元，兩萬五千美元是合理的價格，而兩萬美元是便宜的價格。」因此，他的談判範圍在兩萬至三萬美元之間。只要扮演不情願的賣方，你就能讓他把這個區間提高。他甚至可能願意出價四萬美元。如果你表現出急著想要出售的樣子，他可能只會開價兩萬美元。藉著扮演不情願的賣方，你甚至可能會在談判開始之前，讓他把價格移到談判範圍的中點，甚至是超過談判範圍的高點。

我認識一個優勢談判高手，他是非常有錢與有權力的投資人，他在鎮上到處都有房地產。他非常成功，可以稱得上是重量級人物，他很喜歡投機取巧。

他的投資策略跟許多投資人一樣簡單，那就是以合適的價格與合適的條件買進房地產，持有並等它升值，然後以高價賣出。很多小投資人開價，希望買下他擁有的知名房地產。這時，這位經驗豐富的投資人知道要如何使用這種「不情願賣方策略」。

他靜靜地看著這份報價，讀完後，把報價文件推回桌子另一邊，抓抓耳朵，然後說：「我不知道該不該賣這間房，在我擁有的所有房地產中，我對這個物件有著非常特殊的感情。我想保留下來作為女兒大學畢業的禮物，而且我真的不認為我會用比原來開價還低的價格賣掉。請你理解，這個特殊的房子對我來說非常有價值。不過看到你出價真的太好了。

老實說，為了不要浪費你的時間，你覺得你可以開出最好的價格是多少？」我有很多次看到他利用「不情願的賣方」哲學，在幾秒內多賺幾千美元。在真正的談判開始之前，優勢談判高手總是會試圖讓對手擴大談判範圍。

當你正在絕望的時候，當個不情願的賣方

幾年前，唐納・川普（Donald Trump）碰到麻煩。他在房地產上使用的槓桿非常高，但紐約的房地產市場快要崩盤。他需要迅速籌措到現金，以便從即將到來的財務危機中存活下來。他最好的機會就是賣掉聖莫里茲飯店（St. Moritz Hotel）。三年前，他以七千九百萬美元的價格從赫爾姆斯利家族（Helmsleys）那裡把飯店買過來，飯店就在他近期併購的旗艦地標廣場飯店（Plaza Hotel）附近，所以他不再需要這間飯店了。傲慢的澳洲億萬富翁艾倫・邦德（Alan Bond）表達對這間飯店的興趣。儘管川普急著要出售，但他還是扮演不情願的賣方。

「喔，艾倫，聖莫里茲飯店不能賣，這是我最愛的資產，我永遠不會賣掉。我要把它交到孫子手上。其他東西都可以賣，你可以出價，但聖莫里茲飯店不行。不過，艾倫，老實說，你能開出最好的價格是多少？」

除非你意識到他們對你做了些什麼，不然在開始談判前，你的出價就會從

你設定的談判範圍低點，移到中點，甚至可能移到高點。艾倫・邦德付出一・六億美元買進聖莫里茲飯店，讓川普在隨後的房地產市場衰退有現金得以生存下來。

我記得我買一間海邊的公寓當作投資，屋主開出一個合理的價格，當時房地產市場很熱絡，而且我不確定屋主是不是急著要出售，或是她還會開出其他價格。我寫下三份報價，一份是我設定的談判範圍最低價，一份是中間價，一份是我願意付出最高價的金額。我約屋主碰面，她已經搬出長灘（Long Beach）的公寓，住在帕薩迪那（Pasadena）。

跟她談了一會兒之後，我確定她沒有收到其他報價，而且急著要出售。我把手伸進公事包，那裡面放了三份報價，然後拿出最低的報價。她接受了，一年後我賣掉這間公寓時，價格是當初買進價格的兩倍多。（請注意，你只有在「屋主自售」時才能這樣做。如果房仲列出這筆房地產，那麼那個房仲正在幫賣方賣房子，而且有義務告知賣方是否知道買方會付更多錢。這是你在出售房子時，應該要一直把房子列在房仲出售名單的另一個原因。）

優勢談判高手在賣東西時會扮演不情願的賣方。甚至在談判開始之前，就壓縮對方的談判範圍。反過來考量一個不情願的買方，把自己想成是談判桌對面的人一會兒。假設你負責替公司買進新的電腦設備，你要如何讓銷售人員盡可能給你最低的價格？我會讓銷售人員進來，讓他完成整個簡報。我會問所有可能想得到的問題，在最後想不出其他要問的問題時，我會說：「我真的很感謝你花這些時間跟我簡報，你顯然在這份簡報上花了很多心力，不過可惜的是，這不是我們想要的東西，我真心祝你好運。」

我會停下來觀察這位銷售人員臉上垂頭喪氣的樣子，我會看著他慢慢打包簡報的用品，然後在最後一刻，當他的手碰到門把那一刻，我會帶著一種神奇的表情再拉回主題。在談判中有一些神奇的表達方式，如果你在正確的時刻使用它們，那就可以不可思議的預測到對方的反應。

我會說：「你應該知道，我真的很感謝你花這麼多時間向我介紹。如果我給你一個報價的機會，你願意開出的最低價格是多少？」

我認為，銷售人員提出的第一個價格可能不是實際上最低的價格，你是否同意我的看法？當然，這是很好的猜測。銷售人員報出的第一個價格就是我所謂的「期望數字」，這是他希望對方能夠同意的價格。如果對方同意這個價格，他可能會匆匆趕回辦公室，尖叫地跑進去說：「你一定不敢相信發生什麼事，我在 XYZ 公司對他們在新總部使用的電腦設備報價，我仔細研究要怎麼提案，他們說：『你的最低價格是多少？』我覺得很有信心，所以我說：『我們從沒有提供大批採購折扣，所以最低價格是二十二萬五千美元。』然後我屏息以待。那個董事長說：『這個價格聽起來很高，但如果這是你能給出最好的價格，那就以這個價格出貨吧。』我簡直不敢相信，我們打烊去慶祝吧。」

在某個地方有個「跳樓價」（"walk-away"price），那是銷售人員不會或不能出售的價格。買方並不知道跳樓價是多少，所以必須摸索一下，尋找一些資訊。買方必須嘗試一些談判策略，看看他是否能找出銷售人員的跳樓價。

當你扮演「不情願的買方」時，銷售人員不會希望期望價格一直壓低到跳樓價。以下是接下來會發生的情況。當你扮演不情願的買方，銷售人員通常會放棄他一半的談判範圍。如果那位電腦銷售人員知道底線是十七萬五千美元，比標價低五萬美元，他就會採取不情願的賣方策略，做出這樣的回應：「好吧，你聽我說，現在是我們的季末，我們正在進行銷售競賽。如果你今天下訂，我會給你二十萬美元的超低價格。」他會放棄一半的談判範圍，只是因為你扮演不情願的買方。

當有人在你面前這樣做時，這只是他們在玩的遊戲。優勢談判高手不會對此感到不安。他們只是學會在談判遊戲中比對方玩得更好。當其他人對你這樣做時，對這個策略的正確反應是執行以下的程序：

「我認為價格沒有任何彈性，但是你如果先告訴我要怎樣才能讓你買下來（讓對方先做出承諾），我會告訴我的同事（訴諸高層：談判中期的策略，我稍後會介紹），而且我會看看我可以為你做些什麼事（白臉／黑臉策略：談判末期的策略）。」

需要記住的重點

1. 永遠扮演不情願的賣方。
2. 留意不情願的買方。
3. 採取這種策略是談判開始之前壓縮對方談判範圍的好方法。
4. 對方通常會只因為你使用這個策略，而放棄一半的談判範圍。
5. 當這個策略被用在你身上時，讓對方做出承諾，向更高層的人報告，然後以白臉／黑臉策略來結束談判。

第6章 使用定錨技巧

定錨是另一種有效的談判策略，效果會讓你大吃一驚。這是一種簡單的表達方法，那就是說：「你必須提出更好的條件。」優勢談判高手會這樣表達：假設你擁有一家小型的鋼鐵公司，銷售大量的鋼鐵產品。你正在拜訪一家製造工廠，在那裡，買方仔細聽著你的提案與定價結構。你忽略他堅稱自己很滿意目前的供應商，而且你的表現很出色，激起他想要你的產品的欲望。

最後，對方跟你說：「我對目前的供應商非常滿意，但是我想如果有個備用的供應商讓他們不敢鬆懈也無妨。如果你可以把價格降到每磅一．二二美元，我就買一車。」

你用定錨技巧很冷靜地說：「你必須提出更好的條件。」

經驗豐富的談判者會自動以反擊策略來回應，他會說：「我的條件要多好？」在這種情況下，談判者會試圖讓你提出具體的目標。然而，你會很訝異的發現，缺乏經驗的談判者往往會因為你這樣的反應，放棄大部分的談判範圍。

一旦你說出：「你必須提出更好的條件。」之後，下一步該做什麼事？很簡單，那就是閉上嘴巴！不要再說任何一個字。對方可能會讓步，銷售人員稱這是沉默成交（silent close），而且他們在進入這個行業的第一週就學到這件事。你提出你的提案，然後閉上嘴巴。對方可能只會說「好」，在弄清楚他是否願意接受之前，多說一個字都很愚蠢。

我曾經觀察到兩個銷售人員互相使用沉默成交策略。我們三個人圍坐在一張圓桌旁邊。我右邊的銷售人員想要從我左邊的銷售人員那裡買下一塊土地，他提出他的提案，然後不說話，就像銷售培訓學校教導的那樣。我左邊更有經驗的銷售人員一定在想：「王八蛋，我實在不敢相信。他竟然試著對我用沉默成交策略？我來給他一點教訓，我也不說話。」

我坐在兩個意志堅強的人中間，這兩個人都默默挑戰讓對方成為下一個說話的人，整個空間一片沉寂，除了背景裡的落地鐘聲滴答作響。我看著他們兩個人，顯然他們都知道發生什麼事。雙方都不願意向對方屈服，我不知道這件事要怎麼解決。雖然時間可能只過了五分鐘，卻好像過了半小時，因為在我們的文化中，沉默會讓時間經過變得很緩慢（請參考第四部，了解其他文化的人如何利用這點來對付我們）。

最後，更有經驗的那位銷售人員在一張紙上潦草地寫下「訣定了嗎？」，然後把那張紙傳給對方，打破了僵局，他故意寫錯「決」這個字。比較年輕的銷售人員看了一眼，想都沒想就說：「你把字寫錯了。」一旦他開口說話，就停不下來。（你認識那樣的銷售人員嗎？一旦他們開始說話，就停不下來？）他接著說：「如果你不願意接受我給你的提案，我也許會願意加價兩千美元，不過不會再多了。」在確認對方是否接受這份提案之前，他調整自己的提案。

要使用定錨技巧，優勢談判高手只需要對對方的開價或還價做出回應說：「對不起，你必須提出更好的條件。」然後閉嘴。

我為一位客戶公司裡的經理人上了「優勢談判的秘密」工作坊，工作坊結束後，他打電話給我，跟我說：「羅傑，我想你也許會想要知道我們剛用你教的策略，賺到一萬四千美元。我們在邁阿密的辦公室正要安裝新設備。我們的標準流程是請三個合格的供應商投標，以最低價者得標。我坐在那裡觀察出價情況，正打算接受我決定的得標價。然後記起你教我的定錨技巧。我想：『這樣做我會失去什麼？』因此潦草地寫下：『你必須提出更好的條件。』然後把投標單寄回去給他們。結果他們送回來的報價比我打算接受的價格少了一萬四千美元。」

你可能會想：「羅傑，你沒有告訴我這是個五萬美元的提案，或是說這是一個幾百萬美元的提案。對五萬美元的提案來說，這是很大的讓步，不過對幾百萬美元的提案來說，一萬四千美元並不是什麼大數字。」當你在以金錢談判的時候，不要掉入以金額比例談判的陷阱。重點是，他花兩分鐘在投標單潦草地寫下還價，就賺了一萬四千美元，這意味著這樣做一小時就賺到四十二萬美元的獲利。這是一筆滿大的金額，不是嗎？

這是律師會掉入的另一個陷阱。當我和律師合作時，如果他們正在對一起五萬美元的訴訟進行談判，他們來回發送的信可能就要花超過五千美元。如果這是一筆價值百萬美元的訴訟，那麼他們花五萬美元好像就沒什麼大不了，因為他們在心裡是用金額比例在想談判，而不是用絕對金額在想談判。

如果你給買方兩千美元的折扣，那麼無論你得到一萬美元的業績，還是一百萬美元的業績，都不重要。你還是給出兩千美元的折扣。因此，你回到銷售經理前面說：「我必須給出兩千美元的折扣，但這是一筆十萬美元的業績。」這樣是沒有任何意義的。你應該要思考的是：「兩千美元正放在談判桌的中間，我願意花多少時間進一步談判，看看我可以拿到多少錢？」

感受一下你的時間價值是多少。不要花半小時對十美元的商品討價還價（除非你是為了要練習談判）。即使十美元你全部都讓出去，在談判中投入的半小時來計算，你只是每小時賺二十美元而已。從你的角度來看，如果你一年賺十萬美元，你一個小時的收入大約是五十美元。你應該問問自己：「我現在做的事情，每小時是否可以賺超過五十美元？」如果是這樣的話，那就是解決方案的一部分。如果你在飲水機旁邊漫無目的地與某個人聊天，或是談論昨天晚上在電視上播出的電影，或是做其他一小時無法賺到五十美元的事情，那這就是問題的一部分。

這就是重點。當你與某個人談判時，當你面前有一個可以接受的交易，但你懷疑堅持一下是否會做得更好，那你就不是一小時賺五十美元。不，各位先生，各位女士。你一分鐘正在賺五十美元，有可能每秒正在賺五十美元。

如果這樣的說明還不夠，請記住，談判的金額是淨利的金額，而不是總營收的金額。這意味著你可能在幾秒鐘就讓步兩千美元，因為你認為這是成交的唯一方法，不過這樣的讓步價值是總銷售金額的很多倍。我曾經培訓過折扣零售商和健康維護組織（health maintenance organizations, HMOs）的高階經理人，他們每年的毛利只有2%。每年他們的營業收入高達十億美元，但是這只能帶給他們2%的獲利。在他們公司，兩千美元的讓步對於獲利的影響，與得到十萬美元的營業收入是一樣的。

你所處的產業可能比這樣的產業更好，我曾經在一些公司進行培訓，有家公司的淨利是總銷售金額的25%，真是令人難以置信，但是那是例外。在美國，平均毛利大約是總銷售金額的5%，這意味著你做出兩千美元的讓步，相當於四萬美元的銷售金額。我問你一些事。你願意為四萬美元的業績工作多久的時間？一個小時？兩個小時？一整天？許多銷售經理告訴我：「為了一筆四萬美元的業績，我希望我的銷售人員花再久的時間都要爭取。」

不論你的事業步調有多快，你可能會願意為了一筆四萬美元的業績花好幾個小時。為什麼你會願意在談判桌上做出兩千美元的讓步？如果你從事的事業通常只會創造出5%的獲利，那麼讓步兩千美元的影響，就相當於四萬美元的銷售收入。

談判的金額就是獲利金額。你用談判來賺錢的速度永遠比較快。優勢談判高手應該要以「你必須提出更好的條件」來回應一項提案。當別人使用這個策略的時候，他們會自動使用反擊策略來回應，說：「我的條件要多好？」

需要記住的重點

1. 用定錨技巧：「你必須提供更好的條件。」來出價或還價。
2. 如果這個技巧被用在你身上，用反擊策略回應：「我的條件要多好？」讓對方清楚說明條件。
3. 關注正在談判的金額。不要因為那占銷售總額多少比例而讓你分心。
4. 談判的金額就是獲利金額。了解你的時間以時薪來計算的價值是多少。
5. 以優勢談判來賺錢的速度永遠比較快。

談判中期的策略

第7章 應對沒有決定權的人

在談判中，最讓人沮喪的一種情況，就是試著與沒有權力做出最後決定的人談判。除非你意識到這只是對方正在使用的談判策略，不然你永遠會感覺你無法跟真正的決策者談判。

當我還是加州的房地產公司董事長時，我會以董事會作為高層主管。銷售人員會一直到我的辦公室，希望賣給我一些東西，包括廣告、影印機、電腦設備等等。我總是會用所有策略來談到最低價，然後我會跟他們說：「這看起來不錯，只要讓董事會通過就沒問題，我明天會回覆你，告知最後的結果。」

第二天，我會回覆他們說：「嘿，我的董事們現在很難應付。我很肯定我可以把這個提案推銷給他們，但是除非你可以再降幾百美元，不然他們不會接受。」這樣做我總是會成功。其實董事會並不用批准這項提案，而且我並不認為這樣的欺騙很卑劣。與你打交道的人也會把這點看待成談判遊戲的規則。

當對方說他必須把提案交給某個委員會、董事或法務部門時，這可能不是真的。然而，這是非常有效的談判策略。我們先來看看為什麼這樣的策略如此有效，然後我會告訴你，當對方決定對你使用這種策略時，你可以如何應對。

對方愛用高層阻擋提案

你可能會認為，如果你要去談判，你會希望有做決定的權力。乍看之下，如果你對對方說：「我有權力跟你交易。」你似乎就更有權力。

你往往對你的主管說：「讓我來處理這件事，給我權力來盡可能達成最好的協議。」優勢談判高手知道當你這樣做的時候，你會讓自己處於弱勢的談判地位。你應該永遠有個高層，那個人必須讓你在改變提案或做出決定之前，跟你檢核提案。把自己視為可做出決策的談判者，會讓自己處於嚴重的討價還價劣勢。你必須把自我放在次要位置才能做到這點，不過你會發現這樣的做法很有效果。

這樣做會很有效的原因很簡單。當對方知道你有權力可以最後拍板時，他知道只要說服你就好了。如果你是最後的高層，他就不必努力讓你從他的提案中受益。一旦你批准他的提案，他就知道已經成交了。如果你告訴他你必須向更高層的人回報時，情況就不一樣了。無論你必須向地區、總部、管理階層、合夥人或董事會請求批准，對方都必須做更多事情來說服你。你必須提出一個可以向更高層提報並得到批准的提案。他知道他必須徹底贏得你的支持，這樣你才會想說服更高層的主管同意他的提案。

當高層主管是模糊的實體，像是委員會或董事會時，這個策略就會運作得更好。舉例來說，你是否真的碰過銀行的放款委員會？我從沒碰過。參加我的工作坊的銀行家一直告訴我，針對五十萬美元以下的放款，銀行裡的某一個人就可以做出決定，不需要呈報到放款委員會。然而，放款專員知道，如果他對你說：「你的提案在董事長桌上。」你會說：「好吧，那我們現在就去找董事長談談，我們來解決這個問題。」你無法用模糊的實體組織來做到這一點。

如果你使用訴諸高層策略，請確保你的高層是模糊的實體組織，像是定價委員會、公司後勤部門的人，或是行銷委員會。如果你告訴對方，你的主管必須批准，他們的第一個想法是什麼？那就是：「那麼我為什麼要浪費時間跟你談話？如果你的主管是唯一可以做決定的人，那讓你的主管來這裡就好。」當高層是模糊的實體組織時，顯然就很難接觸到。多年來，我告訴銷售人員，我必須報請董事會，只有一次有個銷售人員對我說：「那你們的董事會什麼時候開會？我什麼時候可以對他們簡報？」用訴諸高層策略可以在沒有咄咄逼人的情況下，向對方施加壓力。

使用訴諸高層策略的房地產投資人

我之前投資公寓和房子時，就碰到這個問題。當我第一次買下這些房子時，告訴房客我擁有這些房地產的感覺很好。對我來說，這是在自吹自擂。然而，當我的投資組合變得很大之後，我理解到這樣並不有趣，因為房客會假設屋主賺了很多錢，所以，為了小菸蒂燒到的一些痕跡來要求更換他們住宿房子的地毯，或是因為小小的破損來要求更換窗簾，有什麼問題呢？如果當月的房租遲交有什麼問題呢？在他們的眼中，我是個有錢人。因為我擁有這些房子，所以我一定是有錢人。為什麼這會讓我心煩意亂？

當我了解訴諸高層策略的威力，並創辦一家名字叫做「廣場物業」（Plaza Properties）的公司之後，很多問題就迎刃而解。我成為那家公司的董事長，對於租客來說，這是一家物業管理公司，為某個地方模糊的一大群投資人管理他們的公寓。

然後當他們說：「我們的地毯上有香菸燒過的痕跡，需要更換」的時候，我會說：「我不知道我有沒有辦法讓屋主馬上幫你更換。不過我告訴你：你在月初繼續繳租金，大約六個月後，我會幫你跟屋主說，看看到時我可以幫你什麼忙。」（這是白臉／黑臉策略，我會在第十四章教你這個在談判末期使用的策略。）如果他們說：「羅傑，我們要到十五日才會繳租金。」我會說：「喔，我完全可以理解你的情況。你的手頭有時可能有點緊，不過在這間房屋的房租上，沒有任何空間可以調整。這棟房屋的屋主告訴我，如果房租沒有在當月五日以前支付，我就必須發出驅離通知。我們要怎麼做，你才可以準時付租金呢？」

訴諸高層策略是在兩方都不會出現咄咄逼人的情況下，對人施壓的一種有效方式。我很確定你會看到，為什麼對方很喜歡把這個策略用在你身上。讓我們看看，當對方告訴你必須把你的提案送交委員會、董事長或老闆批准時，對方會得到什麼好處。這會讓他們在你無法咄咄逼人的情況下，對你施加壓力。「我們要花時間來把一項提案往上送交給委員會。」身為談判者的你，會讓你精神錯亂，因為你感覺無法向真正的決策者簡報。

藉著設立一個高層主管，讓提案都必須先經過批准，談判者就可以在審查這項談判的期間，拋開做決策的壓力。當我還是房仲業者時，我會教導我們的業務員，在讓買方上車去介紹任何房子之前，他們應該對這些買方說：「我只是想要確認一下，今天如果找到適合你的房子，有什麼理由會讓你無法在今天做出決定？」

買方可能會把這個舉動解讀成是在對他們施加壓力，要他們迅速做出決定。這裡真正的成就在於，藉由發明一個高層主管，消除成交的壓力，有權利拖延決定的時間。如果業務員不這樣做，他們通常會拖延決定的時間，他們會說：「我們今天無法做決定，因為哈利叔叔要幫我們付頭期款，我們必須讓他同意。」

使用定錨技巧來為此做好準備：「如果你想要讓提案在委員會上過關，就必須提出更好的條件。」如果需要委員會的批准，就需要其他人贊同你的提案，他們可以對你提出建議，但是不表示會同意你的提案。「如果你把報價再降低10%，也許有機會可以得到委員會的批准。」

訴諸高層可以用來迫使你發起競標戰。「委員會要我提供五個報價，他們會接受最低的報價。」此外，對方可能在不透露你的反對意見下壓低你的價格。「委員明天會開會做出最後的決定，我知道他們已經收到一些非常低的報價，因此你提出的報價可能沒有什麼意義，但是如果你能提出一個超級低的報價，總是有機會可以通過。」

你可以對對方使用白臉／黑臉策略：「如果我來決定，我很樂意繼續跟你做生意，但是委員會的會計師只關心最低價格是多少。」此時你可能會想：「羅傑，我不能用這個策略。我有一間生產戶外庭院家具的小公司，每個人都知道這是我擁有的公司。他們知道在我之上，沒有任何人必須核可我的決策。」

你當然可以使用這個技巧。我也有公司，但有些決定不會是我做的，除非我與我指派要負責的人確認。如果有人問我是否可以為他們的公司舉行工作坊，我會說：「這個想法聽起來不錯，但是我必須先跟行銷人員確認。很合理吧？」如果你有自己的公司，那麼高層就變成在組織裡你授予決策權力的人。

在國際談判中，總統會小心保護自己，在得到談判代表和參議院批准之前，堅持無法做出決策的立場。

對抗「訴諸高層策略」

我相信你可以理解為什麼大家喜歡對你使用「訴諸高層策略」。幸運的是，你可以學習有效順利地應對這項挑戰的方法。你的第一個方法應該是在談判開始之前，試著消除對方訴諸高層的行動，讓他承認如果提案讓人無法抗拒，他可以下決定。

這與汽車經銷商對你做的事情一樣，在你試駕之前，他會說：「我確認一下我的理解是否正確，如果你喜歡這輛車，今天會有任何理由不做出決定嗎？」因為他們知道，如果沒有事先移除訴諸高層的要求，就有一種危險：在要求做出決定的壓力下，對方會發明一個高層來作為拖延的戰略，像是「聽我說，我很想在今天做決定，但是我不能這樣做，因為我的岳父必須看這間房子（或這台車），或是喬叔叔要幫我們付頭期款，所以我們需要先跟他說」。

有個最讓人沮喪的事你可能碰到過，那就是你把提案給對方，然後他對你說：「很好，沒問題。感謝你提案。我會跟我們的委員會（或我們的律師或業主）討論這個提案，如果我們有興趣，就會跟你聯繫。」接下來你要怎麼做？如果你夠聰明，就能在提案開始之前對抗「訴諸高層策略」，你就可以擺脫那種危險的處境。

在你向對方提案之前，甚至在你把提案從公事包拿出來之前，你應該故作輕鬆地說：「讓我確認一下，如果這個提案滿足你所有的要求（這已經廣泛到包含所有要求了，不是嗎？），那你有任何理由不在今天做決定嗎？」

對對方而言，同意這件事並不會有所損害，因為對方在想：「如果這個提案滿足我的所有需求呢？沒問題，這裡有很大的迴旋空間。」然而，看看你取得的成果，如果你可以讓他們回應說：「嗯，當然是這樣，如果這個提案滿足我的所有需求，我會馬上說好。」

- 你已經消除他們想要仔細思考的權利。如果他們這麼說，你會說：「好吧，我再講一遍，肯定有什麼地方我沒有說清楚，因為你先前確實告訴我今天會做出決定。」
- 你已經消除他們把提案交給高層決定的權利。你已經消除他們有權利說：「我希望我們的法務部門可以看一下，或是採購委員會可以檢視一下。」

如果你無法移除他們訴諸高層的訴求怎麼辦？我相信很多時候你會說：「如果這個提案符合你的所有需求，你今天有什麼理由不決定呢？」而對方會回答：「我很抱歉，但是這種規模的計畫，每件事都需要特定的委員會批准。我必須把提案交給他們做最後的決定。」當談判者無法移除對方訴諸高層的訴求時，他們會採取三個步驟：

第一步：迎合他們的自負心。你可以臉上帶著微笑說：「他們總是會聽你的建議，不是嗎？」你可以很容易引起某些性格的人的自負心，他會說：「你猜得沒錯，如果我喜歡這個提案，那他們會聽我的建議。」不過他們時常會說：「沒錯，他們通常會聽我的建議，但是在我把提案送到委員會之前，我無法給你決定。」如果你意識到你正在跟很自負的人在打交道，試著在簡報初期阻止他們去訴諸高層。「你認為如果你把這個提案交給主管，他會批准嗎？」一個充滿自負心的人常常會錯誤地帶著自豪感告訴你，他不需要經過任何人的批准。

第二步：讓他們承諾，他們會向委員會提出正面的建議。你可以說：「你會跟他們推薦這個提案，對嗎？」希望你會得到類似「沒錯，這個提案在我看來很不錯，我會請他們支持你的提案」的回應。得到對方承諾要向高層推薦這份提案非常重要，因為這時他們可能會透露出實際上並沒有委員會。他們確實有權利做決定，而且說他們必須讓某個人確認，只是他們跟你談判時使用的一種策略。

高層如何對抗我

我記得一九六二年第一次來到這個國家的時候，我去加州門洛帕克（Menlo Park）的美國銀行（Bank of America）工作。九個月後，我發覺我無法忍受在銀行工作的緊張刺激，所以我開始去找其他工作。我去應徵連鎖百貨公司蒙哥馬利沃德（Montgomery Ward）的儲備幹部。

如果要為他們工作，就要讓指定去實習的部門主管同意雇用我。他們把我派到加州納帕（Napa），與當地分店的主管盧・強生（Lou Johnson）面試。不知道是什麼原因，我的面試表現並不好。我知道我得不到這份工作，或許是因為我剛到這個國家，盧並不相信我會留在這裡。雖然我無意回英國，但是我能理解他的擔憂。最後，他對我說：「羅傑，多謝你來面試，我會跟總部的委員會回報，你會從他們那裡收到消息。」

我對他說：「你會推薦我給他們對嗎？」這是第二步：讓他承諾會向委員會提出正面的建議。我看他把頭從這一邊轉到另一邊。他顯然不想要在委員會上推薦我。另一方面，他不想告訴我他不會推薦我。他的頭在幾分鐘裡從這一邊轉向另一邊，最後說：「好吧，我想我願意給你一次機會。」此話一出，馬上就透露出沒有高層、沒有委員會，他是做決定的人。

在第二步，優勢談判高手會得到對方的承諾：他會向高層提出正面的推薦。現在只有兩件事會發生。要嘛他說，他會向他們推薦，不然他就會說不推薦，因為……不論哪種方式，你都贏了。當然，如果可以得到他的認可更好，但是如果他在任何時候提出反對意見，你更應該要說：「感謝上帝。」因為反對意見就是想要購買的訊號。除非他們有興趣要跟你買東西，不然他們不會對你的價格還價。如果他們沒有興趣要買你的東西，他們就不會在乎你的產品或服務價格有多高。

當你不在乎他們的收費時

有一段時間，我和一個很喜歡室內設計的女性約會。有一天，她興奮地把我拉到橘郡設計中心（Orange County Design Center），讓我看一張包覆著小牛皮的沙發，我從沒見過沙發的觸感是這樣柔軟。我坐在那裡，她說：「這張沙發很棒吧？」

我說：「這點毫無疑問，這是張很棒的沙發。」

她說：「而且只要一萬兩千美元。」

我說：「太棒了，他們怎麼可以只賣一萬兩千美元就做得這麼好？」

她說：「你對這個價格有疑慮嗎？」

我說：「這個價格完全沒有問題。」為什麼我對這個價格沒有疑慮？因為我無意花一萬兩千美元買張沙發，無論沙發是什麼皮做的。我來問你：如果我有興趣買沙發，我會對價格有疑慮嗎？喔，你最好相信我對價格有意見！

反對意見就是想要購買的訊號。我們在房地產買賣中學到，如果我們帶人看房，他們一直發出「哇……哇……」的聲音，好像很喜歡一樣，他們就不會買。認真的買方會說：「嗯，廚房沒有我們喜歡的那麼大、壁紙不好看、我們之後可能要打掉那面牆。」這些人才是會出價購買的人。

如果你是業務員，請思考一下。在你的一生中，你是否有一筆大交易是對方一開始就很喜歡你的開價？當然沒有，所有認真的買方都會抱怨價格。你遇到的最大問題不是對方反對，而是冷漠。我寧願他們對你說：「除非你的公司是世界上最後一個小零件商，不然我不會跟你做生意，因為……」而不是對你說：「我十年來一直使用的小零件都來自同樣的公司，而且他們做得很好。我只是沒有興趣花時間告訴對方要換廠商。」你的問題是他們很冷漠，而不是他們反對，因為反對總是有理由的，而且人們可能會改變看法。

我來跟你證明這點。請你舉出「愛」的反義詞。如果你說「討厭」，再想一下。其實只要他們對你丟盤子，你就有事情可以處理。「愛」的相反是「冷漠」。當他們像《亂世佳人》（*Gone with the Wind*）裡的瑞德．巴特勒（Rhett Butler）那樣對你說：「坦白說，親愛的，我不在乎。」時，你就知道電影要結束了。你的問題是冷漠，而不是反對。反對意見就是想要購買的訊號。

當你對他們說：「你會推薦給他們，不是嗎？」他們可以說會，也可以說不會。不管是說什麼，你都贏了。然後你就可以繼續進行下個步驟。

第三步：使用「合乎『特定條件』才算成交」策略。你的壽險業務員可能會對你說：「老實說，我不知道我們是否能給這個年紀的你更多的保險。」這時他就使用合乎「特定條件」才算成交的策略。無論如何，都要你通過體檢當作條件，因此，為什麼我們不寫下一份以你通過體檢為條件下的文件呢？壽險業務員知道，如果你在體檢中達到最低標準，他就會提供保險給你。那麼聽起來你做出的決定並不如你以為的那麼重要。

在這種情況下，以合乎「特定條件」才算成交的策略會是說：「我們只要寫下一份附有以下『特定條件』的文件，你們的產品規格委員會有權利在二十四小時內因為任何產品規格的原因拒絕這份提案。」或是說：「我們只要寫下附有以下『特定條件』的文件，你們的法律顧問有權利在二十四小時內因為任何法律原因拒絕這份提案。」現在請注意，你不是說他們要接受要求。你是說他們有權利因為特定原因拒絕你的要求。如果他們打算轉交給律師，那麼就會是法律方面的原因。如果他們打算轉交給會計師，那就是稅務方面的原因等等。把這些顧慮歸結成一個特定的原因。

回顧一下，如果你無法讓對方放棄訴諸高層的做法，那就需要採取三個步驟：

1. 迎合對方的自尊心。

2. 讓對方承諾，他會向委員會提出正面的建議。
3. 使用「合乎『特定條件』才算成交」策略。

如果有人採用對抗「訴諸高層策略」，你要如何反擊？如果有人試著像這樣要讓你不去訴諸高層怎麼辦？如果對方對你說：「你確實有權利做決定，不是嗎？」你應該明確地說：「這取決於你要求的是什麼。如果要求太高，我還是必須向行銷委員會報告。」

假設你向連鎖批發五金行推銷鋁製的花園小屋，而他們要求你參加週末的行銷活動。你的銷售經理為此預留三萬美元當作參加活動的費用，但是連鎖商店的老闆要求你承諾付出三萬五千美元。你應該搖頭說：「哇，這比我預期的多很多。我必須把報價交給廣告委員會確認。如果是兩萬五千美元，我會心安理得的同意，但是只要高於這個數字的價格，我都必須稍晚回覆，直到我弄清楚委員會的看法。」

這樣就不會產生咄咄逼人的情況，而且你把對方放在以下的處境：他不是接受兩萬五千美元的報價，就是直到你回覆他之前，你不確定會不會參加行銷活動。請注意，你要把他的報價放在中間。假設最後是把雙方的差價平分，你的提案還是在預算之內。

關於訴諸高層的策略，還要說一件事。如果在你還沒準備好的時候，有人試圖強迫你做出決定該怎麼辦？假設你是一家電器分包商，而且正與購物中心談報價。總承包商向你施壓，要你承諾一個價格與供貨的日期，而且希望你立刻做出決定。他說：「哈利，我把你當成兄弟一樣，但是我經營的是企業，而不是宗教。現在就給我我需要的東西，否則我就必須跟你的競爭對手做生意。」（我會在第三十七章告訴你，在時間壓力下，人往往會變得更有變通性。）

你會如何處理這件事？非常簡單。你可以說：「喬，我很想告訴你我的決定。實際上，如果你想要知道我的決定，我可以馬上給你答案。但是我必須告訴你，如果你現在要強迫我做出決定，那答案一定是否定的。明天在我和公司的估價人員談過之後，答案可能會是肯定的。你為什麼不等到明天，看看結果如何呢？這樣好嗎？」

你可能會發現對方不斷訴諸更高層的人。你以為你已經完成一筆交易，卻發現重要買方必須批准，而他不會批准。你讓這筆交易更有甜頭，卻發現副總經理不會批准。在我看來，不斷訴諸更高層的人是非常不道德的，但是你的確會遇到這種情況。我相信你在買車時也會有這樣的經歷。經過一番初步的談判之後，銷售人員立刻接受你的低報價，這讓你大吃一驚。在你承諾要付出一個價格（這是你在心理上接受買下那台車的價格）之後，銷售人員會說：「嗯，這個價格看起來不錯。我只要跟主管確認，汽車就是你的了。」

當銷售人員和銷售經理一起回來的時候，你可能感覺到車鑰匙和行照已經到手，而且你正坐在貴賓室慶祝自己得到如此優惠的交易條件。等到銷售經理坐下來跟你核對價格，他說：「你知道的，弗雷德給你的價格有點太離譜了。」弗雷德看起來很尷尬。「這個價格比我們工廠的出廠成本還低將近五百美元。」他拿出一張看起來很正式的工廠發票。「當然，你不可能要求我們虧錢賣車吧？」

現在，連你都覺得尷尬了。你不知道該如何回應。你以為你們已經成交，但是弗雷德的高層卻否決了。你沒有意識到經銷商就算以發票上少5%的價格賣車給你，還是會因為工廠給的回扣而賺錢，你掉進銷售經理說你是通情達理的人的訴求話術，而且他還把價格提高兩百美元。

再一次，你認為你已經買到這輛車，直到銷售經理解釋說，因為價格這麼低，他需要請主管核可。就這樣，你發現自己周旋在一堆經理人之間，每個人都要你加一點價格。如果你發現對方對你使用訴諸更高層的策略，請記住反擊的方法。你也可以藉由提高你的高層層級來玩這個遊戲。對方很快就會明白你正在做的事情，而且要求停戰。每次提高高層的層級時，你應該回到最初採取的談判立場。不要讓他們藉著每次提高高層層級來削減你的加價幅度，「一層一層的扒掉你的皮」。

在最後確認、並在合約上簽名之前，不要認為交易已經完成。如果你開始在心裡想著會得到哪些好處，或是想著怎麼開車，那你就會對這筆交易過於投入，而無法放棄。不要因為太沮喪而發脾氣，結果放棄對每個人來說都有利可圖的交易。當然，這種策略不公平，也不道德，但這就是生意，而不是宗教。你在這裡的目的是要讓商業順利運作，而不是變成罪人。當你進行優勢談判時，能夠使用並應對訴諸高層的策略很重要。始終讓自己持續訴諸高層。始終試著去消除對方訴諸高層的可能性。

需要記住的重點

1. 不要讓對方知道你有權力做出決定。
2. 你的高層應該是模糊的實體組織，而不是一個人。
3. 即使你擁有自己的公司，你仍然可以透過下放權力來使用這個策略。
4. 談判時不要自負，不要讓別人欺騙你，讓你坦承自己有權力。
5. 試著讓對方承認，如果你的提案能夠滿足他的所有要求，他就可以批准你的提案。如果無法這樣做，請採取三種反擊策略：迎合他的自尊心；讓他承諾，他會向委員會提出正面的建議；使用合乎「特定條件」才算成交的策略。
6. 如果他們在你還沒準備好時強迫你做出決定，那就做出決定，但是讓他們知道答案是否定的，除非他們能給你時間去找人確認，而且如果他們祭出訴諸更高層的策略，請回到最初採取的談判立場，而且使用訴諸高層策略。

第8章 服務的價值會持續下降

與人交手時，可能會遇到下面的情況：你對他做出的任何讓步很快就失去價值。你買進的任何實體物品價值可能會隨著時間經過而增加，但是各項服務的價值在你提供之後，總是會迅速下降。優勢談判高手知道，每當你在談判中向對方做出讓步時，都應該立刻要求對方做出互惠的讓步。你為對方提供的優惠可能非常快就會失去價值。兩個小時之後，它的價值就會迅速降低。

房仲很熟悉這種服務價值下降的原理。當賣方出售房屋遇到問題，而房仲提出以開價的6%當作佣金來解決這個問題時，6%聽起來並不是一筆巨額的款項。

然而，當房仲提供服務、找到買方的那一刻，6%突然就變成一筆巨款。「百分之六，那是一萬兩千美元。」賣方說道：「為什麼這麼高？他們做了什麼？他們只是發了一些賣屋廣告傳單而已。」房仲在推銷房屋和談判合約上做的事情遠不止這些，但是請記住這個原則。在你提供一項服務後，那項服務的價值總是會快速降低。

我相信你也有過這樣的經歷，不是嗎？有個很少跟你做生意的人打電話來，他很驚慌，因為供應大部分貨物的供應商出狀況，現在，他的整個裝配線到明天都要喊停，除非你可以創造奇蹟，在隔天早上第一時間把貨送到他們那裡。這聽起來是不是很耳熟？你整個晚上都在趕工，重新安排各地的出貨。儘管困難重重，你還是及時把貨物運到那裡，讓客戶的裝配線繼續運作。你甚至到他們的工廠，親自監督卸貨，買方因此更喜歡你。他來到碼頭，你正得意洋洋的擦掉手上的泥土，他說：「我不敢相信你能為我做到這件事。這是不可能的任務，你實在太讓人驚奇了。我真愛你、愛你、愛你。」

你回答說：「我很高興可以幫你做這件事。這就是我們在必要時可以提供的服務。你不認為該把我的公司列為主要供應商嗎？」

他回答：「這聽起來確實是好主意，但是我現在沒時間談這件事，因為我必須去裝配線，確保運作順利。你週一早上十點來我的辦公室，我們討論一下。中午過來更好，我請你吃午餐。我真的感激你為我做這件事。你太棒了，我真愛你、愛你、愛你。」整個週末你都對自己說：「嘿，這次一定會成功，這是他欠我的。」不過到了週一，跟他談判還是跟過去一樣困難。哪裡出了錯？服務價值已經開始下降。在你提供服務之後，服務的價值總是會迅速下降。

如果你在談判中做出讓步，要立刻讓對方做出互惠的讓步。不要等待，不要坐在那裡認為因為你幫他們忙，他們就欠你人情，之後就會補償你。儘管世界上有很多善意，但是在他們心中，你提供服務的價值很快就會下降。

出於相同的原因，顧問都知道一定要在事前協商費用，而不是在事後。水電工人也知道這點，對吧？他們知道談判時間是在為你工作之前，而不是之後。我曾經請個水電工到我家，他看完問題之後，緩緩地點頭，然後說：「道森先生，我已經知道問題在哪裡，我可以幫你修好，要跟你收一百五十美元。」

你知道他完成這項工作花了多久的時間嗎？只有五分鐘。我說：「等一下，你為了五分鐘可以完成的工作收我一百五十美元。我是全國知名的演說家，都無法這樣賺錢。」

他回答：「我是全國知名演說家的時候，我也無法這樣賺錢。」

✔ 需要記住的重點

1. 實體物品的價值可能會上升，但是服務的價值似乎永遠都會下降。
2. 不要先做出讓步，然後相信對方之後會補償你。
3. 在開始工作前談好你的費用。

第9章 永遠不要提議平分差價

在美國，我們有強烈的公平意識。這引導著我們，如果雙方的付出一樣，那就是公平的。如果弗雷德設定要以二十萬美元賣房子，而蘇珊出價十九萬美元要買，而且弗雷德和蘇珊都急著找個折衷的價格，那麼雙方往往會這樣想：「如果我們以十九萬五千美元成交就好了，因為這樣很公平。」何謂公平，取決於弗雷德和蘇珊一開始採取的談判立場。如果房子的價值是十九萬美元，而弗雷德因為蘇珊喜歡他的房子，堅持開出過高的價格，那就是不公平；如果房子價值是二十萬美元，而蘇珊願意付這筆價，卻利用弗雷德有財務問題，想要急著脫手而占他的便宜，這樣就是不公平。

平分差價不一定公平。這取決於雙方在一開始採取的談判立場。消除這種誤解之後，我要強調，優勢談判高手知道平分差價並不意味著要將價格設定在中間。只要平分差價兩次，價格就會設定在75%／25%的地方，此外，你還可以讓對方將差價平分三次以上。

平分差價，並不意味價格就要設定在中間

我在一家銀行抵押幾間房子，因此與這家銀行有過一次談判。我私底下賣出

抵押的一間房子，合約規定要還給他們三萬兩千美元的貸款。我跟他們要求只還兩萬八千美元，我提出這個要求之後，他們願意平分差價，讓我只還三萬美元。經過幾個星期的討價還價，直到這間四戶的大樓成交的時候，我讓他們分別在兩萬九千美元、兩萬八千五百美元平分差價，最後他們同意我要還款的金額是兩萬八千兩百五十美元。

這個策略是這樣進行的：首先要記住的是，你不應該自己提議要平分差價，而是要一直鼓勵對方主動平分差價。假設你是建築承包商，你一直努力要得到一個改建的工程，你開價八萬六千美元，而他們只願意出七萬五千美元。你們已經談判一段時間，在這段期間，你已經讓屋主開出八萬美元的價格，而你的提案價格已經降到八萬四千美元。在這個時候，你希望成交價格是多少？你有一種很強烈的感覺，如果你提出平分差價的提議，他們就會同意。這意味著成交價格是八萬兩千美元。

與其提出平分差價，你應該要這樣做。你應該說：「嗯，我想這不可行。不過我們花了那麼多時間在這個案子上，實在有點可惜。」（在第三十七章我會教你如何在長時間的談判中變得更有變通性。）「我們在這個案子上花了很多時間，而且我們快要達成讓大家都能接受的成交價格。只因為相差四千美元而破局，實在是很可惜。」

如果你強調花在這個提案上的時間與價格差距很小，最後對方會說：「讓我想想，我們為什麼不平分差價呢？」

你假裝很笨地說：「讓我看一下，平分差價，那是什麼意思？我開價八萬四千美元，而你出價八萬美元，你是要跟我說價格要提高到八萬兩千美元嗎？你說的意思是這樣嗎？」

「嗯，沒錯，」他們說：「如果你可以把價格降到八萬兩千美元，我就接受。」這樣做的話，你立刻就將談判範圍從八萬美元至八萬四千美元，移到八萬兩千美元到八萬四千美元，而且你還沒有做出一點讓步。

你說：「八萬兩千美元聽起來比八萬美元合理很多。告訴你：讓我跟我的夥伴（或你設定的任何高層）說說看，看他們覺得如何。我會告訴他們你的出價已經提高到八萬兩千美元，我們會想想是否要用這個價格成交。我明天答覆你。」

第二天，你回覆他們說：「哇，我的夥伴現在實在很難搞，我確信八萬兩千美元他們會同意，但是我昨天晚上花兩個鐘頭盤點這個數字，他們堅持如果我們的報價比八萬四千美元還低一分錢，就會虧錢。但我的天啊，我們現在在這個案子上只有兩千美元的差距。當然，當我們的差距只有兩千美元，我們不會在這個時候讓這個案子破局吧？」如果你堅持得夠久，最後他們就會再次提出要平分差價。

如果我們能讓他們再次平分差價，這個策略就會讓你額外賺到一千美元。不過，就算你沒有讓他們再次平分差價，你最終還是會得到八萬兩千美元的價格，就跟你提出平分差價時的價格一樣，這裡也產生一件非常重要的事。是什麼重要的事呢？沒錯，他們認為他們贏了，因為你讓他們提議要平分差價，讓成交價落在八萬兩千美元。然後你讓你的夥伴不情願地同意對方提出的報價。如果是你建議要平分差價，那麼就是你把提案擺在檯面上，迫使他們同意。

對你來說，這似乎是一件非常微妙的事，但是對於誰感覺到自己贏了，或是誰感覺到自己輸了，這就非常重要。請記住，優勢談判的本質是一直讓對方感覺自己贏了。規則是這樣的：永遠不要主動提出要平分差價，但是永遠要鼓勵對方提出平分差價。

需要記住的重點

1. 不要掉進陷阱，認為平分差價是公平的行為。
2. 平分差價並不意味著價格要對分，因為你可以重複這樣的行為很多次。
3. 絕不要自己提出要平分差價，但要鼓勵對方提出平分差價。
4. 藉著讓對方提出平分差價，你可以讓他們採取建議要妥協的立場。然後你就可以不情願地同意他們的提案，讓他們感覺自己贏了。

第10章 處理雙方僵持不下的情況

在長時間的談判中，你經常會遇到雙方僵持不下（impasses）、談判卡關（stalemates），以及陷入僵局（deadlocks）的情況。我對這三個詞的定義如下：

- **雙方僵持不下：**你們在某個問題上有完全不同的意見，而且影響談判的進行。
- **談判卡關：**雙方還在談判，但似乎無法在解決問題上有任何進展。
- **陷入僵局：**談判沒有進展讓雙方都很沮喪，以致於大家都認為沒有繼續談判的必要。

缺乏經驗的談判者很容易把雙方僵持不下與陷入僵局混為一談。舉例來說，你生產汽車零組件，在底特律的汽車製造商採購經理說：「未來五年，你必須每年降價5％，不然我們就要找其他廠商。」你知道這樣做不可能賺錢，所以很容易認為你已經陷入僵局，實際上你只是跟他有不同的意見。

你是承包商，屋主對你說：「我很樂意跟你做生意，但是你的報價太高。還有三家廠商的報價比你的報價還低。」你堅持不參與投標，所以當你跟屋主僵持不下時，很容易認為你已經陷入僵局。

你擁有一家零售商店，一個顧客對你大喊：「我不想再跟你討論了，要嘛你回收商品，我會拍拍手說你很棒，不然之後我的律師會聯絡你。」你知道如果你可以教客戶使用那件商品的方法，那個商品就會正常運作。不過他很生氣，以致於你以為陷入僵局。

你生產衛浴設備，紐澤西州一家水電供應商的董事長拿著雪茄大聲指責你：「小夥子，我來告訴你實際狀況，你的競爭對手讓我九十天後才付款，所以如果你不這樣做，我們就沒什麼好談的。」你知道你的公司在七十二年的經營歷史中從沒有打破過三十天內付款的規則，因此很容易認為你已經陷入僵局，實際上你們只是僵持不下。

對於缺乏經驗的談判者來說，這些情況聽起來都像是陷入僵局，但是對於優勢談判高手來說，這只是雙方僵持不下。每當雙方僵持不下時，你都可以使用一種非常簡單的策略，那就是所謂的擱置策略。

當你跟買方談判，他對你說：「我們也許有興趣跟你談，但是我們必須在月初紐奧良的年度銷售會議上收到你提供的原型產品。如果你的動作沒辦法那麼快，那我們就不要浪費時間談了。」這時，你應該使用擱置策略。

即使你的動作實際上不可能那麼快，你還是可以採取擱置策略。「我完全理解這對你來說有多重要，但是我們先把這件事放一邊幾分鐘，談談其他問題。告訴我這個原型產品的規格，你們要我們使用參與工會的勞工嗎？我們正在談的付款條件是什麼？」

當你使用擱置策略時，一開始會解決許多小問題，這可以在解決大問題之前，在談判中創造一些動能。就像我會在第六十四章教你的那樣，不要把事情縮減到只有一個問題。

（在談判桌上如果只有一個問題，就一定有贏家與輸家。）

先解決小問題，就可以創造動能，讓大問題更容易解決。沒有經驗的談判者似乎總是認為需要先解決大問題。「如果我們不能在價格或條件等重大問題上達成共識，為什麼要浪費時間討論小問題呢？」當你們對小問題達成共識之後，了解對方的優勢談判高手就會變得更有變通性。

需要記住的重點

1. 不要將雙方僵持不下與陷入僵局混為一談。真正陷入僵局的情況非常罕見，你可能只是跟對方僵持不下。
2. 用擱置策略來處理雙方僵持不下的情況。「讓我們把這個問題放旁邊一下，談談其他問題好嗎？」
3. 先解決小問題來創造談判動能，但是不要縮小到只談一個問題。（見第六十四章）

第11章 解決談判卡關問題

在雙方僵持不下與陷入僵局中間，有時你會遇到談判卡關的問題。這是雙方還在談判，但似乎無法在解決問題上取得任何進展的時候。談判卡關的情況就像「處在無法航行區」（in irons），這是航海用的術語，意思是船因為逆風而停滯不前。帆船無法直接頂著逆風前進。如果有逆風，船還是可以前進，但是如果直接頂著逆風，就無法前進。因此，如果對著逆風前進，就需要先把船向右舷轉大約三十度，然後搶風向左舷轉三十度。要以這種方式持續調整風帆很困難，但是最終會到達你想去的地方。

為了搶風改變航向，你必須持續讓船頭順著風移動。如果你猶豫，你的船頭就有可能被卡在風裡。帆船要轉向時如果失去動能，就沒有足夠的風來讓船頭轉向。當船長處於「無法航行區」時，就必須採取行動來糾正問題。這可能包括重新整理風帆、把前帆拉緊來拉動船頭、轉動方向舵或船舵，或是做出任何能夠恢復動力的事情。同樣地，當談判卡關的時候，你就必須改變談判的動態，來重建談判的動能。除了改變談判涉及的金額之外，你還可以採取以下的行動：

- 更換談判團隊的成員。律師最喜歡使用的表達方式是：「我今天下午必須出庭，因此我的合夥人查理會代替我。」這個法院（court）可能是網球場（tennis court），但是這是改變團隊的巧妙方式。

- 藉著建議在午餐或晚餐時繼續討論，來改變談判的地點。
- 換掉可能激怒對方的成員。老練的談判者不會因為被要求離開而生氣，因為他可能扮演的是很有價值的壞人。現在，到了讓他離開團隊來做出讓步、向對方施加壓力的時候了。
- 藉由談論自己的喜好或新聞八卦，或是講一個有趣的故事來緩解緊張的情緒。
- 探索調整財務條件的可能性，像是延長付款期限、減少訂單押金，或是重新安排付款條件（restructured payments）。任何一種做法都足以改變談判的動態，並讓你擺脫談判卡關的情況。請記住，對方可能會因為擔心自己看起來財務狀況不佳，不願意提出這些議題。
- 討論與對方分擔風險的方法。針對他們擔心未來會變糟的幾個情況，做出一些承諾。你可以試著建議一年後你可以回收沒有使用、但狀況良好的存貨，而且只收20%的退貨費用。或許也可以在合約中加入免責條款，如果市場改變，可以減輕他們的憂慮。
- 嘗試改變談判環境的氣氛。如果談判一直很低調地強調雙贏，試著讓氣氛變得更有競爭感。如果談判很難推進，則可以試著轉向雙贏模式。
- 建議改變產品的規格、包裝和交貨方式，看看這樣的轉變是否會讓大家更正面的思考。

如果你同意為了防止未來出現問題，可以用仲裁來解決爭議，那麼對方可能會忽略任何有分歧的意見。

當船「處於無法航行區」時，船長可能確切知道要如何重啟風帆，但是有時只需要嘗試不同的方法，來看看這些方法是否有效。如果談判卡關，你必須嘗試做些不同的事情，看看那些事情是否可以讓你重獲動能。這讓我想起多年前有人告訴我，印度一個道路施工人員正忙著在山坡上挖掘隧道。這似乎是非常原始的舉動，因為有上千位工人拿著鋤頭和鏟子，而且讓人驚訝的是，他們甚至試著只依靠工人來完成工作。

一名遊客走到工頭前面，問他：「你要怎麼完成這份工作？」

「這真的很簡單，」他回答。「我吹了一聲口哨，這邊所有的工人都開始在山上挖路。在山的另一邊，我們有另一組工人，我們要他們也朝我們這邊開始在山上挖掘。如果兩組工人在中間碰面，我們就有一條隧道，如果他們沒碰到面，我們就有兩條隧道。」

處理談判卡關的情況就像這樣。當你改變談判的動態去試著創造談判的動能時，有些事情就會發生，但你永遠不會確定發生的是什麼事。

需要記住的重點

1. 意識到雙方僵持不下、談判卡關和陷入僵局的區別。在談判卡關時，雙方還是想要找到解決方法，但是都看不到要往哪個方向推進。
2. 對於談判卡關的回應方法，應該是藉著改變其中一個要素，來改變談判的動態。

第12章 處理僵局

在前面兩章，我告訴你如何處理前兩個層級可能發生的問題，分別是雙方僵持不下與談判卡關。不過如果事情變得更糟，你可能會陷入僵局，我把這種情況定義為「談判沒有進展讓雙方都很沮喪，以致於大家都認為沒有繼續談判的必要」。

陷入僵局的情況很罕見，但是如果碰到一次，唯一的解決辦法就是引進第三方，也就是引進可以調解或仲裁的人。第三十四章與三十五章你會看到調解員和仲裁者的主要差別。以仲裁者來說，雙方在談判流程開始之前就會同意仲裁者的決定。如果像大眾運輸工會或清潔人員工會等對公共利益至關重要的工會罷工，聯邦政府最終會堅持要任命一位仲裁者，雙方必須同意仲裁者認定公平的解決方案。調解員則沒有這種權力，調解員只是為了促成解決方案產生而介入的人，他可以扮演催化劑的作用，利用他的技能來尋求雙方都認為合理的解決方案。

沒有經驗的談判者並不願意引進調解員，因為他們會認為自己沒有能力解決問題就是一種失敗。「我不想要尋求銷售經理的協助，因為他會認為我是糟糕的談判者。」這是他們在心裡浮現的想法。優勢談判高手知道，除了第三方是很好的談判者之外，還有很多原因可以讓第三方解決問題。

只有雙方都認為仲裁者或調解員相當中立，這樣的機制才能發揮作用。有時你必須竭盡全力確保這個看法存在。如果你請經理解決你與客戶的爭議，你的客戶認為他保持中立的可能性有多大？應該介於虛無到零之間。你的經理必須做一些事情，來讓對方產生他很中立的感覺。對你的經理來說，要做到這一點，必須在調解過程的早期向對方做出小小的讓步。

你的經理進來談判之後，即使他完全意識到問題所在，他也會說：「我還沒有機會真的解決這個問題，為什麼你們不解釋一下自己的立場，讓我看看是否能想出雙方都可以接受的解決方案？」在這裡，話術很重要。藉著要求雙方都表達自己的立場，他表明他會沒有偏見的參與這個談判過程。還有請注意，當他提到你時，他會避免使用「我們」這個詞。

在耐心聽取雙方的說法之後，他應該會轉向你，對你說：「你這樣做公平嗎？也許你可以提供一些條款（或其他細節）的優惠？像是你能接受六十天的票期嗎？」不要覺得你的經理不支持你，他正在試圖定位自己，讓他在客戶眼中顯得自己很中立。

不要認為你必須不惜犧牲一切代價來避免雙方僵持不下、談判卡關或陷入僵局。經驗豐富的談判者會利用這些狀況來作為施壓對方的工具。一旦你認為僵局是無法想像的事件，這意味著你不願意一走了之，而且還放棄你最強大的施壓點（你的優勢），就像你在第十七章會看到的情況。

需要記住的重點

1. 真正解決僵局的唯一方法是引進第三方。
2. 第三方擔任的是調解員或仲裁者。調解員只能促成解決方案產生，但是雙方事先都會同意去遵守仲裁者最後做出的決定。
3. 不要認為引進第三方是你的失敗。有很多原因會讓第三方可以找出雙方在談判中無法達成的解決方案。
4. 雙方都認為第三方是中立的。如果他不中立，他應該在談判初期向對方做出小小的讓步，藉此顯示中立。
5. 對於陷入僵局的可能性抱持開放的態度。身為優勢談判高手，只有當你願意一走了之時，你才能夠發揮全部的力量。如果拒絕考慮讓情況陷入僵局，你就放棄珍貴的施壓點。
6. 你可以在第三十四章與第三十五章了解更多與調解和仲裁有關的藝術。

第13章 總是要求要交換條件

要求交換條件策略要告訴你，每當對方在談判中要求你讓步時，你應該自動要求一些回報。第一次使用這個策略時，你會得到比投資在這本書上多好幾倍的錢。之後使用這個策略，每年還可以讓你賺到幾千美元。現在就來看一下使用要求交換條件策略的幾種方法。

假設你已經賣掉房子，買方在成交前三天問你，是否可以把家具搬進車庫。雖然你不想在成交前讓他們搬進來，但是你會看到讓他們使用車庫有好處。這會讓他們對這間房子產生感情，而且在成交時不太可能製造問題給你。考慮到這點，你幾乎會渴望做出讓步，但是我希望你記住這條規則：無論他們要求你做出多小的讓步，你總是要求要得到一些回報。你可以對他們說：「讓我跟家人（模糊的高層）確認一下，看看他們的感覺如何，但是我問你一個問題：如果我們給你方便，你可以給我們什麼好處？」

你也許在銷售堆高機，而且已經賣給一家量販五金行一大筆訂單。他們要求你在八月十五日交貨，那個日期是他們開業前三十天。不久之後，連鎖店的營運經理打電話來跟你說：「我們的裝潢提前完工，我們正在考慮要提前到勞動節週末開業，有任何方法讓這些堆高機提前到下週三交貨嗎？」你也許會想：「太好了，這些堆高機就在當地的倉庫，可以準備出貨，因此提前發貨更好，可以更快收到款項。如果他們需要的話，我們明天交給他們。」雖然你最初傾向說：「很好。」我仍然希望你要求要交換條件。我希望你說：「坦白說，我不知道我們是否可以這麼快交貨。我必須跟安排出貨的同事確認（請注意，這裡使用訴諸模糊的高層策略），而且要看看他們怎麼說。但是讓我問你一下：如果我能給你方便，你可以給我們什麼好處？」

當你要求要有些回報時，會發生以下的情況：你可能會得到一些東西。買你房子的人可能願意增加押金、購買你放在陽台上的家具，或是給你的狗一間很好的狗屋。五金行老闆可能只是在想：「喔，我們這裡真的有個狀況，我們可以給你們什麼好處，來讓你們把這批貨物搬上去？」他們也許只會對你做些小讓步。他們可能會說：「我會告訴會計人員今天幫你開支票。」或是「幫我處理一下，十二月芝加哥開店時我會再叫你的貨。」

藉由要求一些回報，你就提高讓步的價值。談判的時候，為什麼要放棄任何東西？總是要對此小題大作，說不定你有需要。稍後，你可能會與房屋買主一起檢查屋況，他們已經發現電燈不會亮。你可能會說：「你知道把家具搬進車庫帶給我們多少不方便嗎？我們可以讓你這樣做，那現在我想要你忽略這個小問題。」稍後，你可能需要去五金行送貨的工作人員，你可以告訴五金行的老闆：「你還記得去年八月你要我幫你搬貨嗎？你知道我多努力跟我的員工溝通，才讓他們安排重新發貨給你？我們這樣做都是為了你，所以不要拖欠我的貨款。今天開支票給我，好嗎？」當你提高讓步的價值，你就為以後的條件交換做好準備。

這會讓磨人的來回談判過程停下來，這就是你應該使用要求交換條件策略的重要理由。

如果他們知道每次跟你要求一些東西時，你都會要求得到一些回報，那麼他們就不會持續跟你要更多東西。有很多次學生在研討會上找我，或是打電話到我的辦公室對我說：「羅傑，能幫我解決這個問題嗎？我以為我已經完成一筆交易，我認為不會有任何問題。但是在最初的階段，他們要我做些小讓步。我很高興可以跟他們做生意，所以我告訴他們：『當然，我們做得到。』一週後，他們打電話給我，要我再做些小讓步，我說：『好吧，我想我做得到。』在那之後，又出現一次又一次的小讓步，現在看來，整件事都快被我弄到破局了。」他事先應該要知道，當對方第一次要求他做出小讓步時，他應該要求一些回報。「如果我能幫你做這件事，你可以幫我們做什麼？」

一家財星五十大公司學到的教訓

我曾經在一家財星五十大公司培訓過五十名頂尖的銷售人員。他們有個關鍵客戶部門，負責與最大的客戶進行談判。研討會上有位銷售人員剛剛才賣給飛機製造商價值四千三百萬美元的產品。（這不是最高紀錄的金額，我在一家大型電腦製造公司總部培訓員工時，觀眾席上的一個銷售人員剛完成一筆三十億美元的訂單，而且他正在我的研討會上做筆記！）

這個關鍵客戶部門有自己的副董事長，他後來來找我，跟我說：「羅傑，你告訴我們總是要求要交換條件，這是我從所有研討會中學到最有價值的一課。多年來我參加很多研討會，我以為所有內容我都聽過，但是沒有人教我在不求回報的情況下讓步是犯下多大的錯。這會在未來幫我們省下數十萬美元。」

按照我教你的方法使用這些策略。即使改變一個詞，也會產生巨大的改變效果。舉例來說，如果你把「如果我能幫你做這件事，你可以幫我們做什麼？」改成「如果我幫你做這件事，你會幫我們做什麼？」你就會變得咄咄逼人了。在談判中非常敏感的時刻，當對方在壓力下要求你幫忙時，你就會變得咄咄逼人。不要這樣做。這可能會導致談判在你面前破局。你可能會想要要求特定條件的讓步，因為你認為這樣可以得到更多。我不同意。我認為你應該讓他們決定該提供什麼回報，這樣你才會得到更多東西。

不要要求具體的東西

幫我製作培訓錄影帶的傑克．威爾森（Jack Wilson）告訴我，在我教他這個策略之後，他用這個方法省下幾千美元。有一次，一家電視製作公司打電話給他，說他們有個攝影師生病了。如果他們打電話給跟傑克簽約的攝影師，要他代班，傑克會生氣嗎？這只是一個禮貌性的通知電話，以前傑克會說：「沒問題。」不過，這次他說：「如果我幫你做這件事，你可以幫我做什麼？」讓他訝異的是，他們說：「那這樣好了，下次你使用我們的攝影棚時，如果超時的話，我們不會收超時費。」他們剛剛向傑克讓步幾千美元，過去他不知道這個策略，絕對不會這樣要求。

當你問他們會給你什麼回報時，他們可能會說：「沒有回報。」或是「你可以繼續跟我們做生意，你可以得到的就是這個。」這樣並沒有關係，因為你透過要求得到這一切，而且沒有失去任何東西。如果有必要，你可以恢復到堅持要交換條件的立場，說：「我認為我無法讓我的員工同意這件事，除非你準備好付給我快速交貨費用。」或是「除非你願意把付款日期提前。」

需要記住的重點

1. 當對方要求小小的讓步時，一定要跟對方要回報。
2. 使用以下的說法：「如果我們可以幫你做這件事，你可以幫我做什麼事？」你可能會得到一些回報。這會拉高讓步的價值，這樣你可以在之後用來交換條件。最重要的是，這會停止磨人的談判過程。
3. 不要改變措辭要求特定的回報，因為那會太咄咄逼人。

談判末期的策略

第14章 白臉／黑臉

白臉／黑臉是著名的談判策略之一。查爾斯．狄更斯（Charles Dickens）在《遠大前程》（*Great Expectations*）中描述這件事。在故事一開始的場景中，年輕的英雄皮普（Pip）在墓園裡，這時從霧中出現一個高大、非常可怕的男人。這個人是名囚犯，他的腿上綁著鐵鍊。他要皮普進村子拿食物和銼刀回來，這樣他就可以弄開鐵鍊。不過，這個罪犯面臨兩難，他想要嚇唬皮普這個小孩按照他的要求去做，但是不能給他太大的壓力，以免他待在原地一動也不動，或是衝進城裡報警。

這個罪犯解決問題的方法是使用白臉／黑臉策略。把原作的描述稍微更改一下，那個罪犯實際上說的是：「皮普，你知道嗎，我喜歡你，我永遠不會做出傷害你的事。但是我必須告訴你，我有個朋友在霧中等著，他很兇暴，不過我是唯一可以控制他的人。如果你無法幫助我鬆開這些鐵鍊，那我的朋友可能會來追殺你。你必須幫我，你了解嗎？」在沒有咄咄逼人的情況下，白臉／黑臉策略是對人施壓非常有效的方法。

我相信你有在老派的警察電影中看過白臉／黑臉策略。警察把一名嫌犯帶進警察局審問，第一個審問他的警察是個魯莽、強硬、看起來很兇惡的人。他威脅這個嫌犯，如果不跟他們合作，他們就會對他做任何事情。然後，他被神秘的叫出去接個電話，第一個警察不在的時候，第二個審問的警察進來看管囚犯，他是世界上最溫暖、和善的人。他坐下來跟那個囚犯交朋友。他給他一根菸，並說道：「聽著，孩子，事情真的沒有那麼糟糕。我倒是有點喜歡你。我知道這裡的情況。為什麼不讓我看一下我能為你做些什麼事呢？」人們很容易認為扮白臉的人會站在你這邊，但實際上並沒有。

接著，扮白臉的人會繼續審問，以銷售人員認為的「小伎倆」來收尾：「我認為警察真正需要知道的，」他告訴囚犯，「是你在哪裡買槍的？」他其實想要知道的是：「你把屍體藏到哪裡了？」

從這樣一個小伎倆開始，然後逐步達成目標，這樣的效果非常好，不是嗎？汽車銷售人員對你說：「如果你花錢買這輛車，你會買藍色，還是灰色？你想要真皮？還是人造皮？」小決定會導致大決策。房仲會說：「如果你花錢買這棟房子，你會怎麼布置客廳裡的家具呢？」或是「哪間臥室會是寶寶的育兒室？」小決定會膨脹成大決策。

獨裁者嘗試白臉／黑臉策略

美國前聯合國大使比爾．理查森在《財星》雜誌（一九九六年五月二十六日）講述海地獨裁者塞德將軍（General Cedras）使用白臉／黑臉策略的故事。「與海地的塞德將軍在一起，我發現他扮白臉，而上將菲利浦．畢雅比（Philippe Biamby）則扮黑臉。因此我做好準備。在我們開會期間，畢雅比跳到桌子上開

始叫囂說：『我不喜歡美國政府稱我是暴徒……我不是暴徒。』我記得畢雅比這樣做的時候，我轉過頭跟塞德說：『我認為他非常不喜歡我。』塞德笑了又笑。他說：『好吧，畢雅比，坐下來。』」

你受到白臉／黑臉策略對待的次數比想像的要多很多。當你發現自己正在跟兩個人打交道的時候，請留意這一點。你可能會看到它以不同的形式用在你身上。舉例來說，你可能為零售商和健康維護組織銷售企業醫療險計畫，並與一家生產割草機的公司人力資源副董事長預約會面。當秘書帶你去見副董事長時，你驚訝的發現這家公司的董事長想要坐在旁邊聽你的簡報。

這是二對一的談判（這可不妙，我會在第四十八章談到肢體語言時告訴你為什麼），但你繼續簡報，一切看起來都很好。你覺得自己有機會銷售成功，直到董事長看起來被激怒了。他對副董事長說：「你看，我認為這些人沒有興趣認真對我們提出建議，我很忙的。」然後，他就怒氣沖沖地走出去。如果你不習慣談判，這確實會嚇到你。接著，副董事長說：「喔，他有時候會這樣，但是我真的很喜歡你提出的計畫，我認為還是有轉圜的空間。如果你的價格有更多調整空間，我想計畫還是可行。我的想法是，為什麼你不讓我看看我能為你和他做些什麼？」如果你沒有意識到他們對你做的事情，你就會聽到自己這樣說：「你認為董事長要怎樣才會同意？」然後過不了多久，你就會讓副董事長幫你談判，而他並不會站在你這一邊。

如果你認為我的說法有點誇大，請考慮一下：你是否曾對汽車銷售人員說過：「你認為要怎樣才可以讓銷售經理同意？」就好像銷售人員站在你這邊，而不是站在他們那邊？我們不是都有在買房子時發現我們想要買的房地產，所以對幫我們找到房子的房仲說：「你認為賣方會接受什麼條件？」我來問你一個問題：房仲是在為誰工作？誰付錢給他？不是你，不是嗎？他在為賣方工作，但他實際上是在對你採取白臉／黑臉策略。留意白臉／黑臉策略，因為你經常會遇到這種狀況。

當我在加州一家大型房地產公司擔任董事長的時候，我們有個分店一直虧損。這個分店已經開業一年，但是我們在那間店面簽下三年的租約，這意味著我們要試著再努力經營兩年。然而，不論我多努力，我都找不到增加收入或減少辦公室支出的方法。最大的問題在於租約。我們每個月要支付一千七百美元，而這筆費用會扼殺我們的獲利。

我打電話給房東，跟他解釋我的問題，而且試著讓他把租金降到一個月一千四百美元，如果降到這個數字，會讓我們有一點獲利。他說：「你的租約還有兩年，你只能接受。」我使用我知道的所有策略，但是沒有什麼策略可以讓他改變主意。看來我必須接受這個情況。

最後，在龐大的時間壓力下，我試著使用白臉／黑臉策略。幾週後，我在下午五點五十分打電話給他：「關於那份租約，」我說：「這裡出現一個問題，我想你知道我認可你的立場，我簽下三年的租約，還有兩年多才到期，毫無疑問我們應該要接受。但這就是問題所在。半小時後，我必須參加董事會會議，董事們會問我你是否願意把租金降到一千四百美元。如果我不得不告訴他們說你不願意，那麼他們就會要我關閉辦公室。」

房東抗議說：「不過，這樣的話我會提告。」

「我知道，我完全同意你的做法，」我說。「我完全站在你這邊，但問題出在我必須去打交道的董事會。如果你威脅要提告，他們只會說：『好啊，讓他來告。這裡是洛杉磯，需要兩年的時間才會開庭。』」

他的回答證明這個策略有多有效。他說：「你參加董事會的會議時，可以看看能為我做些什麼嗎？我願意平分差價，把租金減少到一千五百五十美元，但是如果他們不接受，我最低可以降到一千五百美元。」這個策略的效果非常好，以致於他實際上是要我代表他跟我的董事會談判。

看看在不咄咄逼人的情況下向對方施加壓力有多有效？如果我對他說：「就去告我吧，你要花兩年的時間才會上法庭。」這樣會發生什麼事？這會讓他很沮喪，以致於未來兩年雙方都會透過律師來談話。藉由使用一個模糊的高層扮黑臉，我就能對他施加難以言喻的壓力，而不會讓他對我生氣。

反擊白臉／黑臉的策略

第一個反擊策略是把這個策略辨識出來。雖然還有其他方法可以解決這個問題，但是這個方法非常有效，因此可能是你唯一需要了解的方法。白臉／黑臉出名到被人發現到在使用這個策略時，會讓人很尷尬。當你注意到對方對你使用這個策略時，你應該微笑地說：

「喔，得了吧，你不會要在我前面一個扮白臉、一個扮黑臉吧？快一點，我們坐下來解決這個問題。」通常這會讓他們很尷尬，就會放棄這個做法。

你可以藉著自己創造一個黑臉來回應。告訴他們你很樂意去做他們想要做的事，但是總部裡面有些人固執著要堅持執行這個計畫。你總是可以虛構一個比你更固執的黑臉。

你可以越過他們，直接去找他們的主管。舉例來說，如果你正在與經銷商的採購人員和主管打交道，你也許可以打電話給經銷商的老闆，並說：「你的人正在跟我玩扮白臉跟黑臉的遊戲。你不允許這樣的事情吧，對嗎？」（越過別人永遠要小心，這個策略很容易適得其反，因為這可能會引起不好的感受。）

有時候，只要請扮黑臉的人說話就可以解決問題，尤其是那個人很討人厭的時候。最後自己人都會聽膩，並告訴他別說了。

你可以這樣反擊白臉／黑臉策略，你可以對扮白臉的人說：「聽著，我知道你們兩個在耍什麼把戲，從現在開始，他說的任何話，我全都會認為是你的意思。」現在，你要對付兩個扮黑臉的人，所以這個策略就失效了。有時候，你只要在心裡認定他們在扮黑臉，而不用出面指責他們，就可以解決問題。

如果對方帶著明顯扮演黑臉的律師或負責人出現，請立刻介入，並阻止他扮演這樣的角色。對他說：「我很確定你要來這裡扮黑臉，但是不要用這個方法。我和你一樣渴望找到解決這種情況的方法，所以為什麼我們不採取雙贏的方法呢？好嗎？」這樣就可以確實瓦解對方的計謀。

需要記住的重點

1. 使用白臉／黑臉策略的情況比你以為的還多。每當你和兩個以上的人打交道時，就要留意這點。這是在不創造咄咄逼人的態勢下，對對方施加壓力很有效的一種方法。藉由辨識出這個策略來進行反擊。這是大家都知道的策略，當你發現對方使用這個策略時，他們會覺得很尷尬，並放棄這個做法。
2. 不要擔心對方知道你在做的事情。即使他們這樣做了，還是一個很強大的策略。當你與了解所有談判策略的人進行優勢談判時，這會變得更有趣。這就像是棋逢敵手，而不是與可以輕鬆取勝的人下棋。

第15章 蠶食策略

優勢談判高手知道，即使你已經同意所有事情，使用蠶食策略還是可以讓你得到更多東西。你可以讓對方做他之前拒絕做的事情。汽車銷售人員明白這點，不是嗎？他們知道，把你帶到停車場時，你就湧起一股抗拒購買的心情。他們知道首先要讓你知道你正在哪裡思考。「是的，我想要買一台車。是的，我想要在這裡買車。」即使這意味著你沒有購買任何品牌或型號的車子，即使對他們而言，這是獲利不高的簡配車型。接著他們會帶你進入成交室，並開始增加額外的配件，來增加一點獲利。

蠶食策略的原則告訴你，在談判後期，透過蠶食策略，你可以更輕鬆完成一些事情。小孩玩起蠶食策略都很出色，如果你家裡有十幾歲的小孩，你就知道他們不必參加任何談判課程，但是你必須參加談判課程，這樣才有機會在撫養他們的過程中倖存下來，因為他們天生就是出色的談判者。這不是因為他們在學校學到怎麼談判，而是因為在他們還小的時候，就是透過談判技巧得到所有東西。

小孩如何透過蠶食策略來得到想要的東西

當我的女兒茱莉亞高中畢業時，她想要從我這裡得到一份很棒的高中畢業禮物。她的秘密計畫上有三件事：第一，她想要一趟為期五週的歐洲之旅；第二，她想要一千兩百美元的零用錢。第三則是，她想要新的行李箱。

她很聰明，不會事先要求所有東西。她是出色的談判者，首先跟我談成一趟旅行，接著幾週後回來，以書面給我看她建議要有一千兩百美元的零用金，而且讓我承諾要給她。（我會在第三十一章強調「書面」的重要性。）然後在最後一刻，她來找我說：「爸爸，你不會想要我帶著那個老舊的行李箱去歐洲吧。」她也很清楚。如果事先就要求所有東西，我就會跟她談判說不要出行李箱的費用，而且減少零用金。

這裡發生的事情是，一個人的大腦總是會強化剛剛做出的決定。優勢談判高手知道這是怎麼運作的，並利用它來讓對方同意談判初期他們不會同意的事。

為什麼蠶食策略是一個很有效的技巧？為了找出為什麼蠶食策略如此有效，幾位心理學家在加拿大的一個賽馬場進行徹底的研究。他們研究賭客下注前與下注後當下的態度，他們發現，賭客在下注前，他們對於自己要做的事情感覺很緊張、有疑慮，而且很焦慮。

你幾乎可以拿來跟所有與你談判的人比較，他們可能不認識你，他們可能不認識你的公司，而且肯定不知道雙方的關係會有什麼變化。他們很可能會很緊張、有疑慮與焦慮。

在賽馬場上，研究人員發現，一旦賭客決定繼續下注，他們就會突然對剛剛做的事情感覺良好，甚至傾向在比賽開始前將賭注加倍。本質上來說，他們的想法不停在變，直到最後做出決定為止。在他們決定以前，他們一直在內心裡掙扎，而一旦他們做出決定，就會支持這個決定。

如果你是賭徒，你一定有過這種感覺，不是嗎？在大西洋城或拉斯維加斯的輪盤賭桌上看看他們的表現。賭徒們下注，荷官旋轉輪盤，看球掉到哪裡。在最後一刻，人人都會追加賭注。大腦總是在努力強化之前做出的決定。

我在費城的一場會議上演講，當時費城的樂透彩金是五十萬美元，而且觀眾之中有很多人都有買彩券。為了說明人們的大腦如何努力的在強化之前做出的決定，我試著從觀眾中找個人買下他的彩券，你認為他會賣彩券給我嗎？不，他們不會。即使價格是定價的五十倍也一樣。我很肯定他買彩券之前，對於押注在一比一億的賭注上應該感覺很緊張與焦慮。

不過，在做完決定之後，他就拒絕改變看法。大腦會努力強化之前做出的決定。優勢談判高手的一條規則是，你不必預先要求所有東西，你可以在談判中等待一段時間來取得共識，然後再回頭以蠶食策略額外多要一些東西。

你也許認為優勢談判的過程就像是把一顆球往山坡上推，這是一顆比你大很多的橡皮球，你用盡全力把這顆球推向山頂，山頂是談判時首次達成協議的時刻，一旦你到達那裡，那顆球就會輕輕滑落到山坡的另一側，這是因為人們在達成初步協議之後感覺很好，他們感覺到緊張和壓力已經消失，他們的大腦正努力強化剛剛做出的決定，而且更容易接受你額外提出的建議。在對方同意買進任何東西之後，就到「第二次努力」的時候了。

文斯・隆巴迪和第二次努力

文斯・隆巴迪（Vince Lombardi）很喜歡談第二次努力。他會給球員看接球員幾乎接到球、但是球卻從指間溜走的短影片。但是他們並沒有放棄，而是做出第二次努力。他們撲過去，在球落地之前接住球。他很讚賞一位跑衛的表現，這位跑衛幾乎被防守員擊倒，但是他還是掙脫束縛並達陣。隆巴迪曾經說過，每個人都會做第一次努力，如果你不知道如何打好比賽，並在場上做教練希望你做的所有事情，你就不會加入球隊。另一隊球員也是做這樣的事，在球隊中想要取代你的球員都有能力做到這件事。

隆巴迪喜歡強調，好球員和優秀球員之間的差別，在於優秀的球員總是會做出第二次努力，儘管他們第一次的努力失敗了。對於優秀的球員來說，僅是做出教練希望他們做的所有事情還不夠，他們必須超越教練的要求。

讓我們將第二次努力的理念轉換到職場上。如果你是一名接待員，你必須意識到，只是知道如何做好工作與完成老闆要求你去做的所有事情並不夠，你的老闆期望在這個職位上的任何人都能這樣做。你必須找機會去付出額外的努力，或許你學會如何跟愛抱怨的顧客相處久一點，直到讓他滿意，而不必勞煩老闆出來招呼。

如果你是建築師，你必須意識到只是創造出令客戶滿意的設計是不夠的，客戶希望這個國家的任何建築師都能做到這點。你必須比其他人更了解客戶，這樣才可以設計出讓他刮目相看的設計。

如果你是銷售人員，你必須明白，除非你知道如何做好銷售工作，而且去做公司期望你去做的所有事情，不然你就無法替公司銷售。不過，每個人都這樣做，為競爭對手銷售的人也這樣做，每天去應徵你這個職位的人都有能力做這件事。好的銷售人員和優秀的銷售人員差別在於，優秀的銷售人員總是會付出額外的努力。即使他們知道銷售經理會拍拍他們的背，告訴他們不要難過，因為他們已經盡一切努力去銷售，但是這對明星銷售人員來說還不夠好，他們總是會做出額外努力。

總是在最後做第二次努力。你或許是接待人員，你有個職責是銷售可以讓客戶送修機器的延長保固合約。你解釋這個計畫，但是客戶拒絕簽約。在客戶離開之前，要鼓起勇氣做第二次努力。你可能會說：「瓊斯先生，你可以再考慮一下我們的延長保固服務嗎？你可能會忽略這項預防性的維修因素。如果你知道維修產品不會花你一分錢，你會更快打電話給我們。愈早維修，設備的使用壽命就會愈長。沒錯，這對我們來說是很划算的交易，但是對你來說更好。」瓊斯先生可能會說：「好吧，如果你認為這很重要，那我就再考慮一下。」

你是建築師，可能很難說服客戶在他的新飯店大廳鋪上品質最好的地毯，因此你必須迴避這個問題。當你們就其他問題達成共識之後，勇敢地說：「我們可以再考慮一下將大廳的地毯升級嗎？我理解這是一筆龐大的投資，但是沒有什麼東西會比讓客人一進門就沉浸在豪華地毯上更能體現出高品質的形象了。我不會對每個人都推薦豪華地毯，但是對於這類型的計畫，我真的認為這非常非常重要。」你的客戶很有可能會說：「好吧，沒錯，如果你認為那很重要，那就換掉吧。」這就是在談判中說服客戶接受你的思維方式的方法。

或許你要銷售包裝設備，而且試著說服客戶他應該選擇頂級的型號，但是他對於是否要花這筆費用猶豫不決。你退縮了，不過在離開談判桌之前回來運用蠶食策略。當你們就其他要點都達成共識之後，你說：「我們可以再考慮一下頂級的型號嗎？我沒有對每個人推薦這個型號，但是考量到你要的數量和成長潛力，我真的認為你應該要用這個型號，而這意味著每個月額外投資五百美元。」他有可能會說：「好吧，沒錯，如果你認為這很重要，那就再考慮一下吧。」總是在談判結束時回頭對之前他們沒有同意的事情做第二次努力。

小心對你使用蠶食策略的人

談判中有個時刻你會非常脆弱，那就是你認為談判要結束的時候。我敢打賭，你曾經是蠶食策略的受害者。你一直在賣汽車或卡車，你感覺心情很好，因為你終於找到買方。談判的壓力和緊張氣氛已經消失，他坐在辦公室裡開支票，但是就在簽下名字的時候，他抬頭說：「這有包括加滿的汽油，對嗎？」在這裡，由於以下幾個原因，你處於談判中最脆弱的時刻：

- 你已經成交，而且感覺很好。當你感覺很好的時候，往往會放棄一些原本不會放棄的東西。
- 你在想：「喔，不，我以為每件事情都解決了，我不想要冒險回到起點去重新談判所有事情。如果我這樣做，就會掉了整筆訂單，或許在這一點上不要堅持會更好。」

當對方做決定要跟你交易的時候，你就處於最脆弱的時刻。小心對你使用蠶食策略的人。完成一筆大訂單會讓你很興奮，以致於你會迫不及待地打電話給銷售經理，告訴他你做的事情。對方會告訴你，他需要打電話給採購人員，幫你詢問訂單編號，當他打電話時，他把手放到話筒上說：「順道一提，你可以給我們六十天的付款期限，對嗎？你的競爭對手都這樣做。」因為你剛完成一筆大交易，你很害怕重新開始談判會失去這筆交易，所以你必須努力避免擺出讓步的傾向。

（銷售經理的一句悄悄話：當你的銷售人員遇到這種情況時，他們不會回來對你說：「喔，那個人是優秀的談判者，他對我進行蠶食策略，而我甚至沒意識到他在做什麼，我同意六十天的付款期限。」不，你的銷售人員會回來對你說：「我拿到訂單，但是我必須加上六十天的付款期限才能得到這筆訂單。」）

防止對方對你使用蠶食策略

嘗試用以下的技巧來防止被蠶食的可能性。以書面的形式給他們看任何額外的讓步要花多少錢。如果你提供延長性的合約，請列出來，並說明那樣做的成本是多少。列出培訓、安裝、延長保固與任何可能會被蠶食的所有費用。不要給自己做出任何讓步的權利，使用訴諸高層技巧（見第七章）與白臉／黑臉策略（見第十四章）來保護自己。當別人對你祭出蠶食策略時，做出反擊。反擊蠶食策略的方法是溫和的讓其他人感覺羞愧。不過你在這樣做時必須很小心，因為你正處於談判的敏感時刻。你面帶微笑地說：「喔，得了吧，你和我談了一個很棒的價格，別讓我們還要等著錢入帳，好嗎？」這就是在你被蠶食時的反擊策略。確保臉上帶著燦爛的笑容，這樣他們就不會太嚴肅看待。

當你進行談判時，請考慮以下幾點：在達成初步協議之後，你是否以蠶食策略的形式提供一些要素？對於第一輪談判他們無法同意的事情，你是否有計畫進行第二次努力？你準備好他們有可能在最後一刻計畫對你使出蠶食策略嗎？

防止談判後出現的蠶食策略

有時對方希望在談判中對你實行蠶食策略，但沒有成功，因此他決定之後對你實行蠶食策略。這可能包括某些情境，像是對方同意三十天的付款期限，但故意要六十天以上才付款；他在三十天後付款，但還是要扣除15%的折扣；他要求免費提供額外的詳細帳目，有時只是為了要晚一點付款；他對安裝費用提出異議，宣稱你沒有跟他一起承擔這個費用；他拒絕支付培訓費用，說你的競爭對手並沒有收費；他簽下一車的運輸合約，但是在最後一刻要減少發貨量，並堅持收整車的價錢；他拒絕支付或削減工程費用，儘管在談判過程中，他認為這不重要而不理會；他要求額外的認證，而且不願意對此付費。

藉著預先談判所有的細節，並用書面形式記錄下來，你就可以避免大部分不愉快的情況。不要把事情都留給「我們之後再解決」。不要偷懶，也不要認為如果你避開某個議題，你就離成交更進一步。使用這個策略來創造一種氛圍，讓對方覺得他贏了。如果對方感覺自己贏了，不論在談判期間或之後，他們使用蠶食策略的機會就會大大降低。優勢談判高手總是會考慮能夠使用蠶食策略的可能性。時機非常關鍵，要在緊張局勢解除、而且對方因為認為談判已經結束而感覺良好的時候下手。

另一方面，當你感覺良好的時候，留意對方在最後一刻對你實行蠶食策略。那個時候，你是最脆弱、而且最容易做出讓步的人。半個小時之後你會想：「我到底為什麼要這樣做？我不必這麼做，我們已經就所有事情達成共識了。」

需要記住的重點

1. 在正確的時機使用蠶食策略，你可以在談判結束時得到早先對方沒有同意的東西。這個策略之所以有效，是因為對方的想法在做出決定之後會出現逆轉。在談判開始的時候，他可能一直不想跟你買東西，然而當他決定跟你買東西之後，你就可以使用蠶食策略跟他推銷更大的訂單、產品升級，或是額外的服務。
2. 優秀的銷售人員與一般銷售人員之間的差別在於是否願意付出額外的努力。
3. 以書面的形式呈現任何附加功能、服務或延長條件的成本，而且不要透露出你有權利做出任何讓步，這樣就可以阻止對方對你使用蠶食策略。
4. 當對方對你使用蠶食策略時，以善意的方式回應，讓他們感覺自己很羞愧。
5. 把所有詳細資訊寫下來，而且使用讓他們感覺自己贏了的策略，就可以避免談判後的蠶食策略。

第16章 如何減少讓步

在長期的價格談判中，要小心不要形成一直讓步的模式。假設你要出售一台二手車，開價一萬五千美元來談判，但是你接受價格可以降低到一萬四千美元，因此你的談判範圍是一千美元。

讓步這一千美元的方法非常關鍵，你應該避免以下幾個錯誤：

同等規模的讓步。這意味著你會將一千美元的談判範圍切分成四次，一次兩百五十美元。想像一下，如果你這樣做，對方會怎麼想？他不知道可以施壓你到什麼程度，他只知道每次施壓，就會額外賺到兩百五十美元。他會繼續施壓。實際上，做出兩項同等規模的讓步是錯的。如果你買台車，車主做出兩百五十美元的讓步，而在施壓後，又做出兩百五十美元的讓步，你是否敢打賭下次還會有兩百五十美元的讓步？

另一個錯誤是最後的讓步太大。假設你做出六百美元的讓步，接著又做出四百美元的讓步。然後告訴對方：「這絕對是我們的底價。我不可能再給你任何一分錢的優惠了。」問題是，最後那個四百美元的讓步太大。如果你做出六百美元的讓步，接著做出四百美元的讓步，那麼對方可能認為至少可以在你那裡再得到一百美元的讓步。他說：「我們快要成交了。如果你可以再降一百美元，我們就可以談。」你拒絕，告訴他就算是降十美元都不可能，因為你已經給他你的底價。這時，對方真的很不高興，因為他在想：「你剛剛做出四百美元的讓步，現在卻不願意讓給我區區的十美元，你為什麼這麼難搞？」避免在最後做出大讓步，因為這可能會產生敵意。

永遠不要預先放棄一切。這個模式的另一個變形是一次就把整個一千美元的談判範圍讓步出去。當我在研討會中安排這個主題的討論會時，讓我驚訝的是，有很多參與者轉向正在跟他們談判的人，說：「好吧，我會告訴你他教我的做法。」這種天真的談判方法是一種災難，我稱這是「單方面解除武裝」。這是一些和平主義者希望我們應對核子武器採取的做法，那就是拆除我們所有的核子武器，並希望伊朗人和北韓人做出相應的反應。我不認為這樣做很聰明。

我打賭你正在想：「一個人到底怎樣才會做出那樣的蠢事？」實際上很簡單。昨天看過你的車的人打電話給你說：「我已經找到三輛我們同樣喜歡的車，所以現在我們只要殺價就好。我們認為最公平的做法是讓你們三個車主給我們開出最低的價格，這樣我們就可以做出決定。」除非你是老練的談判者，不然你會驚慌失措，而且把價格殺到見骨，儘管他們並沒有向你保證之後不會有另一輪競價。

對方讓你事先放棄所有談判範圍的另一個方法是使用「我們不喜歡談判」的花招。假設你是試著爭取一家公司成為客戶的銷售人員。你的臉上帶著痛苦的神情，而買方說道：「我來跟你說我們在這裡做生意的方式。早在一八二六年，我們的創辦人創辦這家公司時就說：『我們要善待供應商，我們不要跟他們討價還價，我們要他們報出最低的價格，然後告訴他們我們是否接受。』這是我們一直以來做生意的方式，只要給我你的最低價格，我就會告訴你答案。因為我們不喜歡在這裡談判。」

買方在說謊！他喜歡談判，這就是一種談判，看看你是否能讓對方在談判開始之前做出所有讓步。

另一個錯誤是為了試水溫而做出小小的讓步。我們都想這麼做，你一開始告訴對方：「好吧，我也許可以再降價一百美元，但那已經是我們的極限了。」如果他們拒絕，你可能會想：「這次談判不像我之前想的那麼容易。」你再降價兩百美元，還是無法讓他們買下這台車，所以在下一輪談判你又給他們三百美元的優惠，然後你的談判範圍剩下四百美元，最後你把所有談判範圍全給了他們。

你看到你在這裡做什麼事嗎？你從一個小讓步開始，然後逐步做出更大的讓步，這樣做永遠不會達成協議，因為每次他們要求你讓步時，對他們來說，條件只會愈來愈好，而且他們還會繼續要求你讓步。

做出這些讓步模式是錯的，因為它們會在對方心中創造預期。做出讓步最好的方法是先提供一個可以達成協議的合理讓步。也許四百美元的優惠並不過分，然後請確保如果未來必須做出讓步，這些讓步會愈來愈小。你的下一次讓步可能是三百美元，然後是兩百美元，再來是一百美元。藉著減少讓步的規模，你可以讓對方相信他已經把你逼到極限。

如果你想要測試這樣的效果如何，可以在孩子身上嘗試一下，等著下次他們來找你要校外教學或參觀書展費用的時候。他們跟你要一百美元，你說：「不可能，你知道我在你這個年紀的時候，我每週的零用錢只有五十美分嗎？我必須用這筆錢買鞋子，而且在雪中走十英里到學校，來回都是上坡。為了省錢，我必須脫下鞋子，赤腳走路（還有世界各地父母告訴小孩的其他故事）。我絕對不會給你一百美元，我給你五十美元，剩下的錢你得自己去賺。」

「五十美元不夠。」你的孩子驚慌失措的抗議。

現在你跟孩子已經建立談判範圍。他們要一百美元，而你只提供五十美元。談判以很快的速度進行，你把金額提高到六十美元，然後六十五美元，最後是六十七・五美元。在出價六十七・五美元的時候，你不必告訴他們，他們就知道金額已經不會再高了。藉著逐步減少讓步，你已經在潛意識裡傳達出你給他們的錢不會比六十七・五美元還高的訊息。

然而，優勢談判高手知道還可以做得更好，優勢談判高手知道如何取消已經向對方做出的讓步，而我會在第十七章告訴你這個技巧。

需要記住的重點

1. 你做出的讓步可能會在對方的心裡創造一種預期模式。
2. 不要做出同等規模的讓步，因為對方會繼續壓迫你讓步。
3. 不要在最後做出大讓步，因為這會創造敵意。
4. 永遠不要只是因為對方要你提出「最終、最好的」報價，或是宣稱「不喜歡談判」，而放棄所有的談判範圍。
5. 逐漸減少讓步，藉此告訴對方正在得到最好的交易。

第17章 撤回提案的策略

在這章中，我會教你如何非常有效的結束談判。當對方真誠的跟你談判時，你不必用這個策略。只有當你感覺對方竭盡全力要殺價殺到最後一分錢的時候，或是當你知道對方想要跟你做生意，但是他在想：「如果我多花一小時跟這個人談判，我每個小時可以賺到多少錢？」的時候，你才需要使用這個策略。

假設一群朋友聚在一起，在山上買了一間小屋當作度假別墅，有一群屋主一起共用這棟度假別墅。其中有個夥伴打算退出，而你的鄰居來找你，並告訴你跟這間山中小屋有關的事情。你對這件事的第一個反應是：「這聽起來很棒，我很想加入。」然而，你夠聰明，採取不情願的買方策略（見第五章）。

你說：「我很感謝你告訴我這件事，但我認為我現在並沒有興趣。我很忙碌，我不認為我有時間去那裡度假。但是，你老實說，你最低會用多少價錢賣出那間房子？」

不過，他也一直在研究談判技巧，而且他知道你永遠不應該是第一個出價的人。他說：「我們有個委員會會決定價格（訴諸高層策略，見第七章），而且我不知道那個價格會是多少。我可以建議賣出的價格，但是我不知道他們會有什麼反應。」

當你再追問他時，他終於說：「我很確定他們的開價是兩萬美元。」

這比你的預期少很多，因為你願意花三萬美元。你的第一個反應是馬上跳起來答應，但是你很聰明，記得要望而卻步（見第三章）。你驚呼：「兩萬美元！喔，不，我永遠不會同意這個價格。這實在太高了。告訴你，如果是一萬六千美元，我可能會有興趣。如果他們覺得一萬六千美元不錯，讓我知道，我們可以談談。」

隔天，他回來並決定使用撤回提案策略來讓你同意這個價格。他說：「對這件事我很抱歉。我知道我們昨天討論的價格是兩萬美元，但是委員會決定他們不會以低於兩萬四千美元的價格賣出房子。」

這會在你心裡造成毀滅性的打擊，有兩個原因：

- 因為你感覺問題是你創造出來的。你說：「天啊，希望我永遠不認識羅傑・道森和他的優勢談判策略，因為如果沒有碰到他，昨天就會把價格固定在兩萬美元。」
- 你犯了一個錯誤，就是告訴家人所有的事。他們對山上的家很興奮，而且當你準備離開談判時，你已經錯過談判的關鍵點。

你說：「喬，你在說什麼？你昨天說兩萬美元，今天說兩萬四千美元，那明天會說兩萬八千美元嗎？委員會那裡發生什麼事？」

他說：「我確實感覺很糟，但這就是他們（更高層的人）的決定。」

你說：「喬，得了吧！」

喬說：「對於這件事，我的確感覺很糟。不如這樣好了，我再回去跟他們溝通，看看我可以幫你爭取到什麼價格。」（這就是白臉／黑臉策略，不是嗎？）「如果我能幫你爭取兩萬美元的價格，你會有興趣買嗎？」

「當然，我有興趣，我想要買。」他已經用原來的開價把房子賣給你，而你可能沒有意識到他對你做了什麼，直到為時已晚。

再舉另一個例子，因為這是非常有威力的談判策略！假設你銷售小零件，而且向買方報價一個一．八美元，而買方對你出價一．六美元。你們反覆談判，最後看起來他會同意一個一．七二美元。買方在心裡想的是：「我把價格從一．八美元殺到一．七二美元，我打賭我還能從他那裡再砍幾分錢，我打賭我可以從那個銷售人員那裡拿到一個一．七一美元。」他說：「你看，現在生意真的很難做。除非你能把價格壓在每個小零件一．七一美元，不然我無法跟你做生意。」

他也許只是在激怒你，只是想看看他是否能讓你生氣。不要驚慌，不要感覺必須做出讓步才能留在這個談判場上。讓這種磨人的砍價過程停下來的方法是回覆說：「我不確定我們是否能做到這件事，但是老實跟你說：如果我能幫你爭取，我就會去做。（這是白臉／黑臉策略的一種巧妙的形式，請見第十四章。）我回去問問看，我再次弄清楚情況，看看我們是否做得到，明天再給你答覆。」

隔天，你回來假裝要撤回前一天的讓步。你說：「我真的對這件事感覺不好意思，但是我們已經整夜在計算這些小零件的價格。有人在某個地方出錯，我們的原料成本增加，但是估算的人沒有考量到。我知道我們昨天說一個只要一．七二美元，但是我們根本無法用這個價格賣給你，我們可以提供你這個小零件的最低價格是一．七三美元。」

買方會做何反應？他會很生氣地說：「嘿，等一下，小夥子。昨天我們說的是一．七二美元，而且我想要用一．七二美元買。」買方立刻忘記他的開價是一．七一美元。當你想要阻止買方纏著你殺價時，使用撤回提案策略會非常有效。

我們不是都有碰過電器和汽車銷售人員，當我們試著要將價格壓得更低時，他們會說：「我去找銷售經理，看看我能為你爭取到什麼優惠。」然後他回來說：「我很不好意思，你知道我們剛剛談到的廣告優惠，我以為那個廣告優惠還是有效，但實際上到上週六就結束了。我甚至無法用剛剛談到的價格賣給你。」你立刻就會忘記未來還要殺價，想要以一直談論的價格趕上優惠。你還可以透過撤回提案，而非提高價格，來使用這個策略。

以下是這種做法的一些範例。電器銷售人員對你說：「我知道我們談到免收安裝費，但是我的銷售經理現在告訴我，按照這個價格，我們做不到那件事，這個價格實在太便宜了。」冷氣機的銷售人員對你說：「我知道我們正在討論要包括建築許可的成本，但是價格這麼低，我的估算人員告訴我，我們這樣做真的瘋了。」

你是承包商，你對主要承包商說：「我知道你要求六十天才付款，但是以這個價格，我們需要三十天內付款。」

你在推銷電腦，你告訴客戶說：「沒錯，我告訴過你我們會免收幫你培訓員工的費用，但是我的員工說，以這個價格，我們必須收費。」

不要小題大作，因為這可能真的會把對方激怒。

撤回提案策略是一場賭博，但是它會迫使別人做出決定，而且通常會決定交易的成敗。每當對方對你使用這個策略時，你不要害怕反擊，你可以堅持對方先解決他們內部的問題，這樣你才可以恢復到實質的談判。

✔ 需要記住的重點

1. 撤回提案策略是一場賭博，因此只能對一直在凹你的人使用。你可以藉由取消上次的價格讓步，或是撤回包含運費、安裝、培訓或延長付款期限等提案來做到這點。
2. 為了避免雙方劍拔弩張，以一個模糊的高層扮黑臉。繼續把自己定位為為對方著想的人。

第18章 讓對方容易下台階

如果你正在與研究過談判的人打交道，那麼讓對方容易下台階的策略就很重要。如果他們對自己的談判能力感到自豪，你可能會離成交非常接近，但是整個談判仍舊可能因為你而破局。出現這種情況時，引起問題的可能就不是價格或談判條件，而是身為談判者的對方所擁有的自我意識。

假設你推銷廣告贈品，例如帶有公司名字的尺，或是訂製的棒球帽和T恤。你已經預定要與當地一家電器行的經理開會。你可能沒有意識到，就在你出現在他的辦公室之前，這位經理就對電器行的老闆說：「你就看我與這個廣告贈品業務員談判，我知道我在做什麼，我會幫你談到一個好價錢。」

現在他在談判中的表現不如先前的期望，他不願意贊同你的提案，因為他不想要在這場談判中有輸給你的感覺。即使對方知道你的提案很合理，也滿足他的需求，這種情況還是有可能會發生。當這種情況發生時，你必須找到一種方法，讓對方就算屈服於你，也會感覺很高興。你必須讓對方有台階下。優勢談判高手知道，最好的方法就是在最後一刻做出很小的讓步。讓步的規模可以小得離譜，但你還是可以讓這個讓步發揮作用，因為讓步的規模並不重要，時機才重要。

你可能會說：「我們不能在價格上再讓一毛錢，但是老實跟你說，如果你同意這個價格，我會親自監督，確保安裝一切順利。」也許你無論如何都打算這樣做，但是關鍵在於，你已經很有禮貌的給對方台階，讓他可以回答：「哦，好吧。如果你願意幫我監督，我們就同意這個價格。」那麼他就不會感覺在談判上輸給你，他感覺自己有做出取捨。讓對方容易下台階的策略也是你永遠不該事先提供最佳報價的另一個原因，如果你已經做出所有的讓步，那麼在談判結束之前，你就沒有東西可以讓對方下台階了。

你可以使用一些讓步的手法來讓對方有台階下：

- 你正在賣一艘船，所以你提出開船帶買方出去，給買方看如何駕駛這艘船。
- 如果你正在銷售辦公設備，在自動訂購系統上幫他們設定好自動回購耗材。
- 你正在賣車，因此附上雪鍊。
- 提供九十天內價格一樣的優惠，以防止他們想要再下單。
- 你要雇用某個人，但是無法支付他要求的薪資，所以你提出九十天後檢討薪資。
- 提供四十五天付款的條件，而不是三十天付款的條件。
- 以兩年的延長保固價格提供三年的延長保固。

請記住，重要的是讓步的時機，而不是讓步的規模。這種讓步可以非常小，但還是很有效。優勢談判高手如果使用這個策略，可以讓對方屈服，而且感到很高興。

永遠不要沾沾自喜。當你完成談判時，永遠不要跟對方說：「哈利，你知道嗎，如果你再堅持久一點，我就會準備好為你做這個、這個和這個。」當你這樣做的時候，哈利會用髒話罵你。

我意識到，在正常做生意的過程中，你永遠不該笨到因為感覺在談判中勝過對方而沾沾自喜。然而，當你在跟熟悉的人談判時，你就會碰到麻煩。或許你已經跟這個人一起打高爾夫球很多年，現在正在跟他談判一些東西。你玩談判遊戲玩得很開心。最後，他對你說：「好吧，我們同意所有事情，而且不會退出交易，但是為了讓我自己滿意，你告訴我你真正的底線在哪裡？」當然，你很想吹牛一下，但是不要這樣做，因為在接下來的二十年裡，他都會記住這件事。

當你完成談判時，要恭喜對方。不論你認為對方做得多糟，都要恭喜他們。說：「哇，你跟我完成多棒的談判啊，我意識到我並沒有拿到很好的條件，但坦白說，這很值得，因為我學到很多談判的知識，你太棒了。」你希望他感覺在這場談判中獲勝。

不需要更多麻煩的律師

你觀察過法庭上的律師嗎？他們會在法庭上相互攻訐。然而，在法庭外面，你會看到地方檢察官走到辯護律師前面說：「哇，你在法庭裡的表現很出色。你真的很厲害。確實，那個傢伙被判三十年，但是我不認為有人會比你辯護得更好。」

地方檢察官了解有一天他還會與同一個辯護律師在另一個法庭上相互攻訐，他不希望那個律師覺得這是一場個人的較量。對勝利沾沾自喜只會讓那個律師比過往更加下決心去贏得下一次的比賽。請記住，你還會再次跟對方打交道。你不想讓他覺得他輸給了你，這只會讓他更堅定地想要在下次比賽時贏過你。

需要記住的重點

1. 如果對方對自己的談判能力感到自豪，那麼他想要贏的渴望，可能會阻止你跟他達成協議。
2. 在最後一刻做出小小的讓步，讓對方即使屈服於你也很高興，感覺有台階下。
3. 因為讓步的時機比讓步的規模還重要，因此讓步可能很小，但仍然有效。
4. 完成談判後，不管你認為對方做得多糟，一定要恭喜他。

不道德的談判策略

第19章 誘餌

對方可能會使用誘餌策略，讓你轉移注意力，不去關注談判中實質的問題。也許你正對總部在休士頓的大型推土機製造商銷售訂製的齒輪。兩年來，你一直聯繫這家公司，試著初次敲進這家公司的大門，但是他們從不願意放棄現有的供應商。然而，在今天，你的堅持似乎終於有了回報。他們提供給你一筆大訂單，前提是在九十天內發貨。雙方都知道，設計、開發和製作訂製齒輪一般都需要一百二十天。與這家公司做生意的想法讓你興奮不已，但是你也意識到九十天內發貨幾乎是不可能的事。

你跟工廠的同事確認之後，他們確認即使是一百二十天發貨也很趕，而且一次性的工程費用高達兩萬兩千美元。儘管你極力爭取要加快生產進度，你還是無法讓同事改變想法。一定需要一百二十天的時間，一天都不能少，即使你會因為這樣而失去訂單。

所以你回來跟對方提案。你給他看這個齒輪要花二十三萬美元，加上一次性工程費用兩萬兩千美元，這是從在托雷多（Toledo）的工廠出發，一百二十天內發貨的離岸價格（意味著客戶支付運費）。

買方堅持必須在九十天內交貨，他的公司在布宜諾斯艾利斯一項建築計畫中需要這批貨物。談判呈現出雙方拚命要共同解決問題的氣氛，但是你想出的任何方法似乎都無法解決這個問題。談判看起來已經陷入僵局。

最後，買方說：「也許有個可行的方法。我來跟物流同事確認一下，看看他們怎麼說。我馬上回來。」他離開辦公室十五分鐘，你的思緒一片混亂，想著如果這次無法成交，就會損失佣金。買方回來時，你已經想到幾乎要發狂了。

買方一臉擔憂地說：「我想我已經找到方法了，但是需要你的幫忙才行。物流人員說，我們可以把齒輪空運到阿根廷，但是我們必須付錢給一些海關人員。如果要這樣做，我需要你不收工程費用，並負擔把貨物運到休士頓的費用。」

除非你非常小心，否則找到問題的解決方案之後你會鬆一口氣，以致於你會承擔兩萬兩千美元的工程費用，而且同意接受六千美元的空運費用。可能要過幾個月你才會意識到買方對你使用誘餌策略。六個月後，你坐在拉斯維加斯一間飯店的咖啡廳裡，跟一個向推土機公司銷售鈑金的朋友聊天。他問你是如何敲進這家公司的大門，你告訴他這個故事。

你的朋友說：「我不相信那家公司告訴你的話，我認為這不是真的問題。他們是業內組織最完整的製造工廠。總是要求要維持未來六個月的工廠運作。他們不可能只在九十天內訂購訂製的齒輪。」只有到那個時候，你才會意識到發貨時間從來就不是真正的問題，他們本來可以接受一百二十天發貨。發貨時間只是誘餌問題。買方提出一個加快發貨的問題，只是為了要在之後拿來交換真正的問題：免除工程費用與運費。

幾年後，有個協會請我到亞特蘭大約翰・波特曼的桃樹飯店（John Portman's Peachtree Hotel）舉行研討會。那裡是威斯汀飯店（Westin Hotel）下的飯店，而且是很棒的飯店。

高七十三層，是美國，甚至是全世界最高的飯店之一。那裡是一座圓形的高塔，每層只有十五個左右的圓餅形房間。

當我走進飯店時，我想知道我可以做些什麼事情來為隔天參加研討會的人提供一個例子，顯示出優勢談判有多大的成效。聘請我的組織已經為我預先安排一個房間，我決定看看我可以怎麼對這個房間的價格殺價。當時桃樹飯店的客房價格一般是一百三十五美元，他們給了我非常優惠的公司價七十五美元。儘管如此，我還是決定看看我可以做些什麼事。我在十分鐘內就把房間價格殺到三十七．五美元。

我對他們使用的是誘餌策略。他們告訴我他們只為我準備一間雙床房。你要了解，如果他們說他們只有一間大床雙人房，我就會要求一間雙床房，哪種房間其實並不重要。我說：「聘請我的協會一個月前訂了這間房間，我不接受雙床房。」櫃台服務人員把經理請了出來。他解釋他們飯店有一千零七十四個房間，有一千零六十四間已經有客人入住。所以只有十間空房，我只能被安排在雙床房。

我使用要求交換條件策略（見第十三章）。我說：「好吧，我願意住雙床房，但是如果我為你這樣做，你會給我什麼優惠？」我想他們可能會提供免費的早餐或類似的東西，不過，出乎我意料的是，他說：「我們也許可以稍微調整一下房間的價格，你覺得半價怎麼樣？」

我說：「這樣就好了。」然後，當他們給我房間鑰匙時，經理說：「我來確認一下，我們或許可以為你做更多事情。」他們打電話，發現他們確實有一間標準雙人房的空房，維修人員剛剛整修完畢，不確定是不是可以讓客人住。我最終只用三十七．五美元就得到定價一百三十五美元的標準雙人房。（除了為研討會帶來一個簡潔的故事之外，我沒有得到任何好處，因為付房錢的是聘請我的組織，而他們得到房價減少的好處。）

我使用的誘餌是他們只有雙床房，沒有大床雙人房。當然，這根本不是真正的問題。我想要的結果是降低房價。床的大小分散他們對真正問題的注意力。

有時因為你做的事情，對方表現出受傷或是受到冒犯的樣子。當美國前聯合國大使比爾．理查森與穆斯林獨裁者談判的時候，他被告知：「獨裁者往往會從一開始就利用你，他們試圖讓你措手不及。」

理查森說：

當我一開始與獨裁者會面的時候，我盤著腿，露出我的腳底。他起身離開房間，我問翻譯：「我做錯什麼？」他說：「總統因為你盤腿而受到侮辱。對阿拉伯人來說，這是一種受到冒犯的侮辱，你應該要道歉。」我問：「他會回來嗎？」翻譯說：「是的，他會回來。」當他這樣做的時候，我決定不道歉。我不會卑躬屈膝地說：「嘿，對於盤腿，我真的很抱歉。」我站穩腳跟，說：「總統先生，讓我重新開始。」我認為他尊重這點，因為討論變得更好了。你試著表現出你是個謙虛的人，但與此同時，你不能退縮。你不可能表現出軟弱的樣子。你要不斷地跟他們周旋。（《財經》雜誌，一九九六年五月二十六日）

小心會用誘餌策略引誘你遠離真正問題的人。保持專注，而且不受異議干擾。「這是唯一讓你煩惱的事情嗎？」然後使用訴諸高層與白臉／黑臉策略。「我們用書面寫下來，我會把它帶回公司，看看我能你做些什麼。」然後扭轉局勢，「我們也許可以加快出貨，但是這會增加一次性的工程費用。」

需要記住的重點

1. 留意對方宣稱很重要的問題。
2. 他們可能會創造一個誘餌，稍後會用來換取他們真的認為很重要的東西。
3. 如果他們因為小動作而受到冒犯，不要被迷惑。
4. 小心用誘餌策略來引誘你遠離真正問題的人。保持專注，而且不受異議干擾。

第20章 掩耳盜鈴

掩耳盜鈴策略（Red Herring Gambit）是誘餌策略的進一步變形。透過誘餌，對方會提出一個虛假的問題，來在真正的問題上得到讓步。而透過掩耳盜鈴策略，對方會提出虛假的退出談判要求，只是為了換得讓步。如果掩耳盜鈴策略讓你分心，你就會被騙，認為這是對方最關心的事，但當時可能不是這樣。掩耳盜鈴在英語是獵狐運動的一種術語。英國有很多聲援動物權利的社運人士，他們的主要目標是反對獵狐。奧斯卡．王爾德（Oscar Wilde）將這個運動稱為「不可言喻的事物（指狩獵）追求不可食用的動物」。

就像燻鮭魚一樣，鯡魚（Herring）曬乾醃製後會轉成深紅色，英國人稱這種紅鯡魚是「bloaters」。反對獵狐的人發現，如果他們拖著一隻 bloater 穿過狩獵的路徑，氣味就會掩蓋狐狸的蹤跡，讓狗迷惑。當這種情況發生時，狩獵專家就會大喊：「這些壞蛋讓我的獵犬出錯。」紅鯡魚（red Herring）這個詞就成為英語的一部分，意思是提出一個可以讓對手轉移注意力並受到迷惑的問題。

北韓人如何使用掩耳盜鈴策略

韓戰停戰談判期間有個使用掩耳盜鈴策略的經典例子。在談判初期，各方同意由三個中立國的官員與自己國家的談判代表參與談判。南韓選擇的國家是挪威、瑞典和瑞士，北韓則選擇波蘭和斯洛伐克，但是似乎無法選出第三個國家。他們建議先開始談判，稍後再確認第三個國家。

他們實際上做的就是要掃除採取掩耳盜鈴策略的阻礙。當談判時間到的時候，他們已經做好準備。他們宣布第三個國家選擇的是蘇聯。國際社會一致抗議：

「蘇聯？先等一下，蘇聯不是中立國吧。」

北韓回應說，蘇聯沒有直接捲入衝突，沒有理由被認為不中立。

他們與紅色（抱歉用了雙關語）北韓爭論相當長的時間，直到情況變得很荒謬。

除了掩耳盜鈴策略，北韓還使用另一種各地小孩都了解的重複反問策略。

「爸爸，」朱尼爾（Junior）說，「我今晚可以去看電影嗎？」

充滿父權威嚴的父親說：「不行，兒子，我今晚不想讓你去看電影。」

朱尼爾懇求說：「爸爸，為什麼不行去？」

「因為你上週看過電影了。」

「我知道，但是為什麼我不能今天晚上去看電影？」

父親說：「我不想讓你看太多電影。」

「為什麼呢？爸爸，我不知道你這是什麼意思。」

當父親重複回答他十遍或十二遍之後，他已經忘記當初為什麼大驚小怪不讓朱尼爾去看電影。他的理由似乎不太有效，而且他開始認為自己在小題大作。

這就是北韓用來支持自己掩耳盜鈴策略的技巧。他們繼續堅稱，他們無法理解反對蘇聯作為第三方中立國的原因是什麼，直到南韓的反對意見看起來跟北韓的要求一樣荒謬。談判陷入僵局。

就在這場毫無意義的爭論似乎要永遠持續下去的時候，北韓宣布他們不再堅持要蘇聯坐上談判桌，但是他們期望得到相應的讓步。

雙方之前已經同意，在談判期間，雙方都不會重建自己的飛機跑道。北韓後來意識到，這使他們處於嚴重劣勢，因為美國可以在航空母艦上讓飛機起降，但是北韓需要飛機跑道才能讓飛機起降。北韓決定這是使用掩耳盜鈴策略的時機，並建議蘇聯作為第三方中立國。現在要點出代價了，他們會承認並選擇另一個國家代表他們，但前提是南韓放棄重建飛機跑道的限制。

北韓從沒想要美國允許蘇聯成為談判的一員，然而他們能夠神奇的憑空創造出一個討價還價的問題，用來換取自己真正關心的問題。

需要記住的重點

1. 小心對方對你使用掩耳盜鈴策略。
2. 他們可能會創造一個議題，後來拿這個議題交換條件。
3. 密切注意真正要談判的議題，而且不要讓他們使用掩耳盜鈴策略，讓你做出不願意的讓步。

第21章 擇優挑選

擇優挑選是買方可以用來對付賣方，並帶來毀滅性影響的策略，除非賣方是優勢談判高手，而且知道自己有哪些選擇。想像一下，你收到承包商對你的房屋改建工程的投標，包括在車庫上增加一個二樓辦公室。你要求三個承包商提供招標書，並要求他們對每項工程提供標價。

你應該選擇哪家？要選承包商A的三萬六千八百五十美元、承包商B的三萬六千零五十美元，還是選承包商C的三萬七千四百五十美元？如果對你來說選擇很清楚，你可能對價格很執著。如果技藝、可靠性、開工日期、完工日期和材料的品質與分包商對你來說都不重要，那麼很顯然會選擇承包商B。然而，你要考慮的不僅僅是價格，而且最高價的報價有可能最適合你。

擇優挑選策略可以做出更好的選擇。你會去找承包

承包商 A 的投標		承包商 B 的投標		承包商 C 的投標	
骨架：	$19,200	骨架：	$17,200	骨架：	$18,400
地板：	$2,400	地板：	$2,900	地板：	$2,800
屋頂：	$6,300	屋頂：	$6,800	屋頂：	$7,300
木工：	$4,300	木工：	$4,100	木工：	$4,100
地毯：	$1,750	地毯：	$1,950	地毯：	$1,950
管線：	$1,800	管線：	$1,600	管線：	$1,600
油漆：	$1,100	油漆：	$1,500	油漆：	$1,300
總計：	**$36,850**	**總計：**	**$36,050**	**總計：**	**$37,450**

商B，並說：「你的出價很接近我的標價，但是地板價格高出五百美元，地毯價格高出兩百美元。如果你能在這兩項上與承包商A的價格一樣，我就會把工程給你。」這會導致包商回去找他們的地板與地毯分包商，讓他們調整標價。你可以理解為什麼承包商不喜歡把標價條列出來。

你還可以根據提案的條件擇優挑選。假設你在國內買一塊土地，賣方出價十萬美元，頭期款要付兩萬美元，剩下的款項要在十年內還完，並加收10%的利息。你可能會要求地主報出以現金購買的最低價格。他可能會同意現金價九萬美元。然後你問如果先付50%的頭期款，剩下的款項最低利率是多少？地主回答是7%。那麼你可以擇優挑選這筆交易兩個部分的最佳條件，出價九萬美元，先付20%的頭期款，剩下的款項屋主加收7%的利息。

買方喜歡擇優挑選策略，但賣方很討厭

毫無疑問，資訊是擇優挑選的關鍵，而且這需要時間。然而，如果你正在考慮為公司買一台新設備，你應該在做出決定前貨比三家，並蒐集資訊。打電話要其他公司的銷售人員過來，並跟你介紹。你會發現，一家廠商在某個領域很擅長，另一家廠商則是最低價，而第三家廠商有很好的保固。從所有的面談中，你可以組合成最理想的設備。

然後你回到你最喜歡的那個廠商，並說：「我想買你的設備，但是我想要得到更長時間的保固，或是我想要更快到貨。」透過這種方式，你就可以創造出你想要的交易類型與

合約。買方應該要反覆爭取細項的合約條件，賣方則應該要避免。因為對我來說，擇優挑選是一種不道德的策略，參與談判的人不太可能對他認識或信任的人這樣做，比較會對相對陌生的人這樣做。賣方可以透過建立與買方的個人關係來防範這個策略。

對付想要對你使用擇優挑選策略的人的另一個方法則是阻止這項策略。假設你是承包商，正試圖向屋主銷售一項改造工程，而且你知道他會與鎮上所有的承包商談話。你要如何預防呢？答案是更了解競爭對手。屋主說：「在做出最終決定前，我想要諮詢其他人。」

你回答：「我完全同意你的看法。」總是要事先同意對方的意見，不是嗎？銷售人員應該始終贊同任何反對意見，無論這些反對意見有多荒謬，接著就要努力扭轉局面。「我完全同意你的看法。你在做出決定之前，應該跟其他公司確認。但是聽著，我來幫你節省一點時間。你和 ABC 建築公司的泰德．史密斯（Ted Smith）談過對吧？他使用的 XYZ 櫥櫃有這個功能，還有這個功能，但是他們都沒有這個功能。如果你跟賣場裡的國家百貨公司談過，出來接待的應該是弗雷德．哈里森（Fred Harrison），他會告訴你這類與這類的型號……」

當你讓他知道你對這場競賽了解這麼多時，他會想：「既然這個人知道的東西比我去探聽得到的東西還多，我為什麼要浪費時間跟其他人談呢？」

為了保護自己不受到擇優挑選的影響，在做出讓步之前，一定要考量對方的其他選擇。對方的其他選擇愈少，你擁有的權力就愈大。身為賣方，如果你拒絕在價格上讓步，那你就要迫使買方向其他供應商支付更多費用，或是使用多個供應商。以房屋改造工程來說，這意味著屋主必須繞過總承包商的你，分別與其他分包商簽約。這可能需要比對方擁有更多知識與專業，或是有可能產生不值得節省的額外工作和壓力。

需要記住的重點

1. 如果你是買方，請取得標案的細項明細。
2. 試著要求得到每個商品的最低價格。
3. 如果你是賣方，請充分了解競爭對手，以免買方想要浪費時間跟他們談話。
4. 也要估計對方可以取得的替代選項。當你比他們有更多選項時，你在談判中就有更多權力。

第22章 故意犯錯

故意犯錯是非常不道德的策略，而且跟任何騙局一樣，也需要一個缺乏道德的受害者。賣方在提案的時候故意遺漏或低估某一項要素，引誘買方上鉤。有可能是汽車銷售人員寫下購買汽車的費用，但只包括CD播放器的價格，而汽車還有MP3的音頻轉換插頭。如果買方上鉤，他就會開始認為他現在有機會欺騙汽車銷售人員。他急著在銷售人員發現錯誤之前完成交易。這種急切的態度會讓買方成為草率的談判者，而且最終可能會比他指出錯誤時付出更多的錢來買這台車。除此之外，銷售人員還是可以在買方成交之前「發現」錯誤，並用指責的眼神讓買方覺得不好意思，因而支付額外的費用。

反擊策略聽起來很高尚，但很顯而易見，那就是永遠不要試著逃脫任何懲罰。如果一時的貪婪沒有讓你付出代價，在之後的人生道路上肯定會帶來麻煩。相反地，指出錯誤並說：「我認為你不會想收取MP3插孔的費用，因為你想要我現在就做決定？」

故意犯錯的一種變化版是以錯誤的結論來成交。銷售人員使用這個方法時，會對買方提出問題，但是故意得出錯誤的結論。當買方糾正銷售人員時，他發現他已經承諾要購買。舉例來說，汽車銷售人員說：「如果你今天就做決定，就不必今天交車了，對吧？」買方回答：「嗯，我們當然想要今天交車。」

房仲說：「你不希望賣方也把冰箱留給你吧？」買方本來沒有想要這樣做，但是那個冰箱看起來比他們的冰箱還好，所以他們回答：「你認為冰箱會包括在內嗎？」房仲回答說：「我們努力看看，看看結果會怎麼樣？」

船隻的銷售人員說：「你沒有預料到我們配有GPS，對吧？」買方看到一個可以免費得到GPS的機會，會回答：「我當然這樣認為。」

第23章 默認

默認策略是一種單方面假設，這個假設顯然對提案方有利，例如公司在給供應商支票時，先扣除2.5％的費用，並在附上的票據寫道：「我們的其他供應商在十五天內付款都會打折，因此我們假設你也一樣。」或是銷售人員寫信給潛在買方說：「因為我沒收到訊息說你要選擇哪個型號，所以我會運送豪華版型號，除非我在十天內收到你的訊息。」

默認策略針對的是忙碌或懶惰的人，這個策略假設你不會採取行動，而對方可以採取簡單的方法來做壞事不被察覺。一旦你沒有回應，慣例的法則就會發揮作用。當你最後反對這個做法時，作惡者可能會說：「但是你之前都沒有說有問題。」

與反擊所有不道德策略一樣，你可以打電話給對方，和緩的解釋你希望將來可以在他們身上看到更高的道德標準。舉例來說，你可以發電子郵件給他們說：「我很失望你從這張發票中扣掉2.5％的金額，我們不同意這點，請把差額匯款過來。」

第24章 進一步要求

我認識一個人，他把房仲加盟店賣給一家大公司之後變得非常富有。房仲加盟店剛興起的時候，他是這個區域最初買進加盟權利的人之一。公司創辦人在全國各地奔波，試著跟相信他理念的人簽約。

多年以後，紐約一家大公司買進加盟總部，並開始買回各地區的經營權。他在參加完我的「優勢談判的秘密」研討會之後，邀我跟他喝一杯，並問我：「羅傑，你在談判的時候，有沒有聽到有人在對你說話？」我不想承認有這件事，所以我問他，他要說什麼。他告訴我，在他同意賣出地區的加盟權給新公司的老闆之後，他最初認為這是一大筆錢，但他開始重新再考慮一次。

因為這是這家公司第一個買回的加盟權，所以他們要他飛到紐約參加簽約儀式，然後舉行記者會，宣布公司計畫買回所有的加盟權。「在簽約儀式前一天晚上，我睡不好，」他告訴我，「我躺在床上，想知道自己這樣做是不是正確。突然間，我聽到有個聲音在跟我說話。」

「他說什麼？」我問他，期待會有個畫龍點睛的結語。

他說：「喬伊，你得到的錢還不夠多。隔天早上，我又去多要了五十萬美元，然後就要到了。」

喬伊描述的是進一步要求的典型案例：在雙方達成協議之後提出要求。當然，這是讓人無法接受、而且很不道德的事，但是就像喬伊認為他聽到有人跟他說要這樣做，而不是為自己的行為負起責任一樣，加害人並不認為以任何可能的方式達成最好的協議有什麼壞處。

為什麼會有人允許做出這種讓人無法接受的行為？很多時候，對方會嚥下這口氣，輕易的讓步，就像那家公司額外付出五十萬美元一樣。在這種情況下，公司寧可付錢，而不願意忍受取消記者會的羞辱。不過在其他情況下，對方只是在購買過程中會變得過於激動，因而取消協議。

大企業的歷史中充滿這樣的故事：人人只是因為有足夠的影響力，就從一筆交易中勒索更多的錢。坦白說，我對於要如何對此做出回應有著複雜的情緒。我的內心告訴我，如果有人這樣做，你應該識破他的虛張聲勢，而且原則上要放棄這筆交易。然而，我也相信在談判中不要激動，如果那家紐約的公司能夠額外支付五十萬美元，同時這還是一筆划算的生意，那麼他們吞下這口氣而付出這筆錢是正確的做法。

不惜一切代價的維持誠信

幸運的是，大企業的歷史也充滿不惜一切代價都不會出賣誠信的故事，像是在奧蘭多（Orlando）的一位牧場主人簽約賣土地，簽約那天稍晚，《奧蘭多前哨報》(*Orlando Sentinel*) 爆料說，華特・迪士尼 (Walt Disney) 正在秘密買地來創立迪士尼樂園 (Walt Disney World)。那位牧場主人本來可以堅持要多賺數百萬美元，但是他的誠信阻止他這樣做。

當亨利・霍利斯 (Henry Hollis) 把芝加哥的帕瑪爾家園飯店 (Palmer House Hotel) 賣給康拉德・希爾頓 (Conrad Hilton) 時，他接受希爾頓第一次的出價一千九百三十八萬五千美元。成交一週內，他收到超過那個數字一百萬美元的報價，但是他沒有食言。就像希爾頓在自傳中寫道：「在我的時代，我跟很多人做生意，我認為，沒有什麼經歷比跟完美的紳士打交道的經歷更美好。我自始至終都覺得自己在觀察一位具有美國企業最偉大傳統的大師。」

除了吞下這口氣，或是離開談判桌之外，還有一堆應對進一步要求的回應。你可以嘗試：

- 以訴諸高層策略保護自己（見第七章）。告訴他們，他們的提案不會讓你生氣，但是你的董事會認為，一旦成交，永遠都不會重新談判，而且他們會強迫你放棄這筆交易。接著你要使用讓對方容易下台階策略（見第十八章），跟對方說，雖然你無法在價格上讓步，但是你也許能在另一個領域提供給他們一些有價值的東西。
- 增加你的需求來當作回報。告訴他們你很高興他們想要重啟談判，因為你這裡也一直在重新考慮。當然，你永遠不會食言，但是，因為他們選擇要否決最初的提案，你的價格現在也要上漲。

對於對方進一步的要求，避免這種情況發生比到時去應對更好。藉由以下技巧來避免這種情況：事先確認所有詳細資訊，不要把任何事情留給「我們可以稍後再解決。」沒有解決的問題會引來對方進一步的要求；與對方建立關係，使他們更難冷酷無情；向對方要求高額的訂金，這樣他們就很難退出；建立雙贏的談判，這樣他們就不想退出。

第25章 植入資訊

演講結束回來的車上，我與同車的人討論總統的新聞記者會。「我不相信他說的是實話，」他這樣跟我說。「我遇到一個在白宮工作的人，他告訴我總統確實知道所有事情，他在掩蓋一些事情。」讓我驚訝的是，我發現我相信那個人告訴我的話，而不是去相信在新聞記者會上聽到美國總統說的話。為什麼？因為我們往往相信自己暗地裡得到的資訊。

植入的資訊可能會產生很強大的影響力。一位銷售人員正在董事會上進行一場令人印象深刻的簡報。掛圖和視聽輔助設備在他四周，他熱切的請求他們選擇與他的公司合作，因為他提供市場上最超值的產品，他相信沒有任何競爭對手會提出比他還低的報價，而且他很有信心能以八十二萬美元的價格來成交。直到他看見其中一名董事把一張紙條傳給另一名董事，收到的董事點點頭，並把紙條放在前面的桌上。

這位推銷員覺得很好奇，他必須看看那張字條寫了什麼。他完成簡報，然後走到桌前，戲劇性地把身體往他們的方向靠。「各位先生，還有任何問題嗎？」現在，他眼角的餘光可以看到那張字條，即使倒著看，也可以看到上面寫著：「環球公司（Universal）的報價是七十六萬兩千美元，我們選擇他吧。」

董事長說：「我的確有個問題，你開出的價格好像很高，我們有義務要求符合我們規格的最低價格，你開出最好的價格是八十二萬美元嗎？」幾分鐘內，這位推銷員就把價格降了五萬八千美元。

這張字條是真的？還是只是在植入資訊？雖然這只是一張潦草寫在紙上、未經證實的字條，但是銷售人員卻相信了，因為他暗地裡得到這個資訊。就算這個資訊是他們植入的，銷售人員之後能抱怨嗎？不能，因為他們沒有告訴他競標的價格是七十六萬兩千美元。他暗地裡獲得這個資訊，他必須為自己的假設承擔責任。

只要知道什麼是植入資訊，就可以幫助你排除這種不道德的策略。任何時候，如果你只根據對方選擇告訴你的資訊進行談判，你就很容易受到操控，當對方可能植入希望你發現的資訊時，你應該要嚴加警惕。

談判原則

第26章 讓對方先承諾

優勢談判高手知道，如果能讓對方先承諾採取某個立場，通常情況會變好。這是因為有以下幾個顯而易見的原因：

- 他們的第一個報價可能比你的預期好很多。
- 在你必須告訴他們任何事情之前，得到與他們有關的資訊。
- 它可以讓你把報價放中間（請見第一章）。如果他們先提出報價，你就可以把報價放中間，這樣如果最後平分差價，你就會得到想要的報價。如果他們能讓你先做出承諾，他們就可以把報價放中間，接下來，如果最後你要平分差價，他們就會得到想要的價格。

對於新手談判者來說，這聽起來全是錯的。假設有個鄰居，他的車道上停著一輛汽艇，他在那裡住了五年，你不記得他有把那台汽艇帶到湖上。如果你能以優惠的價格買到，你會考慮購買。你去問他想要花多少錢賣他的船似乎是個壞主意，因為如果他因此感覺這筆交易很有可能會成功，故意抬高價格怎麼辦？假設合理價格是一萬美元，但是你希望以五千美元偷偷買走它。

當你跟他談的時候，他變得很貪婪，而且說：「那艘船跟全新一樣。這五年來我甚至沒把防塵罩打開，如果價格比一萬五千美元低，我就不賣。」你可能會說，讓他先報出價格，談判範圍就會擴大，讓你更難達到目標。你甚至無法讓報價放在談判範圍的中間。舉例來說，如果他想要一萬五千美元，而你只願意付五千美元，那麼你就必須要求他付給你五千美元[3]，這樣才能正確地把報價放中間。如果你認為讓他先出價是錯的，那你就忘記了，你可以做一些事情來讓他修改一開始的報價，而不必事先提出報價。你可以使用以下幾個方法：

- 卑微的請求。「麥可，我覺得我暫時買不起你的船，但是我確實注意到你都沒在用它，我認為你可能會想要用低廉的價格賣給我。」
- 應用訴諸高層的壓力。「麥可，我的妻子會因為你這個價格殺了我，但是……」
- 利用競爭的力量。「麥可，我找到跟你那艘很相似的船，看起來似乎很便宜，但是在我繼續跟那艘船的主人談談之前，我想要知道你的船要賣多少錢。」使用這種方法，你可以改變麥可的期望，而不必先做出承諾。你愈不了解對方，或是愈不清楚正在談判的提案，「不要事先出價」的原則就會變得愈重要。

披頭四如何因為事先報價而損失數百萬美元

如果披頭四的經紀人布萊恩・艾普斯坦（Brian Epstein）理解這個原則，就能在披頭四的第一部電影中多賺到四百萬美元。聯藝電影（United Artists）想要從這個樂團的火紅中賺錢，但又不願意冒險，因為電影公司不知道披頭四還會紅多久。他們害怕披頭四的成功只是曇花一現，在電影上映前就過氣了，因此他們計畫要製作一齣成本低廉的剝削電影[4]（exploitation movie），預算只有三十萬美元，這顯然不足以支付披頭四高額的薪資，因此聯藝電影計畫提供披頭四高達25%的獲利。一九六三年，披頭四在全世界引起轟動，以致於製片人非常不願意讓他們先出價，但是他勇於遵循這個規則，他預先向艾普斯坦報出兩萬五千美元的價格，並問他獲利抽成多少他認為比較合理。

布萊恩・艾普斯坦不了解電影產業，但他應該很聰明，可以扮演不情願的買方（見第五章），而且使用白臉／黑臉策略（見第十四章）。他應該要說：「我認為他們不會有興趣花時間拍一部電影，但是你如果能給我最好的報價，我會交給他們，看看我能為你做些什麼努力。」相反的情況是，他的自尊心不允許他裝傻

3 譯註：也就是 -5000 美元，這樣 [15000-(-5000)]/2=10000。

4 譯註：只以廣告行銷為主、譁眾取寵的電影。

（見第二十七章），因此他堅持要抽獲利的7.5%，不然就不會拍這部電影。這個小小的戰術錯誤使團隊損失數百萬美元，而讓所有人訝異的是，導演理查・萊斯特（Richard Lester）製作的《一夜狂歡》（*A Hard Day's Night*），以幽默的方式描繪這個團體一天的生活，結果成為全球熱門片。

如果雙方都知道不應該事先報價，你也不可能永遠坐在那裡，拒絕把數字擺在檯面上。但是有項原則是，你應該始終弄清楚對方想要先做什麼。

除了價格以外，對方向你報價比你向他們報價總是比較好。有些狡猾的談判者會盡全力讓對方看起來好像跟他們談，但實際上沒有。電影製片山姆・高德溫（Sam Goldwyn）曾向達里爾・塞納克（Darryl Zanuck）借用一位簽約演員，但因為塞納克正在開會中無法聯繫到。多次嘗試聯絡塞納克之後，憤怒的高德溫最後堅持要轉接電話，而達里爾・塞納克最後終於接起電話時，拿著電話的山姆・高德溫愉快地說：「達里爾，今天我有什麼事情可以為你效勞嗎？」

路易斯・克羅維茲（Lewis Kravitz）是亞特蘭大的高階主管教練，也是前轉職顧問，他建議應該要保持耐心，而且知道什麼時候不該說話。他提到剛輔導的一個年輕人，那個年輕人剛被解雇，下一份工作願意減少兩千美元的薪水至兩萬八千美元。但是克羅維茲輔導他向未來的雇主主動出擊。在這個例子中，面試官提出三萬兩千美元的薪水，讓這位欣喜若狂的求職者陷入短暫的沉默。面試官解讀他是對薪資不滿，於是把金額提高到三萬四千美元。「在談判中，先發言的人通常會吃虧。」他說。

✔ 需要記住的重點

1. 如果你必須先報價，你就會處於不利的地位。
2. 不要因為這樣而阻止你不去試著修改一開始的談判立場。（「這必須是非常低廉的價格，不然我們不感興趣」，或是「我們已經拒絕一萬美元的提案。」）

第27章 裝傻才聰明

對優勢談判高手來說，聰明就是愚蠢，愚蠢才是聰明。當你在談判的時候，最好表現出好像比對方知道的還少，而不是知道的更多。你表現得愈笨，你的處境就愈好，除非你已經表現出笨到讓別人不相信你。

這是有充分理由的，人類除了極少數的例外，往往會幫助他們認為不太聰明或消息不靈通的人，而不是想要占他們便宜。當然，有些無情的人會試圖利用弱者，但大多數人想要與他們認為更聰明的人競爭，並幫助他們認為不那麼聰明的人。之所以要裝傻，是因為這樣會化解對方的競爭心態。如果有人要求你幫助他們跟你談判，你要怎麼與他們對抗呢？你怎麼可以跟一個說：「我不知道，你覺得怎麼樣」的人耍任何類型的競爭手段呢？「你是怎麼想的？」在面對這種情況時，大多數人都會為對方感到抱歉，並盡全力去幫助他。

你還記得電視劇《神探可倫坡》（*Columbo*）嗎？彼得．福克（Peter Falk）扮演一名偵探，他穿著舊雨衣，忘東忘西，抽著舊雪茄到處走來走去。他的表情總是讓人覺得他剛剛不記得把什麼東西亂放，更不記得放到哪裡。實際上他的成功直接歸功於他的聰明，那就是裝傻。他的舉止讓人消除敵意，以致於兇手幾乎想要他破案，因為他看起來如此無助。太在乎自尊心而克制自己、以及外表看起來很老練的談判者，會在談判中做出對自己不利的事情，這樣的人包括：

- 不需要時間仔細考慮的快速決策者。
- 在繼續談判之前不需要讓其他人檢核的人。
- 在做出承諾之前不需要諮詢專家的人。
- 不會哈腰而懇求讓步的人。
- 永遠不會被主管推翻意見的人。
- 不需要把談判過程記下來並經常拿來參考的人。

了解裝傻重要性的優勢談判高手會保留以下的選項：

- 要求要有時間仔細考慮，這樣他就能夠徹底思考接受這個提案的危險性，或是思考提出額外要求可能帶來的機會。
- 延遲做出決定，讓他跟委員會或董事會確認。
- 要求有時間讓法律專家或技術專家檢視提案。
- 請求額外的讓步。
- 利用白臉／黑臉策略在不劍拔弩張的情況下向對方施加壓力。
- 假裝檢查談判紀錄，藉此爭取思考時間。

我會藉著詢問某些詞的定義來表現出很笨的樣子。如果對方對我說：「羅傑，我不敢相信你這麼傲慢的提出這點。」我回覆說：「傲慢……傲慢……嗯。你知道，我以前聽過這個詞，但是我不太確定那是什麼意思。你會介意解釋這個詞嗎？」或是我可能會說：「你會介意再檢查一次這些數字嗎？我知道你已經檢查好幾次了，但是由於某些原因，我不太明白，你介意嗎？」這會讓他思考：「這次我真的碰到一個笨蛋。」這樣，我就化解他的競爭心態，這樣的競爭心態可能會讓我無法跟他達成共識，現在對方不再試著對抗我，而是開始嘗試要幫助我。

不過請小心，不要在你的專業領域上表現得太笨。如果你是心臟外科醫師，不要說：「我不確定你是否需要三重心臟繞道手術，還是雙重心臟繞道手術。」如果你是建築師，請不要說：「我不知道那座建築是否夠穩固？」雙贏談判取決於雙方是否願意從對方的立場思考，如果雙方持續相互競爭，這種情況就不會發生。談判者知道，裝傻會化解競爭心態，並打開雙贏解決方案的大門。

需要記住的重點

1. 裝傻會化解對方的競爭心態。
2. 裝傻會鼓勵他們幫助你。
3. 詢問字詞的定義。
4. 請他們再解釋一下。
5. 不要在你的專業領域裝傻。

第28章 別讓對方擬合約

在典型的談判中，你會用口頭協商細節，然後把這些細節寫成文字，供雙方審查與核可。我們還沒有遇到過在口頭上就把每個細節都確定的狀況，因為在口頭談判時，總是會忽略一些必須以書面詳細說明的要點。

然後，到了坐下來簽署書面協議的時候，我們必須讓對方批准這些要點，或是跟他們協商這些要點，這時擬訂合約的人就比不是擬訂合約的人擁有龐大的優勢。寫下協議的人很可能會想到至少六點在口頭談判中沒有提到的事情。然後，那個人可以寫下對自己有優勢的要點，讓對方簽署協議時，要求協商修改協議。

不要讓對方擬合約，因為這會讓你處於劣勢，這適用於簡短的還價合約，也適用於數百頁厚的協議。舉例來說，有個房仲可能會向擁有一間四房公寓的賣方開價，賣方同意提案的一般條款，但希望把價格抬高五千美元。那時，代表賣方的業務員或代表買方的業務員都可以從公事包裡拿出還價合約，他們可以寫下簡短的還價合約，賣方業務員會把這個合約拿給買方批准。這樣的合約並不會太複雜，只要寫下：「除了價格五十九萬八千美元的條件，其他提案的條件都已經接受。」這樣就夠了。

如果賣方業務員寫下還價金額，但是他可能想到對賣方有利的一些事情，他也許會寫下：「除了價格五十九萬八千美元的條件，其他提案的條件都已經接受。加價的五千美元在提案接受前由第三方保管，買方應該在還價提出二十四小時內接受。」

如果賣方的仲介把還價寫下來，他也許會寫：「除了價格五十九萬八千美元的條件，其他提案的條件都已經接受。開給賣方的票據應該額外增加五千美元。」

這些額外增加的條款，對渴望成交的買方或賣方可能不會反對，然而，對寫下簡短還價的那方卻有很大的好處。如果在還價合約裡寫下一句話的人可以產生如此大的影響，那麼想一想那個人會對很多頁的合約有多大的影響。

請記住，這可能不只是利用對方的問題，雙方可能真誠地認為他們在某個要點上達成共識，但當他們把這個要點寫下來的時候，他們的解釋可能有很大的不同。

如果你是擬訂合約的其中一個人，最好在談判過程中寫下筆記，並檢查最終協議中的任何要點。你可以按照以下的方式進行：

- 筆記會提醒你所有你想要的重點。
- 當你擬訂合約時，你可能不願意在協議中加入某個要點，除非你可以明確記住對方同意這一點。

即使你的記憶不是很清楚，你的筆記也會讓你有信心把這些要點都放進去。

如果你正在進行團體談判，在把合約交給對方前，請務必讓團隊裡的其他成員確認。

你可能會忽略應該放進去的要點，或是你可能誤解某個要點。主要談判代表通常會被熱情沖昏頭，以致於感覺對方同意某件事情，不過對於更為獨立的觀察家而言，對方可能沒有明確同意那件事情。

我不太贊成讓律師幫你談判，因為他們之中少有優秀的談判者。他們往往是咄咄逼人的談判者，因為他們習慣威脅對方，要讓對方屈服，而且很少以開放的心態創造出解決方案，因為他們的首要義務是幫你擺脫麻煩，而不是幫你賺錢。請記住，他們在法學院被教導的不是如何達成協議，而是如何打破協議。

然而，在我們這個充滿訴訟的世界裡，達成在法庭上不認可的協議沒有多大的意義，因此最好在簽署協議之前先得到律師的批准。在一份複雜的協議中，你準備讓對方簽署的內容只不過是一份意向書。稍後經過律師調整，就會成為一份法律文件，因此你最好把精力放在達成協議上。

如果你準備一份你認為對方不願意簽署的文件，你可能會明智的加入「需經律師批准」的話，去鼓勵他們簽下合約。

口頭談判結束後，要盡快簽署協議備忘錄。在談判結束到他們看到書面內容的時間愈長，他們就愈有可能忘記同意的條款，並質疑你準備給他們的條款。

另外，請確保他們理解這項協議。當你知道他們不清楚其中的涵義時，不要試圖讓他們簽約，如果他們因為不了解某些條件而出了一些錯，他們就會指責你。他們永遠不會同意要承擔責任。

還要注意法律上的技術細節。擬訂合約的一方有責任創造一個沒有含糊內容的合約。如果你因為合約衝突而上法庭，而衝突是由於合約的含糊內容所引起的，法官的判決會不利擬訂合約的人。

我發現在開始談判前寫下我想要的協議很有幫助。我不會給對方看那些協議，但是我發現拿它來與我們最終達成的協議進行比較會很有幫助，因為我可以看到我做得多好。有時很容易因為對方做出你意想不到的讓步而興奮，然後你的熱情會推動事情繼續前進，而且你同意你認為很棒的交易。這可能是一個不錯的交易，但是除非你事先明確的設定標準，不然它可能不是你希望得到的交易。

需要記住的重點

1. 成為擬訂合約的人有很大的優勢。
2. 當你開始寫下口頭同意的協議時，你會想到各種在口頭協議時沒有想到過的事情。
3. 在談判過程中記下詳細的筆記，這樣你就可以確保每件事情都包含在書面協議中。
4. 讓其他談判成員檢查你的筆記，確保沒有遺漏任何內容。
5. 考慮在開始談判前準備好協議，以便你拿你的目標與最終達成的協議進行比較。

第29章 每次都要閱讀合約

在這個由電腦產生合約的時代，有個可悲的情況是，每次合約放到你桌上時，你都必須仔細研究。過去合約還是打字的時代，雙方都會仔細檢查條文並寫下任何更改的地方，然後每個談判者都會在更改的地方簽名。你可以看完合約，快速檢查你做出或同意更改的任何地方。現在，有電腦產生合約，我們更有可能回到電腦去更改，並印出全新的合約。

危險的地方就在這裡。你可能會拒絕簽署合約中的某些條款，對方同意更改，而且說會給你修正後的合約讓你簽名。當合約出現在你的辦公桌時，你很忙碌，因此很快檢視你想要修改的部分，然後翻到背面簽名。不幸的是，因為你沒有花時間檢查完整的合約，你沒有意識到他們還改了其他條款。改的地方或許很明顯，像是把「工廠交貨價」（F.O.B. factory）改成「工作地點交貨價」（F.O.B. job site），或是可能在措辭上有些小改變。直到幾年後出現問題時你才發現，而且你需要合約來執行某些行動。到那時，你可能甚至不記得你同意什麼東西，而且你可能只能完全接受，因為你簽了合約，你必須要同意。

過去我認為這種情況很少發生，我不認為對方會藉著秘密修改合約的其他條款來傷害你，不過我開始詢問參加研討會的人是否碰過這種情況時，讓人驚訝的是，有20%的人表示有碰過，他們是這種不道德行為的受害者。

有些合約可能多達數十頁，因此這裡列出一些讓你更輕鬆檢視合約的技巧：

- 把兩份合約拿到燈光下，看看是否都一樣。
- 將新合約掃描到電腦裡，用文書處理軟體來跟舊合約比較。
- 使用 Word 等文書處理軟體來追蹤所有修改。你可以印出最終版本，但是你可以一直查看在這個過程中所做的修改。如果你正在進行長期的談判，而且透過光碟或 email 來回傳送合約，這點特別有價值。

沒錯，我同意你的看法。因為對方騙了你，所以你有很好的理由告他，但是為什麼要讓自己陷入這種麻煩呢？在電腦產生合約的時代，你應該要在簽署合約之前把合約從頭到尾讀完。

第30章 有趣的金錢表達方法

描述某個東西的價格有很多方法。如果你到波音飛機公司（Boeing Aircraft Company）詢問他們的747從東岸飛到西岸的費用是多少，他們不會告訴你要「五萬兩千美元」。他們會告訴你每名乘客一英里十一美分。銷售人員會說這是把金額拆解到很荒謬的地步，難道我們都沒有遇過房仲跟我們說：「你知道現在說的是每天三十五美分嗎？」你不會讓每天三十五美分成為你和夢想家園之間的阻礙吧？你可能沒有想到，每天繳三十五美分的三十年期房貸，價值已經超過七千美元。為了保護自己，優勢談判高手總是會以實際的金錢來思考。

當供應商告訴你某件商品上漲五美分時，你可能會覺得這聽起來似乎沒有重要到要花太多時間在這上面，直到你開始考慮一年買了多少這類商品。然後你就會發現談判桌上有足夠的錢，值得你花時間進行一些優勢談判。

把床單費用拆解到很荒謬的地步

我曾經與一個有高貴品味的女性約會。她帶我去新港灘（Newport Beach）

的一間亞麻用品店買床單。這些床單很漂亮，但是當我發現售價是一千四百美元時，我大吃一驚，我跟店員說，就是有這種奢侈的價格，才導致農民起義衝進皇宮。

她平靜地看著我說：「先生，我認為你不明白，像這樣一套精美的床單至少可以用五年，所以你實際上在談的價格是一年兩百八十美元。」然後她掏出小計算機，開始瘋狂地按啊按。

「一週只要五．三八美元。對於這條可能是世界上最好的床單來說，這並不算貴。」

我說：「這太荒謬了。」

她臉上沒了笑容，說：「我還沒說完呢。有了這樣精美的床單，你顯然不會是一個人睡覺，所以實際上我們說的價格是每人每天只要三十八美分。」現在她真的把價錢拆解到很荒謬的地步。

以下是其他有趣的金錢表達方法範例：

- 利用百分比來表示金額，而非用美元表示。
- 強調每月付款的金額，而非商品真正的成本。
- 每塊磚、每塊瓦片或每平方英尺的成本，而非總成本。

- 每個人增加的時薪，而不是公司一年增加的成本。
- 按月計算的保險費，而非按年計算的保險費。
- 以每月支付的金額來表示的土地價格。

企業知道，如果不需要從錢包或口袋掏出真錢，往往就會花更多的錢，這就是為什麼世界各地的賭場都會要你把真錢換成籌碼，這就是為什麼餐廳很樂意讓你使用信用卡，儘管他們必須付給信用卡公司一定比例的費用。我在一家連鎖百貨公司工作的時候，我們不斷督促店員要顧客辦一張我們的聯名卡，因為我們知道，使用信用卡的顧客會比使用現金的顧客花更多的錢，而且會買品質更好的商品。我們推廣信用卡的動機不完全是財務考量。我們還知道，因為使用信用卡的客戶會買品質更好的商品，因此他們會對整體的消費更滿意，也會更滿意他們買下的東西。

當你在談判的時候，要把投資拆解成很荒謬的地步，因為這聽起來確實很像錢變少了，但是當有人報價給你時，要學會用真實的金錢來思考。不要讓別人對你使用「有趣的金錢表達方法」。

第31章 一般人只會相信白紙黑字

印刷文字對一般人有很大的影響力。大多數人會相信自己看到的內容，即使一開始聽到某件事的時候並不會相信。幾年前，電視節目《隱藏攝影機》（Candid Camera）做了一個噱頭活動來證明這點，你可能在電視上看過這段影片。他們在德拉瓦州一家高爾夫球場旁邊的道路上張貼一個交通號誌，上面寫著「德拉瓦州已關閉」。艾倫・馮特（Allen Funt）穿著租來的軍隊制服站在交通號誌旁邊，他甚至不允許跟路過的人交談，只能指著那個交通號誌。結果發生的事情讓我驚訝，人們突然停下來說：「要關閉多久？我的妻子和小孩都在裡面。」還有「澤西島（Jersey）還有開放嗎？」

一般人都相信他看到的內容。這就是為什麼我非常相信簡報文件夾。當你和某個人坐下來，打開簡報文件夾，上面寫著：「我的公司是世界上最偉大的零件製造商。」然後翻到另一頁，上面說：「我們的員工是同業中最偉大的工匠。」你翻到另一頁，呈現出客戶針對公司服務所寫的推薦信。即使他們知道你剛才從印刷廠把簡報拿回來，他們也會覺得這是可信的。

這就是飯店讓人按時退房的方法。假日飯店（Holiday Inns）過去很難讓房客在中午準時退房，直到他們學會印刷文字的藝術，並在門後張貼那些小標誌。現在，97％的房客會準時退房，不會出現任何問題，因為書面文字是如此讓人相信。

只要有機會，就要把事情寫下來。舉例來說，如果你有銷售人員幫你銷售，而且你必須修改價格，請確保他們把價格寫下來。如果沒有書面文件，他們只能與潛在客戶坐下來說：「我們下個月初要漲價，所以請你現在做出決定。」如果有書面文件，他們就可以說：「看看我剛從老闆那裡拿到的信，上面提到我們要在七月一日漲價。」盡可能以書面的形式呈現給對方看，如果你是用電話談判，請透過傳真或電子郵件送出資訊，來證明你講了什麼話。

如果你銷售的是昂貴的商品，而且沒有軟體呈現報價，我建議你要停止銷售，馬上訂購軟體。你賣出的第一件商品就足以讓軟體回本。多年以前，我在澳洲巡迴演講，我在加州的家二樓發生火災。我回來的時候，三個承包商對於修復損壞的地方提出報價，其中兩個人用手寫了報價，他們都開價兩萬四千美元左右。第三個包商利用電腦準備非常詳細的報價，把每個細項都詳細列出來。但是他的開價是四萬九千美元，是其他報價的兩倍多。我接受第三家承包商的報價，因為印刷文字的力量太大了，我只是不相信手寫的報價。

要點是什麼？因為一般人不會質疑他們看到的書面內容，所以你應該一直提供書面文件證明你支持的提案。如果談判之中包括要滿足對方特定的要求，這也有助於以書面的形式來確認這些要求。

第32章 專注在問題上

優勢談判高手知道他們應該專注在問題上，不會因為其他談判者的行動而分心。你是否曾在電視上觀賞過網球比賽，看到像小威廉絲（Serena Williams）這樣情緒激動的明星球員對著裁判尖叫？你心裡在想：「到底怎麼會有人和這樣的人打網球呢？這是一場需要集中注意力的比賽，這似乎很不公平。」

答案是，優秀的網球運動員明白只有一件事情會影響網球比賽的結果，那就是讓球過網得分。只要你知道球會怎麼跑，其他球員的行為根本不會影響比賽的結果。透過這種方式，網球運動員學會專注在球上，而不是專注在對手上。

當你進行談判時，球跑到哪裡，代表的就是在談判桌上的各種讓步，這是唯一影響比賽結果的因素，但很容易被對方所做的事情迷惑，不是嗎？

談大生意時小心擺錯重點

我記得有一次我想要在加州訊號山（Signal Hill）買下一個大型的房地產建案，這個建案包括十八棟四房建築。賣方是一大群還清貸款的投資人，我知道我必須把價格壓到比賣方開價的一百八十萬美元還低。有個房仲讓我注意到這個建案，所以我覺得有義務把第一次報價交給他，如果他不接受我開出的一百二十萬美元，我還有權利回去直接跟賣方談判。

那個房仲最不想要接受的就是我提出一百二十萬美元的報價，這足足比開價低六十萬美元，但是最後我說服他嘗試跟屋主討論一下，然後提出報價。他提出報價時犯了戰術錯誤，他不應該去找他們，而是要讓他們找上他。在自己的地盤上談判，當然比在別人的地盤上談判有更多掌控權（第四十八章會談到更多與肢體語言有關的內容）。

幾個小時之後，他回來了。我問他：「結果如何？」

「很糟，真的太糟了。我好尷尬。」他告訴我。「我走進一個大會議室，所有人都來看這份提案。他們帶來律師、會計師和他們的房仲。我本來打算採用沉默成交策略（這意味著開出報價，之後不說話。下一個說話的人就會輸掉這場談判。）問題是，沒有人沉默。當我說到報價是一百二十萬美元時，他們說：『等一下，你報出的價格比開價少六十萬美元？我們覺得被侮辱。』然後他們都站起來，衝到會議室外面。」

我說：「沒有發生其他事嗎？」

他說：「嗯，有幾個人出去時在門口停下來，他們說：『我們不會把價格降到一百五十萬美元以下，少一分錢都不行。』這太糟糕了，請不要再要求我提出這麼低的報價。」

我說：「等一下，你的意思是告訴我，在五分鐘內，你就讓他們降價三十萬美元，然後你對談判的進展不滿意？」

如果我們看著對方的一舉一動，而不是專注在談判中的問題，要退出談判就非常容易。你很難想像國際談判代表這種全職的專業談判代表會認為其他人不公平而退出談判。他可能會退出談判，但這是一種特殊的談判策略，而不是因為他感到不安。

你能想像一個頂尖的武器談判專家出現在白宮，總統問他說：「你在這裡做什麼？我以為你在日內瓦跟俄羅斯人談判。」

「嗯，沒錯。不過總統先生，那些傢伙太不公平了，你不能信任他們，他們從不信守承諾。我很生氣，所以就離開了。」優勢談判高手不會這樣做。他們專注在問題上，而不是在對手的性格上。你應該要一直思考：「與一個小時、一天或上週之前相比，我們現在的進展到了哪裡？」

前美國國務卿華倫・克里斯多夫（Warren Christopher）說：「談判時感到不安是可以接受的，只要你可以掌控一切，而且可以把它視為一種特殊的談判策略。」當你心煩意亂，而且失控的時候，你就會一直失敗。

這就是為什麼銷售人員會遇到這種情況：我們失去一個客戶，他們把客戶交給銷售經理，而且說：「好吧，我們失去這個客戶，不要浪費時間挽留他。我已經做出所有可以做的事情，如果連我都無法挽留這個客戶，其他人更不可能挽留成功。」

銷售經理說：「好吧，以公關的角度，我還是打個電話給對方吧。」銷售經理會不放棄，不一定是因為他比銷售人員更聰明或更敏銳，而是因為他不像銷售人員在與人打交道時放進自己的情緒。不要帶入個人的情緒，請學會專注在問題上。

第33章　永遠要恭喜對方

無論你認為對方在談判中的表現有多糟糕，當你完成談判時，都應該要恭喜對方，說：「哇，你談得很好，我意識到我並沒有拿到很好的條件，但坦白說，這很值得，因為我學到很多談判的知識，你太棒了。」你想要對方認為自己贏得這場談判。

當我早期出版談論談判的書時，一家報紙做出評論，反對我說應該要永遠恭喜對方，這份報紙的評論提到，當你沒有真正認為對方贏的時候就恭喜他們，顯然是一種操縱行為。我不同意這個看法，我認為這是征服者最後禮貌的向戰敗者表示祝賀。

當英國派出特遣部隊沿著大西洋從阿根廷手中奪回福克蘭群島（Falkland Islands）時，可以說英國是徹底打敗對手。幾天內，阿根廷海軍損失大部分的潛艇，英國取得絕對的勝利。阿根廷海軍上將投降後的第二天晚上，英國海軍上將邀請他上船與英國的軍官共進晚餐，恭喜他打了一場出色的仗。

優勢談判高手總是希望對方認為自己贏得這場談判。首先，你要求超出預期的東西，然後使用所有讓他們感覺獲勝的策略，最後以祝賀對方結束。

Part 2

解決棘手的談判問題

這一部要告訴你，遇到棘手狀況時該怎麼做。在前面的章節中，你已經學會：

- 處理僵持不下的問題：先把主要問題放一邊，以小問題創造談判的動能。（見第十章）
- 解決談判卡關的問題：改變談判的動態來解決談判卡關的問題。（見第十一章）
- 處理僵局：引進調解員或仲裁者。（見第十二章）

在這一部中，你會了解調解和仲裁的差別，你會學到如何建立與進行調解或仲裁。最後，你會學習解決衝突的藝術，學習解救人質的談判專家如何解決這類危及人命的衝突。

第34章 調解的藝術

就像第十二章解釋說，解決僵局的唯一方法，就是引進第三方擔任調解員或仲裁者。僵局是指「談判沒有進展讓雙方都很沮喪，以致於大家都認為沒有繼續談判的意義」。一九九〇年代快遞公司UPS的罷工就到了這個階段，雙方都不要安排另一場會議，因為這對他們沒有任何意義。勞工部長亞利希克斯・赫爾曼（Alexis Herman）成為調解人，他讓他們做出妥協，並解決雙方的分歧爭議。（或許我在這裡說得太超過了，但是他確實讓他們至少簽下一份新的勞動合約。）

調解和仲裁有重要的區別，重要的是不要把兩者混淆。調解員沒有權利做出判斷或裁決誰對誰錯。他們在那裡是使用自己的技能來促成一個解決方案。仲裁則是雙方事先都同意會遵循仲裁者認為公平的做法。每一方都會給他權利去做出判斷，並強制執行一項解決方案。我在這裡談論的是有約束力的仲裁，請參閱下一章了解有約束力與無約束力的仲裁之間的差異。

在調解時，雙方開會都希望能夠達成妥協，他們渴望達成雙方都同意接受的協議，不過並不一定會達成協議，因為要達成協議，雙方都需要同意才行；在仲裁時，雙方都希望獲勝，因為他們希望仲裁者會認為他們是對的，而對方是錯的。他們會盡可能去陳述自己的看法，因為他們希望得到仲裁者「裁決獲勝」。仲裁一定會達成和解，因為仲裁者有權強制要求雙方接受「裁決」。

對於相同的爭議，你可以同時進行調解與裁決。舉例來說，當一九九七年通用汽車員工罷工時，他們和公司調解出一個解決方案。然而，他們只對衝突的一部分進行仲裁，仲裁的部分是：這是合法的罷工嗎？

調解的重要性？

調解的流程愈來愈受歡迎，因為當事人透過訴諸法庭來解決問題已經愈來愈沒有效率。藉由同意調解一項衝突，各方可以把法院系統空出來處理更重要的事情。調解的優點比訴訟還多：調解沒那麼貴，針對一個問題提起訴訟則比較貴，除非你能讓律師打贏官司才抽成，這意味的是如果你輸了官司，律師什麼都得不到，但如果他贏了，他會獲得一大部分的和解金。如果不是律師抽成的情況，案子在進入審判之前，預期就會花掉數千美元。你的律師會在審判之前向你收取審閱證據的費用，其中包括聽取每個人，甚至是遠距參與的人的證詞，以及大量的準備工作。

調解除了更便宜之外，速度也更快。民事訴訟需要幾個月，甚至幾年的時間才能進入審判階段，而在此之前，法官會堅持你先試著和解。可以想像，在雙方同意後的幾個小時內就可以調解問題，調解員不需要花太多時間做準備，因為這樣做可能損害中立性，他的準備僅限於了解雙方的立場。民事訴訟則很難在法庭上審理，因為費用高、時間拖很長，而且法官不願意在開庭時間表上塞滿可以透過調解或仲裁而達成和解的案件，因此很少有民事糾紛進入法庭。

調解達成協議之後不得上訴。你可以在一場訴訟中贏得和解金，但會發現判決延遲，或是上訴被撤銷。被告也可以申請破產，藉此逃避和解金的支付。在調解中，雙方都同意和解，而且更有可能遵守和解的條款，它會加強雙方的合作關係，如果雙方事先同意要用調解來解決紛爭，他們就會放心的讓事情繼續做下去，永遠不會捲入難堪的訴訟。

調解員比法官更了解問題。選擇爭議領域裡的專家作為調解員是很常見的做法。建築問題可以找房地產專家來調解，勞工爭議可以找就業專家調解，身為專家的調解員會比法官更了解問題。調解員對當事人的關係損害較小，只有雙方同意和解時，才能透過調解達成協議。仲裁或民事訴訟則不是這樣，在調解中，雙方會在沒有怨恨的情況下讓他們的好關係得以持續。所有細節都要保密，調解員知道，他們可能永遠不會透露調解的細節，即使是在幾年之後也一樣。調解員的筆記都要銷毀，只保留最終的協議。訴訟則會成為公開的紀錄，對於不想讓別人知道他們犯錯，或是不想要透露是誰提出和解金的人和公司來說，保密可能是一大優勢。

調解為什麼有效？

不要不願意透過調解來解決紛爭。不要認為：「我不想讓我的老闆捲入這件事，因為那樣我就得坦承在處理這件事情上，我不是很好的談判者。」這並不是說你要引進一個更好的談判者。原來的當事人意見不一致時，調解會發揮作用，有幾個原因。

調解員可以分別與雙方會面，並建議他們採取更合理的立場。（仲裁者甚至可以強迫雙方在二十四小時內提出最終的解決方案，告訴他們他會在兩個提案中選出比較合理的提案，這會迫使雙方更講道理，因為他們都害怕對方會提出更吸引人的計畫。實際上，這會變成針對構想進行的封閉式拍賣。）

調解員可以更耐心傾聽雙方的意見，因為他們不必透過有偏見的立場來過濾資訊。因為他們的利害關係不大，他可能會聽到對手充耳不聞的意見。他更能說服雙方，因為雙方都認為他得到的利益很少。正如我在《強力說服的秘密》（*Secrets of Power Persuasion*）書中強調，如果聽眾認為你會得到一些利益，那就失去很大的說服力。舉例來說，如果買方知道銷售人員沒有收取佣金，他就會更容易相信那位銷售人員。

直接談判的時候，你往往會假設如果對方拋出一個風向球，就代表他們會同意自己建議的提案。調解員可以到每一方提出解決方案，而且無須暗示對方願意遵照這個提案。調解員通常可以讓雙方在無須承諾要做出讓步的情況下回到談判桌。他往往是這個領域的專家，能夠為雙方帶來嶄新的視角，並且擁有解決類似紛爭的經驗。這些經驗除了讓調解員得到調解所需的技能，還能讓調解員引進與公平合理的解決方案有關的觀點。

調解員被視為中立的重要性

就像我在第十二章提到，調解員或仲裁者必須被雙方視為中立，如果沒有被視為中立，就不可能發揮作用。出於這個原因，調解員會不遺餘力的維持中立的立場。如果專業的調解員與其中一方有業務往來，但是與另一方沒有，他就會拒絕這項任務。他不會接受一方是熟人而另一方不是熟人的任務。問題不在於友誼或商業關係，而在於中立的看法。如果他與雙方一樣友好，或是與雙方有相似的業務經驗，他仍然可以發揮作用。

有時，調解員一開始會真誠地展開調解流程，然後意識到他認識某位參與的成員。接著他應該向雙方解釋這個情況，並提議要退出調解。如果沒有人反對，他可以繼續調解，但是這個問題必須解決。有一群心理學家曾經做過研究，確定中立的調解員對調解過程的影響。他們調查一件事，如果調解員不被認為是中立的，可以採取什麼做法。仔細想想，他們得出的答案是個很簡單的常識。調解員可以很快的對沒偏袒的那方做出讓步，藉此克服大家認為他有偏袒某一方的偏見。接下來要說明在實務上這是如何運作。

我曾經參與過一家公司要賣給另一家公司的談判。我們有兩個律師團在努力試著解決分歧。經過幾週的談判之後，我們似乎完全陷入僵局狀態。有位律師解決了僵局，他很聰明地說道：「這顯然比我想像的要花更多的時間，今天下午我必須出庭，但我可以告訴你，我的合夥人喬會在午餐之後接替我的工作。」

那天下午，第一位律師出庭時，喬取代他的位置。他對這個情況完全陌生，雙方都必須解釋在談判中的立場。喬極力把自己定位為中立者，他藉著對身邊的人這樣說：「我們推銷那個重點對他們公平嗎？或許我們可以在那裡稍微退讓一點。」藉此表現出中立的樣子。這讓另一邊的人思考：「嗯，他似乎看起來比上一個人通情達理，也許我們最後可以找到解決這個問題的辦法。」喬藉著把自己定位為中立者，因而可以在談判中找到共同點，使我們擺脫僵局。每當談判陷入僵局時，請試著引進被對方認為相當中立的第三方。

把自己定位為中立者可能需要幾年的時間

卡特總統在一九七〇年代末期的大衛營（Camp David）成功在以色列和埃及之間進行調解，因為雙方都認為他是中立的。美國花了幾年的時間才讓埃及認為是中立者。埃及領導人一直把美國視為敵人，並把蘇聯視為朋友。亨利．季辛吉看到改變這點的絕佳機會，而且抓住這個機會。戰爭期間，沉船讓蘇伊士運河被迫關閉，而當安瓦．艾爾．沙達特（Anwar el Sadat）試著讓蘇聯清理蘇伊士運河時，季辛吉就在他的辦公室，艾爾．沙達特需要收取通過運河的航行費，因為運河是埃及經濟的命脈，他需要讓運河快速恢復通行。

蘇聯人可能願意做這個工作，但是他們的官僚主義太嚴重了，他們的動作可能不夠快。季辛吉說：「需要我們幫助你嗎？」沙達特說：「你會這麼做嗎？」季辛吉拿起沙達特辦公室的電話，打電話給白宮的尼克森總統。幾天之內，第六艦隊就往蘇伊士運河前進，這就是季辛吉和尼克森把美國定位為在以色列和埃及之間保持相當程度中立性的經過，這個行動最後導致卡特總統成功的在大衛營成為調解員。

今天，巴勒斯坦和以色列之間的衝突還在持續，而我認為美國幾乎不可能找出有效的解決方案來調解，因為中東其他國家並不認為美國是中立的。美國被視為以色列的朋友，在阿拉伯國家（像是沙烏地阿拉伯或阿拉伯聯合大公國）出面調解這個問題之前，我認為解決這個問題的機會不大。

調解過程

我的心理治療師好友尼爾・柏曼曾經告訴我，為了讓心理治療發揮作用，心理治療師必須讓病患相信他知道自己正在做什麼，而且他正在使用一種對病患有效的療程。病患不需要了解這套療程，只需要讓病患相信有這套療程。當你認真看待的時候，甚至不需要有這套療程，重要的是病患相信有個療程。同樣地，在調解中，參與者必須相信調解有特殊技能，而且他正在使用一種經過驗證的系統，這個系統對於參與談判的雙方都有好處。調解員必須證明他們：

- 是中立的。

- 了解談判的主題，這個主題可能是建築、零售、婚姻不和，或其他與衝突有關的內容。
- 有調解類似問題的經驗。
- 使用經過證明很成功的一套流程。

調解員與各方的初步接觸

調解員透過召開電話會議來做這件事。雖然調解員可以在聯合會議前聯絡各方，但這很少是個好注意。如果一方感覺調解員在調解開始前與另一方過於親密，可能會破壞中立的光環。在電話會議期間，調解員會重申，調解意味著有意願做出妥協。他會告訴他們，如果任何一方堅持維持原來的立場，而且只想要試著證明另一方是錯的，那麼調解的過程就不會有效。他強調需要保持變通，以防止之後出現僵局，這對調解過程的成功至關重要。

然後，調解員向雙方解釋流程（舉例來說，他們何時會面，以及如何溝通）。他再次強調這個流程已經經過證明，如果遵循這個流程，成功的可能性很高。接下來，調解員需要消除雙方訴諸高層的做法（見第七章）。他應該堅持參加調解的人都有權利跟對方達成和解。不過就這點來說，他可能不會如願，舉例來說，一家大公司可能不願意全權委託給參與調解的人，但是調解員應該要試著這樣做。至少他要消除「虛構的」高層，而且防止在這個過程中出現讓人不快的意外。

然後，調解員會要求雙方給他一份關於自己立場的書面聲明，並附上支持這個立場的文件副本，這些文件對於理解他的立場至關重要。他要求他們要讓聲明簡短，不要超過四或五頁。各方也應該給對方相同的資訊，要知道，發送給調解員的任何資訊也必須發送給另一方，這可以防止各方過度試圖去影響調解員，他會阻止各方寄給他大量備份文件。雙方的聲明應該包括以下內容：

- 爭議是如何產生的。
- 當事人希望解決的問題。
- 他們如何因為這個糾紛而受到損害。
- 雙方要求的解決方案。

調解員會告訴雙方，在第一次聯合會議期間，他們會需要開場陳述，來說明自己的立場，接著調解員應該盡快安排第一次聯合會議。如果雙方都急著想要開始談判，而且對於達成協議寄予厚望，那麼最好盡快採取行動。調解員通常會空出一整天的時間來進行調解，因此最初的會議最好在早上進行。會議應該在調解員的辦公室舉行，如果無法這樣做，則應該在中立的地點舉行。調解員會以開場聲明開始，並會強調以下的內容：

- 他在兩方有爭議領域的背景，以及身為調解員的成功紀錄。

- 他不是仲裁者或法官，而且當事人也沒有賦予他強制和解的權利。
- 他們來這裡不是為了讓調解員或另一方相信他們是對的，或是錯的。
- 他們正在調解中，要討論彼此的立場，希望達成雙方都滿意的妥協方案。

雙方應該互相陳述自己的立場，而不是向調解員申訴。調解員要請求可以記下筆記，但要確保筆記之後會銷毀，而且每個人說的話都將保密，任何人說的內容都不會被法院採納。各方一開始要進行開場陳述，這是調解的關鍵點。雙方的衝突可能持續幾個月，他們很可能沒有相互溝通過。現在，他們終於有機會直接向對方陳述自己的情況，這樣做對雙方有很大的療癒效果，他們都為自己可以發言而感到欣慰，他們還會因為不得不進行的簡報已經結束而鬆了一口氣，這讓他們有良好的心態可以接受妥協方案。如果其中一方提出無法證明的論點，調解員會和善的提醒他們應該只處理能夠證明的事實。調解員在這個過程要解讀雙方的性格，如果他們以事實為依據，而且相互尊重，那就有機會很快達成和解。如果雙方都集中在攻擊對方，調解員就面臨艱鉅的任務。以下是第一次聯合會議要完成的任務摘要：

- 每個人都要了解導致爭議的問題。
- 雙方都知道對方的要求是什麼。
- 調解員強調關注事實的重要性，而不是關注情緒的重要性。
- 調解員對雙方有相同的同理心，他「感受到他們的痛苦」。

● 雙方對正在進行的流程充滿信心，而且希望可以達成和解。

第一次私人會議

接下來，調解員會分別與雙方會面，另一方則在另一個房間等待。他會分別要求各方按照問題的重要性進行排序。他會深入探究，藉此確定每個問題的有效性。他會討論這些問題的爭議如果最後要訴諸法院，他們的立場是否站得住腳。藉由質疑各方論點的合理性，調解員會把各方推向更為溫和的立場，讓他們更願意妥協，以達成和解。

調解員知道雙方的論點都有弱點，也許他們在簽署合約之前並沒有仔細閱讀；也許他們知道合約中存在模糊之處，但是選擇不指出來；也許他們把自己最初的論點美化。舉例來說，早先他們可能會說：「我不知道會發生這種情況。」在調解的這個階段，他們願意修正那個立場。現在立場變成：「我們意識到這種情況可能會發生。」能夠在保密的情況下揭露他們論點上的弱點，這非常有療癒效果。一旦把這個弱點開誠布公，雙方都會有更好的感受。

第二次私人會議

在第二輪的會議期間，調解員會盡力讓各方提出和解方案，同時承諾不會向對方透露對方提議的和解條件。他會讓他們提議，而不是自己提出建議，因為他知道第一次提出的和解條件很可能會非常好。

接下來，調解員可能會含糊地讓雙方知道和解提案的差異有多大，而且建議他們讓他向對方透露提案。隨著提案上了談判桌，調解就進入重要的新階段，也就是談判階段。我之前教你的所有談判策略都可以在這個階段發揮作用。

解決階段

雙方達成協議後，應該要寫下和解協議，並在這份文件上簽約。他們可能希望讓自己的律師起草一份最終協議，這樣在法庭上就可以當作證明文件。調解員不會準備協議，即使他是律師也一樣。調解員並不適合代表雙方，而且這樣做很容易被指控有利益衝突。上面概述的調解過程對你來說可能很含糊，但是看看調解員已經完成的工作。一開始雙方陷入僵局，他們甚至沒有互相談話，還處於衝突狀態，在這種絕望的處境下，調解員做完以下幾件事：

- 讓他們互相交談。
- 讓他們同意做出妥協。
- 允許他們在調解員掌控的環境裡發洩敵意。
- 讓他們關注在問題上，而不是個人的性格和情緒。

- 讓他們相信調解員有能力讓他們達成和解。
- 讓他們相信調解過程有價值，而且有效。
- 讓他們關注在共同利益上，而不是相互衝突的立場。
- 讓他們提出初步的和解提案。
- 讓雙方相信對方會遵守達成的協議。

需要記住的重點

1. 調解與仲裁有很大的差別。
2. 調解員的權力不大，他是要促成一個解決方案。
3. 仲裁者有很大的權力。有約束力的仲裁會產生贏家與輸家。
4. 採用調解的情況變得愈來愈普遍，因為調解比審判更快、更便宜。
5. 調解中沒有上訴的程序，因為雙方已經達成協議。
6. 調解員往往專精於一個狹窄的專業領域，因此會比法官判案更有成效。
7. 與公開審判不同的是，調解期間提供的證據可以保密。
8. 除非雙方都認為調解員是中立的，不然調解員無法發揮作用。

第35章 仲裁的藝術

在上一章中，我告訴你調解的流程是如何運作的。仲裁與調解在某方面很相似，但在某方面卻截然不同。相似之處在於，都比訴訟更快，而且更便宜。與仲裁最大的區別在於，仲裁有贏家，也有輸家。雙方都不希望透過仲裁與仲裁者的建議來折衷妥協，並達成和解。仲裁者可能會努力讓一方或雙方修改立場，但是最終他必須選擇一方的立場，而不是另一方的立場。讓我們來帶你了解仲裁，以便你了解這與更簡單的調解，以及與更複雜的訴訟有何不同。

安排仲裁

雙方都會試著同意仲裁者的看法，因為他們都很信任與尊敬仲裁者。我建議你選擇美國仲裁協會（American Arbitration Association）的成員擔任仲裁者，確保他會遵守最高的道德標準。這個協會對於成員進行仲裁和做出在法庭上有效裁決的做法有嚴格的規定。此外，仲裁者應該在有爭議的領域有相關的經驗。

如果出現以下的情況，你也許會需要三名仲裁者：

- 雙方無法找到同意與尊敬的仲裁者。當這種情況發生時，雙方會各挑選一名仲裁者，而且這兩位仲裁者會挑選出第三位仲裁者。
- 這是很複雜的爭議，需要多個專業領域的仲裁者。
- 當仲裁者的人數超過一個人時，應該要有奇數的仲裁者，以免出現僵局。通常會安排三位仲裁者，仲裁者們會選出一個人擔任主席，這個人會管理仲裁流程並主持聽證會。他會經過其他仲裁者同意，有權處理專家小組的程序性事務，像是安排會議與發出傳票。

仲裁者的中立性

仲裁者必須保持中立、被視為中立，而且被請求方（claimant）、爭端相對方（respondent）和每個參與的當事人認為中立。由於仲裁過程本來就會出現爭議，因此仲裁者的中立性在仲裁上比在調解上甚至更為重要。在仲裁結束時，其中一方會不高興，因為仲裁者選擇裁定另一方獲勝。如果只是因為落敗的一方宣稱仲裁者不是中立的，而要上訴推翻整個裁決，這樣是沒有意義的。

仲裁者必須揭露過往與各方之間的關係，他必須揭露任何可能暗示會有偏見的資訊。當其中一方不在場時，他必須避免與另一方接觸（這稱為單方面接觸〔ex parte contact〕）。為了避免單方面接觸，行政助理應該要處理所有行政細節，像是會議的地點與時間等問題。

初次程序會議

請求方（提出仲裁需求並尋求救濟的人）與爭端相對方被召集來參加初次程序會議。這個會議有幾個目的：允許當事人發洩他們的感受；探討調解爭議的可能性，而不是進行仲裁，因為仲裁是更有敵意的流程。

雙方吐完苦水之後，他們可能都看到透過調解帶來雙贏解決方案的好處，而不是讓自己面臨基本上贏者通吃的裁決。如果他們在這時尋求調解，仲裁者就必須強調，雖然他可以擔任調解員，但如果他們無法透過調解達成一致的意見，他就無法在之後為這個案子進行仲裁。他在調解中蒐集到的資訊，像是雙方建議的和解方案，都會損害他有效仲裁的能力。如果雙方現在想要試著自行解決問題，仲裁者就必須迴避。

到目前為止，各方都已經很明確知道請求與反請求（counterclaims）所要求的索賠金額。（仲裁者會問爭端相對方，他是否計畫要提出反請求，這可以避免在最後一刻使用反請求當作拖延戰術。）現在，他們可能都意識到在仲裁上要花多少時間、力氣與費用，而且更容易接受調解。

雙方都同意各方需要多少數量的證據開示（discovery）。仲裁者不像法官那樣有權力下令開示證據，這或許是當事人選擇仲裁，而非訴訟的原因之一。但願雙方都會同意移交所有相關的文件，如果他們不同意這點，初次程序會議就是為了讓證據開示的基本規則達成一致意見，並設定時間限制的好地方，這樣之後就不能用這個問題來推遲程序。

雙方需要同意交換專家報告、證詞和回覆質詢的時間表，也要同意聽證會的時間。初次程序會議還有很多目的，其中最重要的是雙方接著可以決定要進行調解，而不是仲裁。

第一次聽證會前交換資訊

仲裁者應該要鼓勵各方準備並提交一份包含所有相關文件的附件冊（Exhibit Book）給另一方和仲裁者。各方應該提交一份他們計畫傳喚的專家證人名單，以及他們希望仲裁者發出傳票要求交出的文件與傳喚的證人。他們還應該決定是否要記錄下聽證內容，這是一個可以選擇的流程，費用要由當事人承擔。

仲裁聽證會

聽證會和你在電視上看到的審判很類似，只是沒有觀眾，也沒有陪審團。會議室裡可能只有三個人：仲裁者、請求方，以及爭端相對方。他們可能有律師陪同在場，如果他們願意，律師也可以代表他們發言。

雙方進行開場陳述，然後會傳喚證人，並請證人宣誓。證人會接受盤問。也可以傳喚反駁的證人。接著發表終結辯論，雙方都可以針對有引導性、無關緊要，或是沒有根據的意見表達反對。

仲裁者的行為

仲裁者會向證人或當事人提問，藉此澄清問題。他會提出他認為很重要的問題，即使他詢問的議題尚未以證據的形式提出來。他會仔細聆聽這些證據，但是會小心不要對這些證據做出反應。舉例來說，他不應該點頭，因為這可能意味著他有偏見。他會不斷審查證據是否與這次的仲裁相關，以及發言者的可信度。

仲裁與訴訟的重要區別

仲裁與訴訟之間最顯著的區別在於，仲裁沒有陪審團，仲裁者同時扮演法官與陪審團的角色。仲裁者在聽取各方的論點時，不能像法官那樣要求陪審團離開法庭，他也不能像法官那樣，在法庭旁召集庭外會議，針對超出陪審團聽證會審理的議題聽取雙方意見。

仲裁者往往會聽到陪審團不允許聽到的消息，原因很簡單，因為他必須負責裁定這些資訊是否與仲裁的事項有關。仲裁者最好承認那個證據，並在稍後做出裁決時，考量證據的相關性，而非拒絕承認那個證據，結果在上訴時撤銷他的判決。舉例來說，在法庭上不予採信的道聽塗說，在仲裁中卻可以採信。仲裁者只需要決定在做出裁決時是否應該考量到這一點。

做出裁決

最終聽證會後的三十天內，仲裁者要以書面的形式向雙方告知裁決。在簡短的文件中，他要說明雙方從請求與反請求的裁決中獲得的和解金額，或是他可以駁回請求。他可能會因為特定原因駁回部分請求。舉例來說，他也許發現爭端相對方欠請求方二十萬美元的新帆船費用，但他並沒有欠請求方在加勒比海尋找新帆船所花費的兩萬美元。仲裁者不應該為了希望安撫雙方而做出部分判決，畢竟這本來可以透過調解來解決。

大多數的仲裁都是有約束力的仲裁，雙方事先同意會遵守仲裁者的決定。在具有約束力的仲裁中，勝訴方可以將仲裁者的裁決提交給法庭並做成紀錄，就像判決一樣。

雙方也有可能不同意進行有約束力的仲裁。除非他們同意進行沒有約束力的仲裁，不然當這種情況發生的時候，下一步就會走向訴訟。當雙方同意沒有約束力的仲裁時，他們會說：「我同意完成整個流程，並聽取仲裁者的意見。當他站在我這邊反對你的時候，或許你會看到你的證據有哪些弱點。但是如果他站在我這邊，我仍然會保留告你的權利。」好樣的！我希望他們能夠成為夠好的談判者來避免這種僵局，但這種情況確實發生了。

通常，無論是誰獲勝，雙方都會承擔自己的法律費用，除非事先達成協議，規定敗訴的一方負擔勝訴方的費用，仲裁者會忽略一方要支付另一方法律費用的請求。他不會給出仲裁理由，就像陪審團不必給出做出這項決定的理由一樣，仲裁者也不必這樣做。

仲裁之後

如果仲裁者做出仲裁，獲勝方可以將仲裁結果交給法庭，並獲得認證。仲裁者不會參與最後的決定，或是裁定如何支付費用。一旦他做出仲裁或駁回請求，他的工作就結束了。他會坐下來，希望仲裁結果不會被推翻。

在大多數的州，法院不會推翻仲裁的裁決，原因很簡單，因為如果法院審理過這個案件，就不能進行仲裁。只有仲裁者的行為受到質疑，才能推翻裁決。像是這個裁決是否涉及詐欺或腐敗？仲裁者的行為是否有偏見？希望我們能夠排除詐欺或腐敗的問題，這意味著推翻裁決的唯一辦法是證明仲裁者有偏見。這樣你就會明白為什麼仲裁者盡其所能向當事人證明他是中立的是如此重要。

仲裁者做出裁決之後，他會銷毀他記下的任何筆記。他會確認在所有證據上沒有做任何筆記，甚至沒有留下迴紋針，才把所有證據還給當事人。在檢查證據時，不應該有任何東西呈現出他的看法。

在前兩章中，我們檢視訴諸法庭之外的兩種解決爭議的方法。就像你看到的情況，這兩種方法有很大的差異。藉由調解，雙方會集合起來，希望能找出雙方都能接受的妥協方案。藉由仲裁，雙方幾乎不會有任何妥協，只會產生贏家與輸家。

下一章我會教你如何處理嚴重失控、超出調解或仲裁範圍的衝突情況，你會學到解決衝突的藝術。

需要記住的重點

1. 仲裁與調解不同，有贏家，也有輸家。
2. 仲裁比訴訟更快，而且更便宜。
3. 雙方都必須審慎選擇兩方都信任與尊重的仲裁者。
4. 如果雙方都無法接受某個仲裁者，那雙方應該各挑選一位仲裁者，然後兩位仲裁者要共同挑選第三位仲裁者。
5. 美國仲裁協會的會員會遵守最高的道德標準，這個協會對於會員進行仲裁與做出禁得起法官挑戰的仲裁方法有嚴格的規定。
6. 仲裁者必須保持中立、被視為中立，而且被請求方、爭端相對方和每個參與的當事人認為中立。
7. 初次程序會議要探討調解爭議的可能性，而不是要進行仲裁，仲裁是一種更有敵意的流程。
8. 雙方對各自需要的證據開示數量達成一致的看法。仲裁者不能像法官那樣下令開示證據，如果當事人想要有隱私權，這是比訴訟更好的重要優勢。
9. 法庭不會採信軼事證據，但仲裁可以採信。仲裁者只要決定在做出仲裁之前是否要考量這點。

10. 陪審團不必對他們的決定給出理由，仲裁者也是如此。
11. 仲裁之後，仲裁者要銷毀所有筆記，並將所有證據退還給當事人。

第36章　解決衝突的藝術

最近，這種情況似乎每天都在發生，至少在我居住的洛杉磯是這樣。有人拿槍挾持人質，特種部隊（Special Weapons and Tactics, SWAT）出動，設置路障，而且新聞台的直升機在空中盤旋，現場直播綁架案的新聞，警方則試著要解決衝突。

有時候搶劫案沒有得逞；有時候這只是憤怒的員工或前員工想要對老闆發洩不滿；有時候問題看起來小得荒謬。在橘郡，我們最近有個憤怒的家長因為孩子的教育問題扣押一名董事會成員當作人質。這些解救人質的談判專家要如何處理這些衝突情況？而且我們可以從他們身上學到什麼，來幫助我們解決與其他人的日常分歧爭議？

在美國，我們很少考慮解救人質的談判，直到兩起重大事件引起公眾關注，那就是一九七一年九月阿提卡州立監獄（Attica State Prison）封鎖，以及一年後慕尼黑奧運會上的挾持人質事件。

阿提卡州立監獄暴動是歷史上最具災難性的危機解決方案之一。在紐約州水牛城（Buffalo）東方三十英里的監獄發生為期四天的囚犯叛亂中，囚犯殺死一名獄卒與三名囚犯。僅僅四天後，州長尼爾森・洛克斐勒（Nelson Rockefeller）下令州警用武力奪回監獄。警察開槍殺死二十九名囚犯與十名人質。更糟糕的是，警方最初宣布囚犯割斷人質的喉嚨，但驗屍證據顯示，實際上他們是被警察開火殺死的。囚犯和他們的家人對監獄提起一千兩百八十起訴訟，其中第一起訴訟在二十六年後以四百萬美元和解。

隔年的一九七二年慕尼黑奧運會上發生殘酷的人質劫持事件，以及一次災難性的救援行動，導致十一名以色列運動員、五名巴勒斯坦恐怖分子，以及一名德國警察喪生。德國警方現在坦承，他們對於發生的事情毫無準備，他們更擔心世人會想起希特勒（Adolf Hitler）利用一九三六年奧運會進行的高壓宣傳，因此試圖保持低調。

因此，巴勒斯坦的支持者不費吹灰之力就進入體育場，劫持九名運動員人質，並殺死兩名抵抗他們的運動員。在那之後，談判人員又犯下一個又一個的錯誤。以色列總理高達・梅爾（Golda Meir）敦促不要對恐怖分子做出任何讓步，他沒有設立電話專線，幾乎沒有與恐怖分子進行任何溝通。警方允許恐怖分子把人質移到機場，就算是今日更為開明的解救人質談判專家也永遠都不會允許這樣的事情發生。

德國人承諾恐怖分子可以安全前往開羅，雖然並不打算讓他們離開。我們現在知道，這種欺騙行為一旦被揭露，通常會導致對方被激怒。最後，當恐怖分子試圖登上逃亡飛機時，他們使用武力來壓制這些恐怖分子，但出動的武力卻嚴重不足，只用了五名訓練有素的神槍手，而且他們沒有夜視設備，也沒有無線電可以聯絡。

就跟在阿提卡州立監獄一樣，警方試圖掩蓋他們的錯誤。當以色列受害者家屬控告德國政府時，他們否認有任何「彈道、法醫鑑識或其他」紀錄存在。事件發生二十年後，一名遇害運動員的妻子出現在德國電視上，她接到一名匿名的德國人來電，那位德國人提供她八十頁被盜的驗屍報告和彈道報告，因此，德國當局被迫揭露一個藏有超過三千多份文件與九百張照片的儲藏室。

對於解救人質的談判專家來說，這是很糟糕的一年。有超過一千名人質喪生，其中七百六十名是在警察突襲人質藏匿地點時發生的。顯然，拒絕與挾持人質者談判，並試圖用武力壓制他們的既有策略並沒有發揮作用。這場病的治療方法比疾病本身更糟糕。

紐約警察局開發一項做法，希望在應對挾持人質與自殺威脅等危機上能有更好的反應。他們讓法蘭克·伯爾茲中尉（Lieutenant Frank Bolz）負責這個計畫，並由臨床心理學家哈維·史羅斯堡（Harvey Schlossberg）協助。他們開發的計畫隨後在紐約街頭進行測試，並成為全美國各地警察部門的典範。因為這個計畫，一旦談判人員到達現場，並與人質劫持者取得聯繫，人質就不太可能會喪生。

佛蒙特大學（University of Vermont）對兒童人質挾持事件進行的一項廣泛研究發現，98%的兒童人質在沒有受到人身傷害的情況下獲釋。此外，被殺的兇嫌也少得多，如果考量當前「警察協助自殺」的趨勢因素，這點尤其重要。「警察協助自殺」這個詞是警方用來形容實際上人質挾持者正在自殺的術語。這些人質挾持者正在邀請警察去殺他們。目前在加州，警察殺害人質挾持者的案件中，有25%被正式列為「警察協助自殺」案件。

在紐約警察局的研究中，法蘭克·伯爾茲認為，針對人質事件有五種可能的反應，包括：

1. 很少或根本沒有試著談判就發動攻擊。（阿提卡州立監獄和慕尼黑的案件就採取這種方法，結果導致災難性的後果。）

2. 等情況結束，看看會發生什麼事。（如果你確定不會發生任何不好的事，那就是好方法。就像我在《自信的決策者》〔*The Confident Decision Maker*〕書中解釋，當你面對「我們要做或不做」類型的決策時，這應該是你首先要考慮的因素。如果你什麼都不做會發生什麼事？在德克薩斯州韋科〔Waco〕建築群周圍的人應該要知道這點，在建築群內沒有發生任何不好的事情，我們應該等待，看看會發生什麼事[5]。）

3. 進行不做任何讓步的談判。（這是雷根時代流行的號召口號。我們不會與恐怖分子談判！）對大眾來說，這聽起來不錯，但這種缺乏變通的策略很可笑。我們應該與恐怖分子談判，而且願意接受小幅的讓步應該是談判的一部分。當然我們絕對不能讓恐怖分子的主要訴求得逞，因為這樣做很明顯會鼓勵其他人效法這樣的行為。

4. 進行談判，而且謊稱會做出讓步。這個方法通常會吸引大眾。一名槍手曾在阿拉巴馬州塔斯卡盧薩（Tuscaloosa）的一所學校劫持一群兒童當人質。州長蓋伊・杭特（Guy Hunt）錄下對劫持者赦免令的影片，並交給他。結果他釋放這些兒童，但是馬上就遭到逮捕。州長以技術性的理由撤銷赦免令，並說：(1)你只能赦免已經被定罪的人，而且(2)那個赦免是在脅迫之下進行的。結果挾持人質者被判無期徒刑。乍看之下，這似乎是有效的戰術，為什麼我們要擔憂對暴力犯罪分子撒謊呢？然而，對挾持人質者撒謊的戰略卻是一個典型短期有利，但長期有害的戰術。它會影響接下來所有談判的結果，因為它會限制談判者與挾持人質者建立信任的能力。如果要說解救人質的談判專家都同意的哪件事，那就是不要（在重大問題上）對恐怖分子撒謊。

5. 進行談判，而且願意做出讓步。

他們開發的做法就是最後一個方法的變形。他們開發的模式要求談判者保持冷靜，以人道的方式解決問題，贏得挾持人質者的信任，並藉著做出微小的讓步，來讓挾持人質者得到部分的滿足。

讓我們來看一下典型危機場景中使用的流程，以及當我們這樣做時，讓我們思考這在多大的程度上適用在我們可能涉及的危機情況類型，像是憤怒的客戶想要取消訂單的情況。有三種類型的危機需要考量，包括自殺威脅、設置障礙物躲藏的嫌犯與挾持人質。這些情況使用的規則都很類似。

第一個到達現場的警察必須評估情況的嚴重性；確保那個地區不受潛在同夥、媒體與好奇的公眾侵害；判斷人質和旁觀者面臨的威脅，並呼叫適當的支援小組支援。確保那個地區的安全是關鍵要素，特別是在人質被挾持的情況。在幾乎所有案件裡，都必須禁止嫌犯移動，讓他離開那個地區通常會使情況惡化。

5 譯註：這是指一九九三年二月至四月發生的事件。美國菸酒槍炮及爆裂物管理局（ATF）懷疑基督新教大衛教派非法買賣槍械，於是突襲在韋科的教會建築物，雙方激烈槍戰，之後演變成圍困行動，最後因為一場大火使死亡人數大幅增加，最終導致七十六人喪生。

在密西根州霍頓（Houghton）小鎮發生的一起銀行搶劫案中，一名二十四歲的男性身上綁著炸彈，在隆冬走進一家銀行，挾持一名櫃台行員當人質。接著他向一名行員要求一台逃跑的車輛，並在這個過程中導致銀行經理受到重傷。警察迅速阻止他，不過當他們打開車門要他下車時才發現炸彈。他威脅要引爆炸彈，並要他們撤退，但是警察在撤退的時候，平靜地把車子的四顆輪胎射破。這讓他無法再前進多遠，因為洩氣的輪胎陷在雪裡。

警察包圍車子，並開始談判。不幸的是，對嫌犯而言，談判並不順利。十七個小時之後，嫌犯疲倦的要引爆炸彈，結果警方的狙擊手把他射殺。僵局結束，人質成功脫逃，沒有受傷。射破輪胎似乎是冒險的行為，但是要保護那個地區，而且不讓人質挾持者移動，這樣做幾乎是正確的做法。

下一步是請來援軍。要成立一個談判小組，他們會與嫌犯聯繫，確定他們的需求，而且努力在不造成任何人傷亡的情況下解決衝突。這個團隊會有個主要談判者，他要與嫌犯溝通；還有一個候補談判者，他會記下筆記，並提供建議給主要談判者；這個團隊的第三名成員是情報談判者，他會藉著訪談認識嫌犯的人來蒐集資訊，特別重要的資訊包括嫌犯的犯罪紀錄，以及心理健康紀錄。

接著，特種部隊小組就會介入。他們最好不用上場，但如果談判失敗，他們就要射殺嫌犯。警察會任命一名現場指揮官來監督整個行動，現場指揮官非常清楚，如果情況無法成功排除，他就會成為被公開批評的對象。從市長到報紙編輯，每個人都會在事後批評他做出的判斷。為了保護自己和部門的聲譽，他會想要按部就班地完成整個流程。他會堅持遵守既定的程序，聰明的人會使用類似飛行員在飛行前例行程序中使用的檢核表，這可以確保他們不會忽略在情況嚴重惡化時的關鍵步驟。

談判流程的第一步是主要談判者與嫌犯建立溝通管道，而且切斷他與其他人溝通的能力。主要談判者不必爭奪嫌犯的注意力，只要透過這個方式，嫌犯就會變得去依賴與主要談判者的溝通，並開始建立信任的過程。如果嫌犯可以使用電話，他打電話的能力就會被切斷，警方不希望嫌犯能與媒體或任何人溝通，他們還想要拒絕嫌犯取得與警方行動或戰術有關的資訊。他們的溝通通常會透過電話進行，讓嫌犯與談判者面對面太危險了。

在好萊塢電影中，你經常會看到嫌犯的朋友或親人被允許與嫌犯面對面交談。當朋友、親人因為非常愛嫌犯而冒著生命危險時，緊張的時刻隨之而來。嫌犯會含淚擁抱他們之後投降，這在現實生活中永遠不會發生。一方面，朋友或親人可能會讓嫌犯被激怒，並導致情況變得更嚴重。不過，最主要的原因是，在最初的幾天裡，應該要透過主要談判者進行所有的接觸，這樣主要談判者就可以掌控嫌犯的世界。

如果所有努力都失敗了，也許可以請來值得信任與訓練有素的人來改變這場危機的動態。一九九三年，在德克薩斯州的韋科事件中，之所以請來當地的警長，只是因為大衛・柯瑞許（David Koresh）認識他，而且信任他。一九八七年，當古巴籍囚犯在路易斯安那州的奧克戴爾（Oakdale）監獄引發暴動時，談判者請來古巴出生的牧師。就像我在第三十四章會告訴你的情況，請來被視為中立的第三人，就像是引進調解員來解決僵局一樣，並不是很容易的事。

通常，由於許多不同的原因，水、暖氣和電源都會被關閉，這可以防止嫌犯從電視上蒐集資訊。也可以防止嫌犯消滅毒品或其他犯罪證據。特種部隊小組可以使用紅外線監控現場。另外，消除舒服的設備，像是暖氣和廁所，這可以在之後作為交換條件。

關閉公共設施也會導致嫌犯與人質的關係變得很密切，進而大大降低嫌犯傷害人質的可能性，無法使用公共設施的人會因此團結起來。一九九六年十二月，在秘魯利馬（Lima）慶祝明仁天皇生日時，談判代表在日本駐秘魯大使官邸發生人質危機時非常有效的利用這一點。圖帕克・阿馬魯革命運動（Túpac Amaru Revolutionary Movement, MRTA）恐怖分子挾持超過五百名賓客當作人質，情況非常緊急，因為日本人竭盡全力把大使官邸變成一個容易防禦的堡壘。恐怖分子把官邸的牆炸出一個大洞，一旦他們進去之後，那裡就是一個很容易從內部防禦的建築。警方迅速關閉房子的公共設施，想要恐怖分子像人質一樣都無法使用公共設施，因為警方知道這會使他們團結起來。但是在幾天之後，他們回頭打開公共設施，因為如果他們過於團結，在救援行動開始時，人質實際上會阻礙救援。圍困持續一百二十六天，直到秘魯軍隊突襲這棟建築。儘管人質被槍指著，但恐怖分子猶豫很長的時間，沒有人質被殺害（只有一個人死於心臟病）。讓罪犯與受害者建立關係，有助於拯救受害者的性命。

時間是主要談判者的朋友。沒有壞事發生的每個時刻，都會讓情況離和平解決更近一步（不像好萊塢電影，時間的流逝被用來製造緊張氣氛）。對談判者來說，錯過最後期限可能是一種突破。

挾持人質者可能會說：「除非州長在中午十二點前接電話，不然我就會殺死人質！」雖然這可能會讓缺乏經驗的談判者陷入恐慌，但這會讓主要談判者感到高興，因為現在他有個願意談判的嫌犯。而且他知道，如果他能在不失去人質的情況下度過中午，嫌犯就會失去可信度，而且大大削弱他討價還價的權力。這種做法不像你聽起來的那樣冷酷無情，因為很少有人質在這種特定威脅下喪生。人質會在激動的時刻喪生，不是在挾持人質的很早期、嫌犯情緒很高漲的時候，就是在嫌犯感覺被主要談判者背叛的時候。

主要談判者與嫌犯建立的關係是和平解決危機的關鍵。一方面，主要談判者會花幾週的時間在課堂上了解挾持人質者與公開威脅要自殺的人的性格。他們是神經質行為（neurotic behavior）與人格疾患（personality disorders）專家。他們徹底了解嫌犯的心理狀態，而且知道如何操縱嫌犯度過危機。這就是為什麼最好只有主要談判者、候補談判者、情報談判者組成的談判小組去了解實際談判情況的原因之一。

即使是在處理危機上經驗非常豐富的現場指揮官，也無法理解主要談判者與嫌犯之間對話的微妙差異，他往往會反應過度。舉例來說，當他聽到嫌犯要求一千萬美元，或是要與州長舉行記者會時，他可能會認為這是一種不可能達成的要求，因而要訴諸暴力解決。主要談判者會把這個要求視為願意公開談判的立場，而且很高興有些細節上了談判桌，沒有什麼比嫌犯不說話更危險了。

主要談判者要監視嫌犯的精神狀態。如果他表現得反覆無常，談判者會試著提供小小的讓步來換取對方的小讓步，藉此引導他進行理性的談判。透過這種方式，談判者會讓嫌犯從喜怒無常、反覆不定的右腦思考，轉變成邏輯性強與更平靜的左腦思考。如果嫌犯過於安靜，可能表示他的心情有些憂鬱。為了不讓他有這種感受，談判者會向嫌犯確保一定可以擺脫這樣的情況，沒有人會受到傷害，而且他還是有選項可以選擇。他也會努力與嫌犯建立信任感，他會小心翼翼的不說出事後嫌犯可能會認為被欺騙的話。他必須遵守他做出的每個承諾或保證。

最重要的是，主要談判者會努力讓嫌犯擺脫他採取的立場，而且重新關注他們的共同利益。主要談判者與嫌犯的立場可能相差一百八十度，而且如果他們專注在這個立場，會讓他們之間龐大的共同利益變得更模糊。這並不是說主要談判者害怕對嫌犯採取強硬的態度，畢竟始終還是有武力威脅存在，如果嫌犯傷害任何人，特別是如此。「如果你傷害人質，我就無法保護你，」談判者抱持堅持的態度說，「這就不是我能處理的了。」

時間一分一秒過去，嫌犯的情緒也漸漸發洩完、截止時間錯過了、要求也已經修改、任何讓步都不會沒有回報（「你釋放一位人質，我們就會送給你一個三明治。」）、建立一個討價還價的討論平台。時間會把決心消磨，接受時間（見第三十七章）會使嫌犯修正他的要求，並接受現實狀況。嫌犯學會信任主要談判者，而且如果一切順利，嫌犯就會屈服於主要談判者的意志。

我們可以從這些訓練有素的解救人質談判專家身上學到什麼在日常生活中可以應用的教訓？無論是應對憤怒的配偶、威脅要離職的員工，還是威脅要取消訂單的客戶，以下是我在任何情況處理衝突的一些規則。

- **控制局勢，以免情況變得更糟。**這可能意味著當配偶威脅要離家出走時，從他或她的手中搶下手提行李；這可能意味著要從憤怒的青少年手中搶下車鑰匙；或是同意讓憤怒的客戶參加法人說明會或會議。
- **讓憤怒的人發洩情緒。**解救人質的談判專家會告訴你，你必須按照對方看事情的方式來對待他，而不是用你看事情的方法。他可能堅持亞伯拉罕．林肯（Abraham Lincoln）正在跟他講話，你不必告訴他你也聽到了，但是你必須承認他的感知：他確實聽到林肯的聲音。轉換成日常情況，這意味著對方的憤怒可能是很不合理的，但你必須承認憤怒是真實存在的。
- **當對方生氣的時候，尋找他受傷的地方。**憤怒總是會伴隨著傷害而來。哪些言論或行為導致這個人受傷或受到威脅？承認這樣的傷害對於減少憤怒大有幫助。

盡快讓他告訴你他想要什麼，讓他致力在某個立場。需要做什麼事情來解決這個問題？即使你根本不準備向對方做任何讓步，你也要這樣做。舉例來說，你可能有個員工威脅要離職，除非你幫他加薪。但即使他威脅要離職，你也可能有嚴格的規定不能給他加薪，他要不要加薪取決於你。即便如此，你還是應該讓他告訴你，他要加薪多少才願意留下來。把問題量化對於解決問題大有幫助。

盡可能蒐集所有資訊。你可以想像一下，主要談判者讓情報談判者去訪談所有認識嫌犯的人。這些訪談專注在人的資訊，而不是問題的資訊。解決方案始終與人有關，而不是跟狀況有關。你對這個人的了解愈多，就離解決問題愈接近。在這個階段，另一個問題可能會暴露出來：那個人會想要離職，金錢並非真正的原因，他可能是因為競爭對手比他早升官而感到不滿。或是說他可能與另一名員工戀愛，因此在自己與對方之間需要保持一定的距離，或是說他可能是因為虛假的謠言才有這種反應。

努力讓他放棄自己的立場，讓他專注在你們的共同利益。你們的立場可能相差一百八十度。「你騙了我！」「不，我沒有！」「你欺騙我！」「不，我沒有！」這些都是完全對立的強勢立場，但這並不意味著你們仍然沒有強烈的共同利益。你們可能都對員工留在自家公司有強烈的共同興趣；你和那位憤怒的客戶可能都會從繼續往來中得到很多利益。

問題在於，當你過於專注在採取的立場上時，你可能就無法再看到共同的利益。典型的例子就是冷戰，我們採取非常強硬的立場，我們稱他們是邪惡帝國，他們在聯合國的會議中抱持強硬的立場，大喊要把我們埋了，這些都是非常強硬的立場。不過我們還是有龐大的共同利益，像是我們在減少軍費支出上有龐大的共同利益；我們一起做生意有龐大的共同利益，他們擁有所有的鈦金屬，我們的高爾夫球桿則需要鈦！當我們如此專注在自己的立場時，我們卻看不到這一點！

看看台灣和北京政府之間長期存在的衝突。半個多世紀以來，他們一直針鋒相對，威脅要發起一場充滿災難的戰爭。美國承諾，如果大陸發動攻擊，就要保衛台灣。衝突到底是什麼？雙方的立場非常明確。北京政府說，台灣是中國大陸的一部分，台灣聲稱自己是獨立的國家，兩方的立場南轅北轍。如果你專注在共同利益上，你就會看到全然不同的面貌。台灣經濟十多年來一直處於低迷的狀態，改善與中國的關係，而且跟中國做生意，就會讓台灣的經濟繁榮發展。另一方面，中國大陸迫切需要台灣傳授給他們商業技能。解決危機可以讓雙方有很大的收穫。

解決衝突的藝術就是讓各方擺脫自己的立場，而且重新關注在每個人的共同利益上。只有當雙方表現出要採取行動解決問題，而且蒐集資訊讓大家關注在共同利益上的時候，你才會轉向大多數人認為的談判：達成一部分的妥協。在這裡，談判者可以應用一種最重要的思考方式，我稱這是「優勢談判信條」（Power Negotiator's Creed）。談判時最重要的思考方式不是「我能讓他們給我什麼東西？」而是「我能給他們什麼東西，既不會影響我的立場，又可能對他們有價值？」

需要記住的重點

1. 在阿提卡州立監獄暴動與慕尼黑奧運會挾持人質事件災難式的處理方式之後，紐約警察局研究處理挾持人質狀況的方法，以保護人質與嫌犯。
2. 我們應該與恐怖分子談判，但是我們不應該做出重大的讓步。

3. 所有解救人質的專家都同意不應該對挾持人質者撒謊，因為這會削弱執法機關在未來出現危機情況時進行談判的能力。

4. 談判流程的第一步是主要談判者與嫌犯建立溝通管道，並切斷他與其他人溝通的管道。

5. 行兇者在生理上與心理上都需要被隔離。

6. 把家人帶來與挾持人質者交談很少有效果，因為這可能引起情感創傷，並讓情況惡化。

7. 談判者要測試嫌犯設定的任何截止期限。

8. 調解的藝術是讓雙方擺脫他們所採取的立場，而且重新關注在他們的共同利益。

9. 與生氣的人打交道時，首先要控制狀況，以免情況變得更糟。然後要讓生氣的人發洩情緒，尋找他們受傷的地方，因為生氣總是伴隨著受傷而來。

10. 讓憤怒的人明確表達自己的立場，然後盡可能蒐集到所有資訊。

11. 請記住優勢談判信條。談判時最重要的想法不是「我能讓他們給我什麼東西？」而是「我能給他們什麼東西，既不會影響我的立場，又可能對他們有價值？」

Part 3

談判的施壓方法

路易斯．阿姆斯壯（Louis Armstrong）曾經講過他在早期身為音樂家的故事：「有一天晚上，這個大壞蛋衝進我在芝加哥的更衣室，命令我隔天晚上要在紐約的某某俱樂部表演。我告訴他我在芝加哥已經有安排，而且不打算到其他城市旅行，然後我轉身背對他，藉此表明我很酷。然後我聽到一個聲音：喀嚓！我轉過身，他拿一把大支的左輪手槍指著我，並準備扣下扳機。天啊，那把槍看起來像是大砲，而且聽起來好像我就快要死了！因此我低著頭看著那支槍，並說：『好吧，或許我明天會在紐約表演。』」

就像艾爾．卡彭（Al Capone）曾說過：「用一句善意的話和一把槍，比單靠一句善意的話能讓你得到更大的進展。」

在談判中用槍指著某個人是最粗暴的施壓方式。我認為這非常有效，但是你根本不需要這樣做。在這一部中，我會教你一些你可以使用、同樣有效也更容易接受的施壓方法。其中有很多施壓方法可以與粗魯的把槍指著別人一起使用，但通常你最好表現得更為巧妙。如果你有影響力，就不必那麼招搖。

第37章 時間壓力

維爾弗雷多．帕雷托[6]（Vilfredo Pareto）大概從沒有研究過談判中的時間因素，但是帕雷托法則（Pareto principle）顯示出時間能給談判帶來極端的壓力。帕雷托是十九世紀的經濟學家，出生在巴黎，他一生大多數的時間都在義大利度過，他在義大利研究民眾之間的財富分配狀況。他在《政治經濟學講義》（*Cours d'Economie Politique*）中強調，80%的財富集中在20%的人手上。

80/20法則有趣之處在於，它在明顯不相關的領域中反覆出現。銷售經理告訴我，他們80%的業務是由20%的銷售人員完成的。最終，這讓他們認為，應該要解雇80%的銷售人員，只保留20%的人。這麼做的問題在於，留下來的人中，又會出現80/20法則，因此你會回到同樣的問題，只是銷售人員變得更少了。學校老師告訴我，20%的學生製造80%的麻煩。而在研討會上，20%的學生提出80%的問題。

談判的規則是，80%的讓步發生在時間剩下最後20%的期間。如果在談判初期提出要

6 編註：義大利土木工程師、社會學家、經濟學家、政治科學家、哲學家。出生於一八四八年，卒於一九二三年。帕雷托對經濟學貢獻良多，其中最著名的是對收入分配的研究和對個人選擇的分析。

求，雙方可能都不想要讓步，整個交易也許會破局。另一方面，在談判時間剩下最後20%的期間，更多問題浮上檯面，雙方都更願意讓步。想想上一次你買房地產的時候，從你簽下最初的合約到真正成為屋主可能需要大約十週的時間。現在想想做出的讓步，是不是發生在成交前兩週，當時需要重新談判，雙方都變得更有變通性？

有些人沒有什麼道德感，會用這點來對付你。他們堅持保留原本可以早點提出，而且可以早點用來解決問題的談判內容。然後，當你準備好確定最後的安排時，這些問題就會出現，因為他們知道在時間壓力下，你會變得更有變通性。

預先談定所有細節

這告訴你一件事，你應該要一直預先談定所有細節。不要留下任何事情，像是：「喔，好吧，我們可以稍後解決。」一件看似無關緊要的事情，在時間壓力之下可能會變成非常大的問題。

在蒙大拿州遇到的問題

我在蒙大拿州的卡利斯佩爾（Kalispell）為房地產經紀人協會（Realtors' Institute）在蒙大拿州的結業生舉辦研討會。他們是在蒙大拿州訓練有素的住宅房仲人員。我們進行一整天的優勢談判研討會，在休息時間，有個房仲過來跟我說：「也許你可以幫助我，我有個大問題，我在一筆非常大的交易中似乎會損失很大一部分的佣金。」

我要他告訴我更多資訊，他說：「幾個月前，有個人來我辦公室，要我列出價值六十萬美元的房屋。我從沒有列出這麼貴的物件，而且我猜我沒有表現出很有自信的樣子，因為他問我要收取多少佣金，我回答之後他就猶豫了，而我就上當了。我告訴他佣金是6％，他說：『那要三萬六千美元！這是好大一筆錢。』我說：『聽著，如果你必須壓低房子的價格，我們會在佣金上給你優惠。』我沒有仔細思考就這樣說。」

「幸運的是，我最後不只把名單列出來，還找到買方。他不必在價格上降價太多，所以我的辦公室幾乎可以收到整整三萬六千美元的佣金，而且下週就可以交屋。昨天，他來我辦公室說：『我一直在思考你在這筆銷售中必須做的工作量……』」請記住，在服務完成後，服務的價值總是會迅速減少（見第八章）。『你記得你告訴我你會在佣金上給我優惠的事情嗎？』

「『好吧，我一直在思考你在這筆銷售中必須做的工作量，我認為，對你來說，合理的佣金是五千美元。』」當他應該得到三萬六千美元的時候，對方卻只打算交出五千美元，他被嚇到措手不及。這說明你不應該留下任何事情，認為「我們可以稍後再解決」，因為當你在時間壓力下，先前的一些小細節可能會變成一個大問題。

這個故事也說明，在談判中，我們總是認為自己處於弱勢，無論我們是在哪一方。實際上，蒙大拿的房仲處於非常有利的地位，不是嗎？就像我向他解釋的那樣，他在書面上寫下的佣金是6％，如果要說有什麼不同，那就是他在口頭上用模糊的口吻修正佣金比例，但無論如何，這在法庭上站不住腳。他擁有所有的權力，但是他不認為自己擁有任何權力。

不過，為什麼我們要讓自己面臨這樣的問題呢？預先談定所有細節，當對方跟你說「我們可以稍後解決這個問題，這不是大問題」的時候，就應該在心裡有所警醒，不要讓別人這樣對待你。

在時間壓力下，人會變得很有變通性

對於時間，優勢談判高手學到的下一件事是，在時間壓力下，人會變得很有變通性。你的小孩什麼時候會跟你要東西？我的女兒茱莉亞在讀南加州大學（University of Southern California）時住在宿舍，有時週末與需要錢買書的時候會回家。她什麼時候會跟我要錢呢？就是在週一早上七點，當她衝出門外的時候，她會說：「爸爸，對不起，我忘了，我需要六十美元買書。」

我會說：「茱莉亞，不要用這招對付我。我教的是談判。妳整個週末都在家，之前怎麼都沒有機會跟我說？」

「喔，抱歉，爸爸。我準備出門的時候才想到，但是我現在要遲到了。我必須趕著上高速公路，不然上課就要遲到了。如果我今天沒有拿到書，我就沒辦法按時寫完作業。拜託，現在可以給我錢，我們下週再談這件事好嗎？」這並不是說孩子會操控你，而是他們這些年來與成年人應對的經驗，讓他們靠著本能了解，在時間壓力下，人會變得更有變通性。

為什麼桌子的形狀很重要？

研究國際談判與時間壓力如何影響談判結果是很有趣的事。還記得在巴黎舉行的越戰和平協議嗎？你可能還記得在一九六八年春天，林登・詹森（Lyndon Johnson）宣布不會競選連任，並把時間致力在和平會談上。他渴望在十一月前達成和平協議，那時，他的副總統修伯特・韓福瑞（Hubert Humphrey）要競選總統，因此他派出美國的談判代表艾弗里爾・哈里曼（Averell Harriman）前往巴黎，帶著明確的指示：立即快速地完成談判。真有德克薩斯風格。

艾弗里爾・哈里曼在巴黎的麗茲飯店（Ritz Hotel）以週為單位租下一間套房。越南的談判代表春水（Xuan Thuy）則在鄉間租下一棟別墅，租約兩年半。然後越南人開始一週又一週的跟美國討論桌子的形狀。

他們真的關心桌子的形狀嗎？當然沒有。他們正在做兩件事，第一是他們表現出沒有任何時間壓力的樣子，這樣的表現非常成功。他們已經打了三十年左右的戰爭，不管如何，在這裡待上一、兩年，也不會對他們造成什麼困擾。第二，他們正試著把時間拖延到美國設定十一月的截止期限，這點他們也做得非常成功。在十一月一日，距離大選只剩下五天，詹森停止對越南的轟炸。在那樣的時間壓力下，他沒有全盤讓步真是奇蹟。

在談判的時候，永遠不要透露你有截止期限。舉例來說，你飛到達拉斯與飯店開發商談判，你的回程班機是下午六點。當然，你渴望趕上那架班機，但不要讓其他人知道。如果他們知道你六點要搭飛機，請務必讓他們知道你還有備案可以搭九點的航班，而且你可以停留夠長的時間，直到雙方都滿意最後的協議為止。

如果他們知道你有時間壓力，他們很可能會把大部分的談判都延到最後一刻。那麼，在這樣的時間壓力下，就會有真正的危險去讓你放棄一些東西。在我的優勢談判研討會上，我安排幾個練習來讓學生學習談判。他們可能有十五分鐘來完成談判，而且我向他們強調在時間限制內達成協議的重要性。當我在會議室裡閒晃，偷聽談判的進展時，我可以看出，在最初的十二分鐘，他們很難取得任何進展。雙方都提出阻擾談判的問題，幾乎沒有任何讓步。到了十二分鐘後，80%的時間過去了，我拿起麥克風告訴他們只剩下三分鐘，然後我繼續固定公布經過多久的時間，讓他們知道時間還剩多久，在最後五秒鐘則會倒數。你可以很明顯的發現，他們在最後20%的談判時間，做出80%的讓步。

當雙方的截止時間很接近時該怎麼辦？當雙方接近相同的截止時間時，就會出現一個有趣的問題。舉例來說，承租辦公室就是這樣。假設你的五年租約在六個月內到期，你必須與房東協商續約事宜。你可能會想：「我會利用房東的時間壓力來爭取最好的條件。我會等到最後一刻才跟他談判，這會讓他承受很大的時間壓力。他會知道，如果我搬走，在找到新租戶前會有幾個月的閒置。」這似乎是很好的策略，直到你意識到，這跟房東直到最後一刻都拒絕談判、對你施加壓力沒有什麼不同。

這裡的情況是，雙方都接近相同的截止期限。哪一方應該要對另一方施加時間壓力？哪一方又應該避免這樣做？答案是權力大的一方可以施加時間壓力，而權力較小的一方則應該避免施加時間壓力，並在截止期限之前完成談判。這麼說沒錯，但是誰的權力最大呢？選擇最多的一方有最大的權力。如果你無法續租，誰有最好的替代方案呢？

為了確定這件事，你可以拿一張紙在中間畫一條線，在左側列出你無法續租時的選擇：還有其他地點可以租嗎？這些地點的成本更高或更低？移動電話和印出新信紙要花多少錢？如果公司搬遷，客戶可以找到你嗎？在這張紙的右側列出房東的選擇：這棟建築物有多特殊？對他來說，找到新租客有多難？租客會付更多錢，還是必須用更少的錢來吸引租客？為了滿足新租客的需求，他必須花多少錢來修繕或拉皮？你還必須根據某個事實來彌補心態的偏差，那就是不論你在談判桌上的哪一方，你總是會認為自己處於弱勢。畢竟，你知道自己承受的壓力，但是你不知道房東承受的壓力。有一件事可以讓你變成更強大的談判者，那就是你要一直認為自己很弱勢，而且學會彌補這種心態的偏差。當你以這種方式列出雙方的選擇時，最後可能會做出結論：房東可能比你有更多的選擇。

如果彌補心態的偏差之後，顯然房東可能比你有更多的選擇時，那就表示他就是擁有權力的人。你應該避免時間壓力，而且留下足夠的時間來協商續租的事情。但是，如果你明顯比房東有更多的選擇，請在最後一刻才談判，讓他承受時間壓力。

給錯誤的一方施加時間壓力

一九九四年九月，美國前總統吉米．卡特（Jimmy Carter）與參議員山姆．納恩（Sam Nunn）、前參謀首長聯席會議主席柯林．鮑爾（Colin Powell）一起飛到海地，看看是否可以讓塞德將軍放棄政權，而不用美國入侵海地，用武力把他趕下台。談判第二天結束時，柯林頓總統打電話給卡特總統，告訴他美國已經揮軍進入海地，卡特有三十分鐘的時間可以離開海地。這不是在談判中應用時間壓力的終極例子嗎？唯一的問題是柯林頓給錯誤的一方時間壓力，我們在那次談判中擁有所有權力，因為我們有所有的選擇。卡特其實應該要給塞德將軍施加時間壓力，而不是柯林頓對卡特施加時間壓力。

隨著談判的拖延，人會變得更有變通性

你讓對方參與談判的時間愈長，對方就愈有可能轉而贊同你的觀點。下次你開始認為自己無法讓對方屈服時，就想想曼哈頓哈德遜河（Hudson River）上的拖船。一艘小拖船可以拖動大型的遠洋客輪，每次只會拖動一點點。然而，如果拖船船長讓船停下來，讓引擎加速，試著以蠻力讓遠洋客輪移動，就不會產生任何效果。有些人就是這樣談判的，談判卡關讓他們受挫，所以他們變得不耐煩，試著強迫對方改變看法。想想那艘拖船，一次拉動一點，就可以讓遠洋客輪移動。如果你有足夠的耐心，你可以一點一點地改變任何人的看法。

不幸的是，這是雙向的。你花在談判的時間愈久，你就更有可能做出讓步。你可能飛往舊金山洽談一筆大生意，早上八點，你在他們的辦公室裡感覺神智清明，決心要堅持立場，並完成所有的目標。不幸的是，事情沒有你期望的順利。早上的時間一分一秒的過去，沒有任何進展，所以你休息去吃中餐。然後下午過去了，你們只在一些小問題上達成協議。你打電話給航空公司，重新安排午夜的紅眼航班。你吃晚飯休息一下，回來後決定要完成一些成果。請小心，除非你非常小心，不然到了晚上十點，你會開始做出早上一開始從沒有打算會做出的讓步。

為什麼會這樣呢？因為你的潛意識正在對你尖叫，「你花掉這麼多時間和精力之後，不能空手而回，你必須達成一些協議才行。」等到你準備好要離開談判的時候，你注定會

輸掉這次談判（更多相關內容請見第三十九章）。優勢談判高手知道，你應該忽略在某個計畫上投入的任何時間或金錢。不論你是否達成協議，那些時間和金錢已經消失。永遠要查看當時出現的談判條文，並思考：「不管我們在這項交易中投入的所有時間和金錢，我們是否應該繼續？」

如果沒有繼續的理由，就要毫不猶豫地停下計畫。註銷投資比只因為你投入大量資金而進行一項不適合你的交易要便宜得多。這就是唐納德・川普成為如此強大的談判者的原因之一：他不害怕終止一項不再有異議的協議。舉例來說，他花一億美元買下曼哈頓西區用來建造電視城（Television City）的土地，他又花數百萬美元來為這個計畫進行設計，其中包括一棟一百五十層樓的世界最高大樓，以及一座宏偉的電視攝影棚，希望可以吸引NBC進駐。然而，當他無法與市政府協商得到適當的稅務減免時，他擱置整個計畫。你必須以同樣的方法來看待談判。忘記你已經投資的東西，並檢視那個東西現在看起來是否還不錯。

接受時間

另一種利用時間來帶給自己優勢的方法是談判者所謂的「接受時間」（acceptance time）。你最初的提案可能會讓對方討厭，他們甚至不會考慮要接受。但如果你有耐心，把提案擱置夠長的時間，對方最後可能會覺得可以接受。讓一個人接受不可能接受的建議所花費的時間，就是接受時間。這裡有一些例子：

- **死亡。**這可能需要花幾十年的時間，但是我們最後都要學會接受它。
- **劫持事件。**劫持者想要一千萬美元與投奔自由的門票，他選擇維持尊嚴的投降所花費的時間。
- **賣出房地產。**我們認為我們可以用一百萬美元賣掉喜愛的房子。把消息放到市場六個月後，我們不情願的接受買方不會像我們一樣喜歡這間房子。
- **企業內部升遷。**我們希望我們在紐約可以得到副董事長的職務。經過一個痛苦的週末之後，我們可能必須先接受在艾爾巴索（El Paso）的地區經理工作。
- **錄取大學。**我們一心想把兒子送進史丹佛大學，但我們不情願的承認，以他的成績，他可以進社區大學就很幸運了。

意識到接受時間現象，並保持耐心。對方可能需要一段時間才會認真考慮你的提案。時間相當於金錢，都可以投資、花掉、存下來、浪費掉。一定要投入時間完成談判的每個步驟，一定要利用時間壓力來獲得優勢，而且不要屈服於倉卒得出結論的誘惑。優勢談判高手知道時間就是金錢。

需要記住的重點

1. 80%的讓步發生在最後20%的時間。
2. 預先談定所有細節。不要留下事情說：「我們可以稍後再解決。」
3. 在時間壓力下，人會變得很有變通性。
4. 永遠不要透露你有截止期限。
5. 試著確定對方有截止期限。
6. 在雙方都接近相同的截止期限下，擁有最多權力的一方可以向對方施加時間壓力，而權力較少的一方則應該要避免時間壓力，而且在截止期限之前盡早完成談判。
7. 哪方擁有權力，與雙方無法達成協議時可以擁有的選項有關。
8. 接受時間意味著，你應該要讓對方有時間接受他們無法得到比預期還多的東西。

第38章 資訊的力量

各國為什麼要派遣間諜到其他國家？為什麼美式足球的職業球隊要研究對手比賽的錄影？因為知識就是力量，一方累積的知識如果比另一方還多，獲勝的機會就愈大。如果兩國交戰，掌握最多對手情報的國家會占據優勢。在波斯灣戰爭中確實如此，中央情報局的間諜拍到巴格達每棟建築物，而且美國可以在一開始的幾次轟炸中完全炸毀他們的通訊系統。

知道對方會提出什麼提案

各國政府在進行軍備控制（arms-control）會談前會花數十億美元來了解對方。看到亨利．季辛吉在峰會前接受的採訪很有趣，「季辛吉先生，」記者說，「你認為我們的談判代表有可能在對方提出真正的提案前，就知道對方會在會談時提出什麼提案嗎？」他說：「哦，當然，當然如此。如果我們在事先不知道對方提出什麼提案的情況下談判，對我們來說絕對是一場災難。」

你可以想像取得這類資訊要花多少成本嗎？中央情報局對於單位支出非常保

密，但在聖安東尼（San Antonio）舉行的一場情報蒐集會議上，在中央情報局工作二十七年的情報副主任瑪麗・葛拉漢（Mary Graham）無意間透露一年的支出是四百四十億美元。如果美國政府認為這很重要，那麼我們是否應該在開始談判之前至少花一些時間蒐集資訊呢？

前美國駐聯合國大使比爾・理查森被《財星》（*Fortune*）雜誌問到如何成為優秀的談判者時，他說第一件事是：「你必須成為優秀的傾聽者，你必須尊重對方的觀點，你必須知道什麼東西讓你的對手採取行動。」當被問到他如何準備一場談判時，他再次立刻提到要蒐集資訊：「我找認識跟我談判的人聊聊，我與學者、國務院專家和記者聊聊。在與薩達姆・海珊開會的時候，我非常仰賴駐伊拉克的聯合國大使幫忙。他告訴我要對海珊非常誠實，直言不諱。在卡斯楚身上，我了解他總是很渴望知道與美國有關的資訊，果然，他對史帝夫・富比世（Steve Forbes）很感興趣，也對國會預算無法通過的僵局很感興趣。他自認是美國政治的專家。而在海地的塞德將軍身上，我學到他經常一下扮演白臉，一下扮演黑臉。」

如果兩家公司計畫合併，了解最多的公司通常最後會達成比較好的交易。如果兩個銷售人員在爭搶一個客戶，對那家公司與窗口了解較多的銷售人員有更高的機會會被客戶選上。

儘管資訊很明顯在談判中扮演重要角色，不過很少人會在談判開始之前花大量的時間來分析對方。即使沒參加滑雪或水肺潛水（scuba diving）課程就不會夢想要滑雪或水肺潛水的人，都會在沒有足夠時間蒐集應該掌握的資訊下，貿然跳進一場花費數千美元的談判。

法則1：不要害怕承認你不知道

如果你是屋主，回想一下你買下房屋的時候。在出價之前你對賣方了解多少？你知道為什麼他們會賣房子，以及他們試著賣房子多久？你知道他們怎樣才開出這樣的價格？在談判中，你對於他們的實際需求與意圖知道多少？很多時候，連房仲也不知道這些事情，不是嗎？賣方要賣出房子的時候，房仲是與賣方直接聯繫的人，然而，當被問到賣方的目的時，他常常會回答：「嗯，我不知道。我知道他們想要現金，所以不願意接受賣方融資[7]（carry back paper），但我不知道他們要拿這些現金做什麼，因為我不認為這是我該問的事情。」

在我的一天與兩天研討會中，我會讓學生分成幾個談判小組，有些小組會被指定為買方，其他小組則被指定為賣方。我會給他們足夠的資訊來進行一場成功的談判。實際上，我會故意給雙方可以發現到的優點和缺點，我會告訴雙方，如果對方問他們一個他們已經得到答案的問題，他們可能不會撒謊。如果一方發現這些小心植入的資訊沒有全部、只有一部分，那麼那一方在完成成功的談判上就處於有利的地位。

7 譯註：這是指賣方可以像銀行一樣，借錢給買方，這樣賣方不用一次收到很多錢，這可以避稅，融資利率也比較高。

不幸的是，無論我對學生灌輸多少次蒐集資訊的重要性，甚至為此分配十分鐘的談判時間，他們還是不願意徹底完成這個工作。

為什麼一般人都不願意蒐集資訊？因為要弄清楚情況，你必須承認自己無知，而我們大多數人都非常不願意承認自己無知。讓你進行一個快速的練習就可以證明這點。我會問你六個問題，這些問題你都可以用一個數字來回答，但我不會讓你試著去猜正確的數字，而是要你回答一個範圍，這樣對你來說會更容易。

如果我問你，美國有多少州，你不要說五十個，而要說：「在四十九和五十一個之間。」如果我問你從洛杉磯到紐約的距離，你可能會不太確定，所以你會說：「在兩千到四千英里之間。」你可以說從一到一百萬英里之間，當然這個答案100％沒錯，但是我希望正確答案有90％會落在你給的區間。這樣有問題嗎？

問題如下：

問：加拿大有多少個省？

答：在＿＿＿和＿＿＿之間。

問：楊百翰（Brigham Young）有幾個妻子？

答：在＿＿＿和＿＿＿之間。

問：一八一九年美國花多少錢從西班牙手中買下佛羅里達？

答：在＿＿＿和＿＿＿之間。

問：厄爾·史丹利·賈德納（Erle Stanley Gardner）寫了幾本梅森探案（Perry Mason）的系列小說？

答：在＿＿＿＿和＿＿＿＿之間。

問：美國的雞每年產多少顆蛋？

答：在＿＿＿＿和＿＿＿＿之間。

問：根據創世記（Genesis）的記載，諾亞方舟有多長？

答：在＿＿＿＿和＿＿＿＿之間。

答案：

答：加拿大有十個省（以及兩個區）。

答：摩門教領袖楊百翰有二十七個妻子。

答：美國花五百萬美元買下佛羅里達。

答：厄爾·史丹利·賈德納寫了七十五本梅森探案的系列小說。

答：美國每年大約生產六百七十億顆雞蛋。

答：諾亞方舟長四百五十英尺，根據創世記 6:15 的記載，方舟的尺寸是 300×50×30 肘節，一肘節相當於十八英寸。

你的表現如何？都答對了嗎？可能沒有，但是想一想，要答對這些問題有多容易。你要做的就是承認自己很無知，並把答案的範圍擴大。你可能沒有這樣做，因為就跟其他人一樣，你不願意承認自己無知。蒐集資訊的第一條法則是：不要過度自信。承認自己無知，而且承認你知道的任何事情都有可能是錯的。

法則2：不要害怕提問

我曾經很害怕提問，害怕提出的問題會讓對方不高興。我會說：「你介意我問你嗎？」或「告訴我這會讓你很尷尬嗎？」我不再這樣做了，我會問他們：「去年你賺多少錢？」如果他們不想要告訴你，就不會說。即使他們沒有回答問題，你還是有蒐集到資訊。

優秀的記者會提出各式各樣的問題，他們知道對方不會回答，但是他們還是會問，這可能會向對方施壓，或是惹惱他，因此讓他脫口而出一些他原本不想說的話。只是判斷對方對於問題的反應，還是可以告訴你很多資訊。

只要提問，就可以解決困難的問題

有時候，面對一場因衝突而起的談判時，會很害怕詢問對方想要什麼。多年以前，我還在加州奧本（Auburn）的蒙哥馬利沃德擔任儲備幹部時，我們公司的規定是禁止我或任何員工對顧客說不。如果我們認為顧客的投訴不合理，他們會把顧客的投訴轉呈給負責顧客服務的高層主管。這意味著如果顧客不斷抱怨他的投訴沒有得到滿意的答覆，問題最終會轉呈到芝加哥總部的董事長那裡。

一對年長的夫婦從公司的型錄上買了富蘭克林牌火爐，他們自己安裝，而且根據他們的投訴信，火爐故障，把家裡的牆壁熏黑，還在地毯上燒了一個洞。

每個試圖處理投訴的人都認為想要滿足這對夫婦的成本會非常高，所以每個人都不願意承擔責任，並提出解決方法，於是這封投訴信從一張桌子傳到另一張桌子，最後落到地區副董事長的桌上。他最不想做的事情就是將投訴信送交到芝加哥總部，因此他寫信給我，要求我去拜訪那對夫妻並拍一些照片，以便他們估算和解的費用。

我開車到他們的鄉間小屋，與投訴的夫婦碰面。他們是一對甜蜜、很容易輕易相信人的老夫婦，他們從型錄上買了一個火爐，結果卻讓他們非常失望。丈夫平靜地給我看煙囪裡的煙灰如何把家裡的外牆熏黑，然後帶我進到屋子裡，給我看火爐裡燒紅的煤炭掉下來，把地毯燒出一個洞。他很快就讓我相信火爐故障了，而且問題不在於他們安裝的方式。

由於擔心我們會談到以數千美元來和解，我從一個我認為很多人之前都問過的問題開始問起：「你認為我們公司應該為你們做什麼事？我們該如何補償你們呢？」

讓我訝異的是，那個丈夫回答：「你知道我已經退休了，沒有什麼事情要做。

牆壁很髒，我們當然可以清理乾淨，完全沒問題。不過，我們擔心地毯上的洞，那個洞相當大，不過我們不期望你會更換整塊地毯，如果我們有一塊小地毯可以遮住那個洞，就可以解決這個問題了。」

他的要求太少了，這讓我很驚訝。然後我回過神來說：「你的意思是說，如果我給你一塊小地毯，問題就解決了嗎？」

「嗯，沒錯，」他回答。「這樣我們會很高興。」

他們上我的車，直奔商店，在那裡，我幫他們選擇一塊漂亮的地毯，用來蓋住地毯上的洞。我還給他們簽下一份完整的聲明，確認和解方案令他們滿意，並把這份聲明交給地區副董事長。幾天後，我收到副董事長的信，恭喜我說「顯然完成一項出色的談判工作」。當然，這是胡扯。我只是問了一個以前沒人敢問的問題：「你到底想要什麼？」就解決這個問題。

接下來幾年，隨著我在公司的職位晉升，這個教訓對我很有幫助。我能夠輕鬆解決客戶投訴的問題，只因為我從「你想要什麼？」這個問題開始，費心去取得足夠的資訊。

後來我成為大型房地產公司的董事長時，我開始利用這個教訓來解決買方不喜歡買進的房子等等的問題。房屋的賣方通常已經搬離那個地區，留下公司和我來解決問題。

我會讓訪客來我的辦公室坐下來，然後在我面前放一張大張的紙，問道：「請問，我想要確切知道你要投訴什麼，以及確切知道你想要我們在每個問題上應該為你做些什麼？」

「好喔，」他們會說：「客廳的電燈開關壞了。」我會在紙上寫下「客廳的電燈開關」。我會繼續問他們還有沒有其他事情，直到他們把所有的不滿都表達出來，然後小心翼翼地寫在我的紙上。

他們投訴完之後，我會在最後一項畫上一條線，然後把那張紙給他們看。接著我會協商我們會為他們做的事與不會為他們做的事情。大多數人都願意妥協，而且如果我主動派水電工來修理漏水的水龍頭，他們會願意自己更換客廳的電燈開關。透過這種方式，他們想要的東西從一開始就很明確：他們已經把所有的牌都攤開來，牌面朝上，而我處於可以掌控的位置，因為我可以決定我要做出的反應。

大多數處理投訴的人做法則完全相反，但這是很笨的。他們詢問問題是什麼，然後一項一項處理。屋主抱怨電燈的開關壞了，因為那不是昂貴的東西，因此處理投訴的人會說：「沒問題，我們會處理。」結果屋主立即會想，要得到更多讓步應該很容易，所以一直想還有哪些東西有問題。用談判的術語來說，這就是所謂的需求升級。你要讓他們一開始提出一系列的需求，你就可以為這些需求添加變數。

如果你想要了解另一個人，沒有什麼方法比直接提問更有效了。在我的經驗中（現在我已經不害怕提問），我只遇到極少數不願意回答問題的人，甚至連最私人的問題也一樣。舉例來說，當你問他們：「你為什麼住院？」時，有多少人會感覺受到冒犯。這樣想的人並不多。

我們很願意談論自己，但卻會壓抑自己詢問跟別人有關的事情，這是人性中很奇怪的情況。我們害怕對方擺臉色，拒絕回答個人問題。我們不會詢問這些問題，因為我們預期會得到的答覆是：「這不關你的事。」然而，我們有多少次會這樣回應別人呢？

身為加州一家房地產公司的董事長，我想要鼓勵我們的房仲業務員挨家挨戶尋找潛在顧客。房地產人稱這是「陌生開發」（farming）。我發現我們的房仲業務員非常不願意這樣做。我最後制定一個計畫，我帶著二十八個辦事處的經理分別挨家挨戶拜訪，然後我們玩個資訊蒐集遊戲。我會說：「好，我會敲第一扇門，看看我可以從這些人中得到多少資訊。你敲第二扇門，看看你是否可以得到比我還多的資訊。」

看到人們自願向門口的陌生人提供如此多的資訊，真是讓人驚訝。我可以讓他們告訴我他們在哪裡工作、他們的妻子在哪裡工作、有時候還會知道他們賺多少錢、他們住了多久、他們花多少錢買了這間房、貸了多少房貸……等等。如果我們願意問人的話，他們往往會很熱切的自願提供資訊給你。

在與別人打交道時，詢問更多資訊不僅可以幫助你成為更好的談判者，也是幫助你獲得生活中想要的東西的一個主要因素。你要養成提出問題的好習慣，只要詢問就好，聽起來很容易，不是嗎？然而，我們大多數人都對於向別人問問題感到不好意思。

當你克服向別人提問的顧忌時，願意幫助你的人數會讓你大吃一驚。當我想成為專業的演說家時，我打電話給我非常敬佩的演說家丹尼．考克斯（Danny Cox），問他是否可以請他吃午餐。午餐中間，他願意幫我舉辦價值五千美元的研討會，主題是如何成為成功的演說家。現在我每次跟他見面的時候，我都會提醒他，如果他說服我打消這個想法有多容易。但相反地，他非常會鼓勵別人。還有一點一直讓我驚訝的是，一生在特定領域累積知識的人，竟然願意跟我分享這些事情，而且不考慮任何報酬。

更讓人難以置信的是，這些專家很少被要求要分享他們的專業知識。大多數人都覺得專家很嚇人，所以他們提供的深厚知識都沒有被充分運用。這樣浪費寶貴資源真是毫無意義，而這全都是因為非理性的恐懼讓大家不敢這樣做。

法則3：提出開放式問題

優勢談判高手了解提出問題並花時間正確完成要求的重要性。最好的提問方式是什麼？魯德亞德．吉卜林（Rudyard Kipling）談到他有六個誠實的僕人，他說：

> 我有六個誠實的僕人
> （他們教我知道所有的事情）
> 他們的名字是「什麼」（WHAT）、「為什麼」（WHY）、「何時」（WHEN）
> 以及「如何」（HOW）、「何地」（WHERE）與「誰」（WHO）

在吉卜林六個誠實的僕人中，我最不喜歡「為什麼」。問「為什麼」很容易被認為是在指責別人。「你為什麼這麼做？」暗示著批評別人。「接下來你做了什麼？」則不意味著任何批評。如果你確實知道為什麼，可以藉著用「什麼」來重新描述問題，軟化批評的感覺。「你這樣做可能有充分理由，理由是什麼？」學習利用吉卜林六個誠實的僕人來找出你需要知道的事情。

如果你學習提出開放式問題的方法，你就會得到更多資訊。封閉式問題可以用是、否，或一個具體答案來回答。舉例來說，「你幾歲？」是封閉式問題。你會得到一個數字，就這樣。「你這個年紀的人感覺如何？」是開放式問題，你會讓對方提出更為具體的回答。「工作必須在什麼時候完成？」是封閉式問題。「告訴我這份工作的時間限制」則是要求得到資訊的開放式請求。

你可以使用以下四種開放式策略來取得資訊。首先，試著重述問題。他們說：「你的收費太高了。」然而，他們並沒有解釋為什麼他們會有這種感覺，而你想要知道為什麼。你可以重述這個問題：「你感覺我們的收費太高嗎？」很多時候，他們會回過頭來完整解釋為什麼他們會這樣說，或者他們並無法證明自己說的話是正確的，因為他們只是把話丟出來，看看你會有什麼反應，也許他們會放棄原本的看法。

第二個策略是詢問感受。不是問發生什麼事，而是問他們對發生的事情有什麼感受？你是一名承包商，你的工頭說：「在我上工的時候，他們都在說我壞話。空氣頓時凝結。」你不要說：「為什麼會這樣？」而是試著改說：「你對這件事有什麼感受？」也許你得到的回應是：「這可能是我應得的。我遲到一個鐘頭，他們確實有三台混凝土卡車在那裡等著我。」

第三個策略是詢問反應。有個銀行家說：「放款委員會通常會要求小企業主提供個人擔保。」不要假設這是取得貸款的唯一方法，試著說：「那麼你對這點有什麼反應？」他可能會回覆說：「只要你保證公司可以維持足夠的淨資產，我認為這沒必要。讓我們看看我可以為你們做什麼。」

第四個策略是要求換個說法說明。他們說：「你們的價格太高了。」你回答說：「我不明白你為什麼這麼說。」他們可能不會重複說同樣的話，而是會更詳細地解釋這個問題。

讓我們複習一下蒐集資訊的四個開放式策略：

1. 試著重述問題。「你認為我們無法滿足某個特殊要求嗎？」
2. 詢問感受。「而你對那項規定有什麼看法？」
3. 詢問反應。「你對那件事有什麼反應？」
4. 要求換個說法說明。「你認為我們無法按時完成嗎？」

法則4：提問的地點會產生差異很大的答案

優勢談判高手也知道，你提出要求的地點會產生很大的影響。如果你在對方的公司總部與某個人會面，四周圍繞的是象徵他們權力與權威的人士，以及他們做生意的正式禮儀，因此那裡對你而言是最不可能得到資訊的地方。

在工作環境中，總是會被無形的各種協議所包圍：他們會認為應該要談論什麼，不應該談論什麼。這適用於辦公室的主管、適用於進行業務拜訪的銷售人員，也適用於在地下室修水管的水電工。當一般人在自己的工作環境時，對於共享資訊都會抱持謹慎的態度，讓他們遠離工作環境，資訊流動會更順暢，而且並不需要離工作環境太遠，有時只需要讓副董事長穿過大廳到公司餐廳喝杯咖啡即可。通常，這都是緩解談判緊張氣氛並讓資訊暢通所需要做的所有事情，如果你們在鄉村俱樂部一起午餐，周圍都是象徵你權力與權威的人士，如果他內心覺得有責任要幫你，因為你請客吃午餐，那就更好了。

法則5：詢問其他人，而不是詢問要跟你談判的人

如果你在談判時只知道對方選擇告訴你的事情，你就非常容易受到攻擊。其他人會告訴你對方不會告訴你的事，而且他們能夠讓你驗證對方告訴你的事是不是對的。

首先詢問已經跟對方做過生意的人，我認為你會很訝異，就算你認為他們是競爭對手，他們也願意跟你分享很多資訊。準備私下進行互惠的資訊交換，不要透露任何你不想要他們知道的資訊，但是讓人敞開心扉最簡單的方法，就是提供資訊作為回報。

與對方做過生意的人，特別可以幫助你了解與你談判的人的性格。他們會告訴你：你能相信他們嗎？他們在談判中經常虛張聲勢，還是在交易中坦率直爽？他們會支持口頭協

議，還是你需要律師閱讀合約裡所有的細項？

接下來，詢問談判對手的下屬，假設你要跟一家全國性的零售連鎖店總部的某個人談判，你可以打電話到其中一家分店，並預約順道拜訪當地的經理。

與那個人進行初步的談判。他會告訴你很多關於公司如何做決策；為什麼會接受某個供應商，而非另一個供應商的原因；需要考量的規格因素；預期的毛利；公司的付款方式……等等（即使他無法協商這筆交易）。請確保在這樣的對話中「聽懂弦外之音」。

在你不知情的情況下，談判可能已經開始了。舉例來說，分店經理可能會告訴你：「他們的加價從來不會低於40％。」但情況可能根本不是這樣。永遠不要告訴分店經理你不打算跟總部的人說的事情。小心一點，要假設你說的任何事情都有可能會傳到總部那裡。

接下來，利用同儕共享。這是指實際上，人們自然會傾向與同儕分享資訊。在雞尾酒會上，你會發現律師會與其他律師談論他們的案件，他們認為與業外的人分享那些資訊是不道德的。醫師會跟其他醫師討論病人的情況，但不會超出他們的專業範圍。

優勢談判高手知道如何利用這種現象，因為這適用於所有職業，不只有專業領域適用。工程師、財務總監、工頭和卡車司機都忠於自己的職業與自己的老闆。把他們聚集在一起，你無法透過任何方式獲得的資訊就會流動。

如果你正在考慮要買進一台二手的設備，請讓你的司機或設備主管與賣方公司的窗口會面。如果你正在考慮要收購另一家公司，也可以請你的財務總監帶著他們的會計去吃午餐。你可以帶公司的工程師去拜訪另一家公司，讓你的工程師與他們的工程師交流。你會發現，與高層管理人員（你可能要談判的層級）不同，工程師在整個職業生涯都有個共同的紐帶，而不僅僅是效忠他們目前工作公司的高層。各種資訊都會在這兩者間傳遞。

當然，你必須留意你的人不會洩漏可能對你造成損害的資訊，所以請確保選擇適當的人。小心提醒他你願意告訴對方和不願意告訴對方的事情，這就是公開議程與你的隱藏議程之間的差別。然後讓他採取行動，向他下戰帖，看看他可以找出多少資訊。蒐集同儕的資訊非常有效。

法則6：基於理由提問，而不是基於蒐集資訊提問

雖然提問的主要理由是要蒐集資訊，但以下情況顯示提問還有許多目的：

- 批評對方。你遇到的送貨問題解決了嗎？那起消費者的訴訟結果如何？為什麼亞特蘭大辦公室只經營六個月就關門？為什麼環球公司（Universal）從你手中搶走生意？FYC的調查是否會繼續進行？你可能已經知道這些問題的答案，或是答案對你來說可能不重要。
- 讓對方思考。你確定把生意擴展到波多黎各是正確的做法嗎？你對新廣告公司滿意嗎？你的員工對於跟我們做生意有什麼反應？把所有業務交給供應商你不會緊張嗎？

- 教育他們。你有參加我們的年度產品設計會議嗎？你有在《新聞週刊》（*Newsweek*）上看到我們產品的評論了嗎？你知道我們在曼谷有一家新工廠嗎？你知道我們的副董事長曾經是環球公司的董事長嗎？
- 表明你的立場。你知道專家都認為我們的送貨系統是業界最好的嗎？為什麼我們會願意這樣做？你認識相信這點的人嗎？為什麼我們95％的客戶會繼續增加訂單規模呢？
- 獲得承諾。哪種模式最適合你？我們應該送多少貨給你？你想要完整包裝還是簡易包裝？你想要多快交貨？
- 將兩方的距離拉近。這是調解員與仲裁者經常使用的技巧。他們會說：「我們都同意嗎？如果我讓他們同意加薪5％會發生什麼事？但如果他們決定把你的商店設為罷工稽查點，你會怎麼做？你不是真的希望他們同意你的提案，對吧？」

我認為資訊蒐集流程就類似小時候玩的戰艦遊戲。今天你可以在商店買到這個遊戲的電子版，但是當我在第二次世界大戰後的英國長大時，還沒有任何玩具生產出來。我們必須用自己可以創造出來的小遊戲來娛樂，不用買任何東西，這個戰艦遊戲真的非常有趣。

我的表弟柯林（Colin）和我會在桌子旁邊對坐，在我們之間築起一道屏障，這樣我們就看不到對方前面的那張紙。我們通常會用一堆書來築起這道屏障。我們每個人都會拿一張紙畫出一個一百格不同的正方形，縱軸標著英文字母，橫軸則標數字。在這張圖上，我們會畫上自己的戰艦、巡洋艦和驅逐艦艦隊。我的表弟看不到我把我的艦隊放在哪裡，我也看不到他的艦隊放在哪裡。然後我們試圖透過喊出圖表的號碼來轟炸對方的艦隊。當我們成功擊中對方的艦隊時，我們就會在圖表上標記出位置，藉此逐漸了解對方隱藏艦隊的配置狀況。

在這裡，與談判類似的地方是，在談判中隱藏的文件就是對方的議程。藉著明智的提問，你應該要試著盡可能多找出那個人隱藏的議程，並在你這方重現出來，這樣你就可以確切知道他的立場，以及他想要達成的目標。

優勢談判高手總是會對談判中發生的事情承擔全部的責任，糟糕的談判者則是會指責對方的做法。

沒有遇過爛觀眾的表演者

我在聖費爾南多谷（San Fernando Valley）舉辦的一場談判研討會上，喜劇演員史拉比．懷特（Slappy White）就坐在觀眾席上。中間休息的時候，我告訴他我是多麼佩服喜劇演員。「像你一樣成功肯定很有趣，」我告訴他，「但是在充滿敵意觀眾的喜劇俱樂部裡力爭向上一定糟透了。」

「羅傑，」他告訴我，「我從來沒有遇過爛觀眾。」

「喔，得了吧，史拉比，」我回答，「你一開始表演的時候，一定有些爛觀眾吧。」

「我從來沒有遇過爛觀眾，」他重複提到。「我只有一些我不太了解的觀眾。」

身為專業的演說家，我承認沒有爛觀眾，只有演說家不太了解的觀眾。我會建立起我的聲譽，是因為我在面對觀眾前，會進行所有規劃與研究。

身為談判者，我承認沒有糟糕的談判，只有我們了解對方不夠的談判。我們可以做的事情中，最重要的就是蒐集資訊，以確保談判可以順利進行。

需要記住的重點

1. 良好的資訊蒐集對成功的談判至關重要。
2. 不要害怕承認自己無知。
3. 當個好記者，請提出棘手的問題。
4. 不要以為你知道對方想要什麼，讓他們告訴你他們想要什麼。
5. 提出不能回答是或否的開放式問題，詢問「什麼」、「為什麼」、「何時」、「如何」、「哪裡」，以及「是誰」，這會告訴你所有你想知道的東西。
6. 問為什麼時要小心，不要暗藏批評之意。

7. 試著重述問題。「你認為我們無法滿足某個特定要求嗎？」

8. 詢問感受。「而你對那項規定有什麼看法？」

9. 詢問反應。「你對那件事有什麼反應？」

10. 要求換個說法說明。「你認為我們無法按時完成嗎？」

11. 不要只依賴對方提供給你的資訊。

12. 一個人離開工作場所時，更容易分享資訊。

13. 使用同儕資訊蒐集技巧，當一個人與其他人的關係更好時，他們更容易分享資訊。

第39章 準備退出談判

在所有談判的施壓方法中，這是最強大的施壓方法。這向對方表明，如果你無法得到你想要的東西，就計畫要退出談判。如果要我給你一件印象深刻的事，使你成為強大超過十倍的談判者，那就是：學會開發出「退出談判」的力量。危險在於，當你超過某個心理轉折點（mental point），你就不會退出。

- 在談判時，你開始思考：「我想要買這輛車，我會盡可能談到最好的價格，但是在用那個價格拿到這輛車之前，我不會離開。」你就達到那個轉折點。
- 或是你是雇主，而你正在想：「我要雇用這個人，我會盡我所能以最低的薪資和福利得到他，但是我不會讓那個人從我的指縫中溜走。」
- 你在找工作時，你會想：「我必須接受這份工作，我會爭取最好的薪資和福利，但我必須得到這份工作。」
- 你愛上一個新家，你正在想：「我要買這間房子，我會盡可能跟賣方殺價，但是我就是想要這間房子。」
- 或是你是一名銷售人員，你在想：「我必須讓這筆銷售成交。如果沒有得到顧客承諾購買，我絕不會離開這裡。」

一旦過了你願意說「我準備放棄這件事」的那一刻，你的談判就輸了。請確保你不會越過那個轉折點。沒有什麼東西是你必須用任何代價來出售的，對你而言，沒有唯一的車或房子，也沒有什麼工作或員工是你無法沒有的。一旦越過你認為一定要那個東西的那個心理轉折點，你就輸掉了談判。

在研討會上，當有人告訴我他們在談判中犯下的錯誤時，這始終是問題的一部分。他們已經到了願意退出的地步，在講述這個故事的某個地方，他們會跟我說：「我下定決心要得到它。」而我知道那就是談判的轉折點，那就是他們輸掉的時刻。

如何用一個小時賺到一千美元

許多年前，我的女兒茱莉亞買下第一輛車。她去經銷商那裡試駕一台很漂亮的二手車，她愛上那台車，而經銷商也知道這點。然後她回來，想要我跟她一起去，重新談個更好的價格。這是很困難的情況，不是嗎？在路上，我說：「茱莉亞，妳準備好今晚不開那台車回家嗎？」

她說：「不，我不要。我想要它，我想要它。」

我告訴她：「茱莉亞，妳乾脆拿出支票簿，寫上他們開出的金額，因為妳已經讓自己輸掉談判了。我們必須準備好退出談判。」

在談判的兩個小時內，我們兩次走出展示中心，比她願意付出的價格還低兩千美元買下這輛車。如果不考慮找我幫忙談判的標準收費，她在談判時賺到多少錢？她每小時賺一千美元。如果時薪有一千美元，我們都會去上班，不是嗎？你不可能比談判更快賺到錢。

當你學會向對方表明，如果你得不到你想要的東西，你就會退出談判，你就已經成為優勢談判高手。如果你是賣東西的人，請確保在你威脅要退出談判之前已經讓買方建立起足夠的欲望。很顯然，如果他們還不是特別想要你的產品或服務，而你威脅要退出，你會發現自己站在人行道說：「發生什麼事？」

你應該把銷售分成四個步驟的流程來考量：

1. **勘查：**尋找願意跟你做生意的人。
2. **確認資格：**確定他們是否有能力與你做生意。
3. **建立欲望：**讓他們想要你的產品或服務，而不是其他人的產品或服務。
4. **完成交易：**得到購買承諾。退出談判是第四個階段的策略，當你建立買方的欲望之後，你可以使用這個策略，藉此取得對方承諾購買。

請記住，目標是透過威脅要退出談判來得到你想要的東西，而不是真的要退出談判。不要寫電子郵件給我說：「羅傑，你會為我驕傲。我剛剛推掉一筆百萬美元的銷售。」這就像巴頓將軍（General Patton）跟他的部隊說：「保持目標明確。戰爭的目標不是要讓你為自己的國家而死，而是讓一個可憐的混蛋為他的國家而死。」

在嚴峻的情勢下，當有大問題存在時，不要在沒有白臉／黑臉保護的情況下退出談判。不要在一個人的時候這樣做，你應該留下一個白臉。然後，如果你威脅要退出談判，而且他們沒有說：「嘿，等一下，你要去哪裡？回來吧，我們還是可以做生意。」如果他們沒有這樣說，那麼你還是要留下白臉，扮白臉的人要說：「看，他現在只是不高興。我認為，如果你們的價格可以更有彈性一點，我們還是可以做生意。」

培養退出的能力

你可以透過增加自己的替代方案來培養退出談判的能力。請記住，選擇最多的一方擁有最大的權力。如果你找到夢想中的房屋，而且計畫要出價的時候，你應該要這樣做：你應該找幾間你也很喜歡的房屋，這樣的話，當你和第一間房屋的賣方打交道的時候，你就可以成為更強硬的談判者。你不會認為這是唯一一間會讓你很快樂的房屋，而是在想：「沒問題，如果我在這間房屋上沒有得到好價錢，我就會從另外兩間我也很喜歡的房屋中挑一間出價。」這並非意味著你不會買到第一間房屋，只是意味著當你給自己一些選項的時候，你就賦予自己力量。

如果你試著從船東那裡買一艘船，首先找出另外兩艘讓你同樣很高興的船。選擇最多的一方擁有最大的權力。如果你是與賣方打交道的唯一買方，而且有三艘船你都很滿意，那麼身為談判者，你就擁有龐大的權力。

如何展現退出談判的力量

我要告訴你一個房仲如何把退出談判策略用在我身上的故事，藉此展現出退出談判有多大的力量。我在加州長灘有幾間房屋，距離我住的地方大約五十英里。我對那裡的市場不太熟悉，而且很難找到好的房仲來幫我處理這些房子。最後，我聽說有個房仲做生意的方式非常積極，他的名字是華特．桑福德（Walter Sanford）。他看起來是可以代表我來銷售那些房子的人。

我打電話給他，跟他說：「我有幾間房子離你的辦公室很近，我希望你可以列在廣告傳單上。」他回答說：「我大概已經準備好要幫你賣房子了，你什麼時候可以到我的辦公室，我們可以談談？」我喜歡這種安排。他顯然對優勢談判很熟悉。第一，對於把我的房子列在廣告傳單上，他做好退出談判的準備。他沒有採取典型的房仲業務員態度說：「哇，為了這兩間房子，我會放下手邊工作，現在就來找你。」他說：「我大概已經準備好要幫你賣房子了。」

第二，他知道你應該始終試著在自己的領域裡談判。如果他能說服我去他的辦公室，比他到我家討論這件事要好得多。

第三，他開始讓我遵循他的指示。如果你可以讓人開始做你要求他們去做的事，即使是一件很小的事，你就開始掌控這種人際關係。這時談判的動能開始累積，只要竭盡全力，業績就到手了。

我跟他預約三或四天後去他的辦公室找他。與此同時，他檢查這些房子，並準備幾個包含建議售價的資訊文件，這些價格遠低於我期望的房產價值。

然而，到了這個時候，我已經對他產生很大的信心，而且心裡在想：「嗯，他確實比我更了解這個區域的行情。我要嘛信任他，不然就不要信任他。我會同意他提出的開價。」然後他對我說：「羅傑，你明白我不會接受九個月以內的專案委託，你知道吧？」

我說：「等一下，九個月，我們以前從沒合作過吧？我不認為我準備好讓我的房子撤出公開市場九個月。」

他接下來做的事情非常聰明。他站起來，闔上一直在查閱的文件夾，伸手越過桌子說：「道森先生，很抱歉，但我想我們應該不會合作了。」

如果他得不到想要的東西，他準備好要退出不賣我的房子。那把我放在哪裡了？現在我必須跟他談判，才能讓他接受賣我的房子。

當然，他不知道自己面對的是一個出色的談判者，我能夠讓他接受獨家授權六個月，這可能是他最初想要的結果！

我很欣賞這點。你的要求應該總是比你期望得到的還多，這樣你就可以營造一種氛圍，那就是對方贏得這場談判。在這裡，重要的問題是，向對方傳達出你準備好退出談判的訊息。你通常會遇到的情況，就是你在墨西哥的商店時發生的情況。當你準備走出商店時，他們會趕過來找你。優勢談判高手知道，學會巧妙地向對方傳達你準備要離開的訊息，是所有談判中最有力的策略。

需要記住的重點

1. 始終表現出你準備好要退出談判。
2. 一旦你計畫你不要退出談判，你就別無選擇，而且失去所有權力。
3. 銷售分為四個步驟：勘查、確認資格、建立欲望，以及完成交易。
4. 目標並不是要退出談判。你的目標是要讓對方做出讓步，因為他們相信你會退出談判。
5. 在嚴肅的談判中，要利用白臉／黑臉策略保護自己。
6. 在開始談判前開發出一些選項，以培養退出談判的能力。
7. 學會向對方傳達你準備要退出的訊息，這是所有策略中最有力的策略。

第40章 不接受就離開

上一章我告訴你展現出你準備好退出談判的訊息，對他們而言是最強大的施壓方法。不過，如果要使用這個策略，請確保在提出要準備退出談判時，口氣夠溫和。請記住，目標是藉由展現出你準備好要退出談判的訊息，來讓你得到你想要的東西。我們的目標不是要退出談判，只有笨蛋才會這麼做。

如果你的表達方式過於直率，你可能會激怒他們，因此請小心。在使用「不接受就離開」的方法時，不要採用會讓人討厭的表達方式，即使是和善的人，感覺他們願意滿足你的要求的人，當你以這樣的表達方式對他們使用這個策略時，他們也可能會退縮。相反地，請使用更微妙的表達方式，像是：「抱歉，但那是我的跳樓價」，或是「我們永遠不會偏離公開報價」。

談判中不該做什麼事

在工會的談判方法中，「不接受就離開」甚至有個名稱，叫做博爾韋爾制(Boulwarism)。萊穆爾・博爾韋爾(Lemuel Boulware)在一九五〇年代和一九六〇年代擔任通用電器（General Electric）的人資主管。他的談判方法是提出一個他認為對公司、工會和股東都很公平的提案，而且絕不偏離這個提案。這種「不接受就離開」的態度很顯然會產生很不好的感覺，因為它不會給工會談判者有機會為他們的成員贏得談判。我相信博爾韋爾一定有注意到，如果工會接受第一個提案，那工會成員就會開始思考，為什麼他們需要工會。一九六四年，美國全國勞資關係委員會（National Labor Relations Board）判定通用電器沒有真誠的參與談判。更糟糕的是，博爾韋爾的頑固，導致一九六九年有十三個工會參加公司的罷工。

保持堅定又不冒犯人的好方法是使用訴諸高層策略。當你說：「我很想做得更好，但是總部的人不讓我這樣做」的時候，誰會生氣呢？你還可以使用訴諸高層策略來向人施加很大的壓力，而不用與他們對抗。

我認識一個人，他在曼哈頓擁有一間小旅館，他碰到的一個問題是有朋友會想要免費住宿，因此他藉由制定一個岳母住宿費來解決這個問題，朋友會打電話問他有沒有空房間，而他會說：「我先告訴你，我會給你丈母娘優惠費。我的丈母娘住在這裡的時候，她會付這個價錢，沒有人會用比優惠價低的錢來住宿。」透過這個方法，他堅定的告訴他們：「沒有免費的住宿。」但是他是以一種委婉的方式做到這一點。

對不接受就離開的回應方法

當有人對你直接使用「不接受就離開」的施壓方法時（而且可能用更微妙的表達方式，像是：「我們的價格就是這樣，我們不接受討價還價」），你有三種選擇：

1. 揭穿他的虛張聲勢。告訴他更高層的人堅持要讓步，如果這仍是他的立場，你就沒有辦法跟他做生意。或許你會離開，期望他會找你回來。

在你考量要採取這種激烈的反應之前，請考慮一下對方這位談判者是否會因為你的退出談判而損失很多。如果是一家沒有佣金的零售店店員，他可能不會有什麼損失，而且會讓你退出談判。舉例來說，我在與共產黨人談判價格時，從沒有幸運可言，因為對他們而言，獲利並不是激勵因素。就算我賄賂他們，他們也沒有什麼可以花錢的東西。

為什麼跟共產黨人談判很困難

我記得在柏林圍牆倒塌幾週後，我入住東柏林一間飯店，但當時這座城市還是由共產黨治理。凌晨四點鐘，我剛從瑞士策馬特（Zermatt）開車過來，這是很累人的一趟旅程。老實說，我迷路了，甚至沒有意識到我已經到了東柏林，直到櫃台服務人員拒絕在房價上讓步才發現。我最初的提議是，因為時間已經到了凌晨四點，他不要收我第一晚的費用，我支付第二天晚上的費用。不過他拒絕了，我嘗試第一晚房價減半，最後又嘗試第一晚房價七五折，都沒有成功。最後他說：「也許西柏林會這樣做，但是我們這裡不會這樣做。」

我說：「等一下，我在東柏林？我怎麼到這裡了？我沒看到任何牆。」

「牆已經倒了」他直截了當的告訴我。嗯，我聽過這則新聞，但是我一直以為那座牆很大，有幾英尺厚。我可以發誓我見過有人站在那道牆上面的照片。我沒有意識到那道牆主要是一個直立澆鑄的混凝土板，相對容易拆除。結果我開車經過那座牆原先所在的地方，沒有看到任何遺跡。一旦我知道我正在和共產黨人打交道，我就放棄試著從他那裡得到讓步，他的體系裡沒有任何動力想要取悅我。

在你退出談判之前，考慮一下如果這麼做的話，對方會損失多少。如果他們沒有損失什麼東西，那麼你退出談判可能一事無成。

2. 越過他，直接向他的上級談判。這並不盡然意味著要求要見他的老闆或打電話跟他的老闆抱怨。更溫和的方法是問：「誰有權可以處理破例的情況？」稍微強硬一點的問法是：「你介意去跟主管確認一下，看看是否可以破例嗎？我確信，只有你有辦法讓他那麼做。」更強硬一點的問法是：「你介意我們和你的主管討論這件事嗎？」

3. 找出一個體面的方式，讓對方改變自己頑固的立場。當然，這是處理「不接受就離開」最理想的方法。如果對方可以透過找出解決僵局的方法來得到一些好處，那麼這個方法特別有效。如果你正在跟企業主或受委託的人打交道，這種情況就會出現。「我可以理解為什麼你有這麼強烈的感受，」你說，「但是如果我願意給你獎金，你肯定會破例，不是嗎，喬？」或是你可以試著說：「喬，我問你一件事。要怎樣才能改變你的立場，哪怕只是改變一點點，而且就只有這一次？」

需要記住的重點

1. 在使用「不接受就離開」的方法時，不要採用會讓人討厭的表達方式，這會讓人堅持己見。

2. 你可以使用訴諸高層策略，在不咄咄逼人的情況下向對方施加很大的壓力。「我很想要這樣做，但是我不能把它賣給我的客戶。」

3. 回應「不接受就離開」的態度包括：a. 揭穿他的虛張聲勢，b. 巧妙的越過他，找他的上級談判，或是 c. 找到一種體面的方法來讓對方屈服於你。

第41章 既成事實

Fait accompli是法語，意思是「既成事實」。舉例來說，到了第十六洞，老虎伍茲的勝利就已經是既成事實。

作為一種談判策略，它的意思略有不同。

如果你曾經寄一張支票給某個人，那張支票的金額比他們要求的金額還小，但你在支票背面寫上「已確認全額付款」，那你就使用既成事實策略。這時，一個談判者會簡單的假設對方會接受假設的解決方案，而不是不怕麻煩的重啟談判。它的運作原理是，請求原諒比獲得許可容易得多。

在加州和其他州的汽車維修業，既成事實已經變得普遍到需要通過法律來制止。維修廠很常在沒有得到你批准估價單的情況下修理你的車，因為他們認為一旦修好車，你就毫無辦法可做，而且直到你付款之前，他們都可以扣留你的車。

我有個朋友在北卡羅萊納州的阿什維爾（Asheville）有一家戶外廣告公司。它正在跟一個農民談判，那個農民的土地上有棵樹高到遮住麥克的一個廣告看板，導致那個廣告看板的商業價值歸零。麥克試著談出一個合理的費用，換取那位農民允許他修剪樹木，但是農民要求的金額太高，因為他認為麥克別無選擇。因此，麥克決定對他使用既成事實策略。

有天早上，他讓四名工人偷偷溜進那個農民的土地，齊聲啟動鏈鋸，農民還沒來得及拿起獵槍，樹就倒下來了。麥克的工人也翻過柵欄，開車走了。當天晚些時候，麥克路過農地，為這場誤會道歉，並與農民達成更合理的解決方案。

既成事實策略可能很危險

既成事實策略可能不會讓雙方有溫馨的感受。當索尼影業給《蝙蝠俠》(*Batman*) 電影製作人彼得．古柏 (Peter Guber) 和喬恩．彼得斯 (Jon Peters) 重要職務時，這兩位製作人已經先與華納兄弟 (Warner Brothers) 簽下合約，不過他們決定無論如何都要跟索尼影業簽約，把既成事實呈現給他們在華納的老闆史帝夫．羅斯 (Steve Ross) 看。羅斯很生氣古柏和彼得斯處理這件事的方式，決定要在這件事上與他們抗爭到底。

最後，古柏和彼得斯花了超過五億美元才買斷他們的合約。這是糟糕的談判策略，因為如果他們沒有激怒羅斯，羅斯可能會讓他們離開，而沒有懲罰他們。這帶給你什麼教訓？除非你不在意對方的反應，不然不要使用既成事實策略，因為這會讓你不受他們歡迎。

有時候，有人會以極端過分的既成事實策略對待你，你只能苦笑面對對方這種無恥行徑。我還年輕的時候，我把一台昂貴的相機借給一個比我年長的人，他是我的重要導師。他立刻把那台相機典當換錢，並把當票寄給我，上面寫著：「抱歉，我需要錢。這是在你一生中需要學習最重要的一課，那就是不要相信任何人。」

最近，有個演說家經紀人預約我的演講，並向公司收取演講費，但沒有寄給我超過六千五百美元的抽成費用。他告訴我的業務經理，他已經把錢用來還給態度變得很惡劣的債主。我問他為什麼要用這種方式偷走我的錢，他說：「我只是覺得羅傑很有錢，而且不像我這麼需要錢。」他的大膽讓我們覺得很震驚與好笑，我們只能要他事後還錢給我們。

既成事實策略有個更微妙的形式是向對方施壓的有效方法。如果你被多收錢，就寄給他們一張正確金額的支票，背面註明「全額付款」，這可能比去爭論更簡單。如果你在簽合約時不同意其中一點，請更改，而且把更正後的合約還給他們。他們可能會接受這樣的變更，而不是麻煩的重啟談判。

需要記住的重點

1. Fait accompli 是法語，意思是「既成事實」。
2. 作為一種談判策略，它的意思略有不同。它是指給對方一個已經簽字的協議，假設他們會接受你所要求的讓步。
3. 這種策略可能會激怒對方，如果你擔心他們的反應，就不要使用。

第42章 燙手山芋

下一個施壓方法是燙手山芋。這會發生在有人想要把他的問題丟給你，並讓這個問題變成你的問題的時候，就好像是在ＢＢＱ的時候扔給你一個燙手山芋。

你接到的是什麼燙手山芋？你是否聽過「我們的預算裡沒有這個？」他們沒有為你的優質產品或服務編列適當的預算，這是誰的問題呢？這是他們的問題，沒錯吧？這不是你的問題，但是他們想要把問題扔給你，變成你的問題。

「我不能授權」是怎樣？他沒有贏得下屬的信任，是誰的問題？是他的問題，對吧？不是你的問題，但是他想要把問題扔給你，變成你的問題。

如果你是承包商，客戶可能會打電話來跟你說：「我需要你最優先做我的工作。如果你今天早上的第一件事不是到這裡，那整個計畫就會緊急停止。」這是誰的調度問題？是他們的問題，不是嗎？不是你的問題。但是他們想做的事情就是把問題丟給你，變成你的問題。

當對方試圖丟給你他的問題時，國際談判代表會告訴你應該要做哪些事。我從國際談判的研究中發現到在武器管制談判期間日內瓦談判代表使用的規則，這項規則在對方施壓你時同樣也適用。不只相同的原則適用，相同的反應也很適當。

國際談判代表會這樣告訴你如何回應這個燙手山芋。首先，測試問題的有效性。當對方試著丟出他們的問題時，國際談判代表會這樣做。你必須立即弄清楚他們扔給你的東西是否真的是一個交易殺手，或者只是他們扔到談判桌上的煙霧彈，想要藉此判斷你的反應。你必須立即找出答案，遲了就太晚了。如果你接手他們的問題，他們很快就會相信現在這是你的問題，而且這時測試它的有效性已經為時已晚。

我曾經是南加州一家擁有二十八個辦事處的房地產公司董事長。在房仲業，我們經常會遇到燙手山芋，像是買方會走進我們的門市說：「我們只有一萬美元的頭期款。」即使在藍領勞工居住的地方，這也是非常少的頭期款。我們的房仲業務員可能會接這個案子，但很難找到房子。

我請業務員立即測試這件事的有效性：去告訴買方：「也許我們可以用一萬美元去找房子，但我問你一個問題：如果我在適當的社區找到完全適合你的房子，價格與條件都很棒，你的家人很喜歡，你的小孩也很喜歡請朋友過來玩，但是頭期款需要一萬五千美元，把這個物件給你看有什麼意義嗎？或是我只要給其他買方看就好？」

有時候他們會回答：「你會說國語嗎？注意我的嘴巴：一萬美元，多一分錢都沒有，我不在乎買到的東西有多好。」但是十個有九個會說：「好吧，我們不想動我們的定存，但是如果這真的是一筆很好的交易，我們可能會考慮。或許喬叔叔會幫我們付一點頭期款。」房仲業務員馬上就發現買方拋給他的問題並非如表面一般的交易殺手。

如果你在銷售家用家具，有個客戶可能會說：「我們要的地毯每平方碼（square

yard）只要二十美元，就這樣。」如果你抓住這個燙手山芋，而不是把這個問題丟回去，你可能會開始考慮要立刻降價，如果你認為他們告訴你最後價格是這樣的話。但是相反地，你事先測試這句話的有效性，說：「如果我可以給你看一張地毯，耐磨度加倍，而且五年後看起來還會很好，但是價格只多出10％，你會想要看看，對嗎？」

十個裡有九個會說：「當然，我們想要看看。」你馬上就會知道這個價格並不像表面看來這麼像是破壞交易者。另一個反駁「我們沒有這個預算」這個燙手山芋的方法是說：「那麼，誰有權力可以決定預算超出預期？」有時你會因為接下來發生的事情而自責。他們會說：「這需要副董事長的授權。」你說：「你想這樣做，不是嗎？為什麼你不打電話給副董事長，看看是否可以得到超出預算的許可？」他會拿起電話，打電話給副董事長，並爭取同意。有時，事情就是這麼簡單：立即測試有效性。

我記得阿拉斯加總承包商協會（Associated General Contractors of Alaska）舉辦一場研討會，他們把我安排住在安克雷奇希爾頓飯店（Anchorage Hilton），在我離開那天，我需要延遲退房。櫃台後面站著兩個年輕的女性，我對其中一個人說：「請問妳可以讓我下午六點退房嗎？」

她說：「道森先生，我們可以幫你安排，但是我們必須向你收取額外的半天費用。」

為了測試這件事的有效性，我說：「誰有權力免除這筆費用？」

她指著旁邊的女性說：「她可以決定。」站在她旁邊的女性！

我對另一位女性說：「妳怎麼看這件事？」

她說：「喔，當然，沒問題，就這樣。」

處理「我們沒有這個預算」這種燙手山芋的另一種方法是問他們的預算年度何時結束。

以下就是我成功以這種方法處理燙手山芋的例子。

這個策略如何讓我賺到六千三百美元

我在加州一家頂級的健康維護組織培訓八十名銷售人員。會議前幾週，培訓總監打電話給我，提議要一起吃晚餐，他要跟我詳細介紹公司的運作狀況，因為我預估他會付晚餐錢，所以我選擇去橘郡的頂級法式餐廳，吃了一頓豐盛的晚餐。

上甜點時，我說：「你知道你應該做什麼事嗎？你應該要為每個銷售人員買一套我的有聲書CD，這樣他們就可以有持續學習的優勢。」就像我說的，我心裡計算八十名銷售人員買下一組七十九美元CD的金額，除了他們已經同意給我的演講費以外，我還可以額外得到六千三百美元的收入。

他想了想，說道：「羅傑，這可能是好主意，但我們沒有這筆預算。」

我需要在這裡坦承，我覺得我接下來的想法很丟臉，但是我想要跟你分享，因為如果你曾經有過相同的想法，這可能會對你有幫助。我想：「我猜如果我降價，他是否會答應。」這不是很丟臉的想法嗎？他沒有說CD太貴的事情。他沒有告訴我，如果我把CD降價，他可能會受到誘惑。他只是告訴我他沒有這個預算。

幸運的是，我忍住心裡的想法不說，而是測試事情有效性。我問：「你們的預算年度什麼時候結束？」現在是八月，我以為他會告訴我十二月三十一日。

出乎我的意料之外，他說：「九月底。」

「那麼你會把它列入十月一日的預算嗎？」

「會，我想我們會這樣做。」

「那麼，沒問題。我會在十月一日把CD寄給你，並開帳單給你，可以嗎？」

「這樣很好。」他跟我說。不到三十秒的時間，我就賺到六千三百美元，因為我知道，當他丟給我本質上是他的問題時，我應該要測試這個問題的有效性。

我感覺很好，當服務員拿帳單過來時，我把信用卡塞進放帳單的皮套裡。他把帳單拿走，輕聲說道：「羅傑，我本來就打算要請你吃晚餐。」我想：「羅傑，有時候你會經歷一切都不順利的情況，不過這是一個沒有事情出錯的日子，所以為什麼你不好好享受呢？」我把服務員叫回來，告訴他我們給他錯誤的信用卡。

留意丟給你問題的人。你自己的問題已經夠多了，不是嗎？這很像晚上有個商人不斷在踱步一樣，他無法入睡，他的妻子也因此焦躁不安。「親愛的，你有什麼煩惱嗎？怎麼不上床睡覺？」他說：「嗯，我們明天要還一筆巨額貸款，但銀行經理是我們的好朋友。我不想要面對他，跟他說我們沒有錢付給他。」

他的妻子拿起電話，打給那位銀行經理朋友，說：「我們的貸款明天就到期了，我們沒有錢還。」

那個丈夫暴怒。他說：「妳有什麼理由這樣做？我就是害怕這種事。」

他的妻子說：「好吧，親愛的，現在這是他的問題了，你可以上床睡覺了。」

不要讓其他人把問題丟給你。

✔ 需要記住的重點

1. 當心對方丟給你他們的問題。
2. 當他們這樣做的時候，請測試有效性。這真的是交易殺手嗎？
3. 不要相信他們的程序性問題。如果他們沒有編列這筆預算，他們可以修改預算。如果違反公司程序，他們可以改變程序。

第43章 最後通牒

最後通牒是非常引人注目的聲明，往往會讓缺乏經驗的談判者極度恐懼。恐怖分子劫持一架載滿人質的飛機，並告訴談判代表，除非滿足他們的要求，不然他們就會從第二天中午開始殺害人質。最後通牒是強大的施壓方法，但是作為一項策略，它有個很大的缺點：如果你說明天中午要射殺第一名人質，那麼明天中午你最好準備好做什麼？沒錯，就是射殺第一名人質。因為如果過了中午十二點零一分，你還沒有這樣做，你就失去談判的所有力量。

商業談判上的最後通牒也有同樣的缺點。如果你告訴供應商，除非他能在明天中午交貨，不然就會改與競爭對手合作，那麼明天中午你最好準備做什麼？沒錯：與他的競爭對手合作。因為如果截止期限過去，而你沒有這樣做，你就會在談判中失去所有力量。如果你願意堅持到底，才應該使用最後通牒進行施壓。不要虛張聲勢，因為對方要做的就是等待你的最後期限過去，然後發現你只是虛張聲勢，而且你的威脅完全沒有效果。

當你了解使用最後通牒進行施壓的弱點，你就可以很容易發現，最強的反擊策略就是揭穿他們的虛張聲勢，並讓截止期限過去。然而，還有其他不那麼明顯的回應。如果有人給你下最後通牒，你有四種回應方式，我在這裡以強度排序，把這些方式列出來。

1. 盡快測試最後通牒。他們告訴你貨物必須在明天中午送達。透過詢問中午之前把部分貨物送到是否可以解決他們的問題。你能否以空運運送足夠的貨物，讓他們的裝配線維持運作，其餘貨物則以陸運運送。

2. 拒絕接受最後通牒。告訴他們，你不知道自己能否在截止期限前完成送貨，但是他們可以放心，你正在盡一切努力來完成工作。

3. 拖延時間。當一方用最後通牒威脅另一方時，時間最為珍貴。他們不執行威脅的時間愈長，他們執行威脅的可能性就愈小。恐怖分子的談判者總是在拖延時間，這種情況發生在解救人質的談判中，罪犯要求要用直升機或汽車逃走。警方談判代表會說他需要州長的批准，或是用來逃走的汽車還在路上，藉此拖延時間。隨著時間經過，天平會急遽倒向對談判者有利的方向。

4. 虛張聲勢，讓最後通牒過去。如果這種做法有效，就會是最好的選項，因為這不只可以解決眼前的危機，還可以讓他們知道你將來不會受他們擺布。不過，虛張聲勢需要拿出勇氣，你不應該任性地去做。盡可能取得目前狀況的所有資訊，最重要的是了解事情是否有任何改變。自從與他們簽訂合約以來，是否出現新的供應商，可以按時、以更少的錢供貨給他們？如果你有合約或對方有權選擇要不要買進，他們是否可以從對方那裡得到更好的報價？如果其他情況都沒有改變，你也許可以放心抓住這個機會。當然，你想弄清楚的是，他們使用最後通牒是想要繼續與你們保持好關係，還是這只是他們要讓你退出的方法？

✔ 需要記住的重點

1. 只有當你準備做你威脅要做的事情時，才可以使用最後通牒。
2. 不要告訴別人只有現在他們買的價格最好，除非你的意思就是如此。
3. 經驗豐富的談判者總是會測試最後通牒。
4. 回應最後通牒的方法有：a. 測試它，b. 拒絕接受，c. 拖延時間，以及d. 虛張聲勢，並讓最後期限過去。

Part 4

跟美國以外的人談判

在「優勢談判的秘密」研討會上，我經常被問到如何與美國以外的人和新美國人（擁有自己習俗和價值觀的移民）談判。似乎每個人都有與美國以外的人或外國裔的人打交道到讓人沮喪的經驗。雖然一九六二年我從英國移民以來一直住在美國，而且從一九七二年以來一直很自豪可以成為這個國家的國民，但我可以體會與美國以外的人打交道的困難。我除了從英國搬到美國，並適應這裡的做事方式之外，也去過世界上其他一百一十三個國家。

因為我的背景，我知道美國與地球上其他國家有多麼不同。美國人與美國以外的人明顯不同，因為美國以外的人有很多人會從電影和電視節目大量接觸美國文化，然而，電影和電視並無法顯現美國人的內心與想法，而美國人的內心和想法卻決定我們的經商方法。

相反地，我們往往會觀察美國以外的人，並認為我們了解他們。確實，他們可能穿著西裝，說著我們的語言，但這不意味著他們的傳統價值觀和思維方式已經改變。他們可能很喜歡美國音樂和電影，但是他們在生活方式上的信念，以及傳統上重視的價值觀，卻一如既往的堅定。

我相信，我們表面上有明顯的相似之處，但在這點之外，我們的經商方式卻存在巨大的差異。在這一部中，我要揭開與美國人以外的人和新美國人談判的奧秘。

第44章 如何跟美國人談判

美國人交易的藝術

紐約房地產投資人唐納．川普寫了一本暢銷書《交易的藝術》（*The Art of the Deal*），詳細介紹他早期許多的房地產談判。這本書的標題和前提闡明大多數美國談判者最關心的問題，那就是達成協議。我們確實生活在一個非常注重協議的環境。

我想社會學家會告訴你，我們比其他國家更專注在達成協議，因為我們是一個流動性與多元化的社會，我們幾乎沒有「根」的感受。我們不像世界各地常見到的情況，會相信其他人與相信做事的方式，而是把所有信任都放在牢不可破的協議上。「這在法庭上站得住腳嗎？」我們這樣要求，好像沒有考慮有可能必須在法庭上捍衛協議的人都很天真。

社會學家還提到，這是我們社會結構中最近發生的變化。在二十世紀上半葉，我們還是仰賴社會壓力來履行我們的義務。違背協議是無法想像的事，因為這會給我們社區帶來恥辱。我們還讓宗教團體監管任何違背承諾的想法，讓我們的神父、牧師和拉比失望是無法想像的事。此外，在電視霸占我們的閒暇時間之前，我們隸屬於很多社區組織，我們沒有走得太偏，因為我們的獅子會、同濟會或樂觀俱樂部（Optimist club）成員，或是我們的家長教師協會（PTA）、共濟會或麋鹿兄弟會（Elks lodge）成員可能會排擠我們。可悲的是，這種生活方式在二十一世紀已經消失了，現在留給我們的就是協議，以及常見到不惜一切代價訴諸法律來執行協議的做法。協議是有限的、協議是靜態的，而且協議已經達成，無法更改。

大多數美國以外的人徹底排斥我們這種對協議的依賴。如果他們選擇簽下合約，這只是表達在特定時間雙方有相同的理解。它是正式表達雙方之間的現有關係。與其他人際關係一樣，它必須適應不斷變化的條件。

大多數美國人都會很訝異的發現，你在韓國簽下的一份合約，六個月後就沒有效力了。「但是我們已經簽下合約。」美國人大喊。

「沒錯，」韓國的同業耐心解釋說。「我們根據六個月前簽約時存在的條件簽下一份合約，但那些條件已經不存在了，所以我們簽下的合約就沒有效力了。」

「你犯規，」美國人喊著。「你想要欺騙我。」他們完全沒有這個意思。我們看起來有損名譽的行為，在他們看來並非如此，而且我們也不應該試著把他們描繪成這樣的人，因為這只是他們的做事方式。

美國人常常很高興地發現，他們毫不費力就跟阿拉伯的貿易夥伴簽下合約。然後卻驚恐的發現，在阿拉伯世界，簽下合約才宣告談判開始，而非結束。在他們的文化中，簽下合約的意義不像我們美國人的意向書那麼重要。我不是要貶低這種文化，你也不應該如此。

我們應該要做的是認識到不同的民族與文化有不同的做事方式，而且我們理應去學習、理解並欣賞這些方式。

當你得知美國人比地球上其他人更快、更頻繁的訴諸法律訴訟時，你不會感到驚訝，但這對印度的商人來說卻是很可笑的事，因為印度的民事法律制度幾乎不存在。這個國家的初審法院目前積壓近三千萬筆案件，德里（Delhi）法院的首席大法官估計，需要四百六十六年才能把積壓的案件審理完畢。二〇一〇年時，法院終於對二十五年前提告的美國聯合碳化物公司（Union Carbide）案做出判決。

顯然，印度人必須信賴自己對生意夥伴的信心。我記得我曾試圖向印度人解釋一個美國習俗：新娘和新郎在結婚前要簽署婚前協議。他難以置信。「你幹嘛要嫁給不信任的人。」他想要知道這點。我無法讓他理解的是，想要簽署法律上可接受的書面協議，並不意味著對美國人不信任。

在美國，法律訴訟非常普遍，以致於一家公司就算繼續與其他公司做生意，同時間也會對他們發起訴訟。我們認為這是解決爭端的正常方式，而且沒有任何記恨的理由。在大多數的國家，被另一家公司發起訴訟是非常丟臉的事，因此他們會拒絕以任何形式跟對他們發起訴訟的公司打交道。我在中國演講時，當我告訴那裡的商人，在美國，一家公司就算對另一家公司發起訴訟，還是可以繼續互相做生意，他們感到難以置信。在中國，這種情況永遠不會發生。

高情境談判vs.低情境談判

「情境」（context）這個詞，描述維繫雙方關係的重要程度，而不是合約的細節。當雙方的關係很重要時，我們稱這是高情境談判（high-context negotiation）。當協議成為重點時，我們稱這是低情境談判（low-context negotiation）。不同國籍的人對情境（提案的環境）重視的程度不同。如果按照高情境到低情境的順序把這些文化排列出來，分別是：亞洲、中東、俄羅斯、西班牙、義大利、法國、英國、美國、斯堪地那維亞、德國、瑞士。

在美國，溝通也是低情境的。我的意思是，無論他們在哪裡說這個詞，這個詞的意思與表達的意思是一樣的。「不」就是「不」，不論約會時低聲地說，或是你的老闆對你大叫，都一樣。在這個國家，我們認為這理所當然。我甚至見過有個女性（大概是讀語言學的學生）穿的T恤，上面寫著：「你不了解『不』的意思嗎？」在高情境國家，情況並非如此。為了理解聽到的話，你必須了解誰對誰說的話、在哪裡發表的評論，以及是在什麼背景下發表的話。

說說我的一個經驗，假設德懷特（Dwight）是一個美國人，他去看一齣劇，你問他對那齣劇的感想如何。德懷特也許會說：「相當好。」這句話的意思對美國人來說是非常清楚的，這意味著德懷特認為這齣劇非常好。現在我們假設想要去看這齣劇的是羅德尼（Rodney），他是英國人。當他說：「相當好。」這意味著很多可能性。這可能意味著這齣劇很糟糕，但「我很有禮貌，不會在公眾場合對作者這樣說」。如果給他票的人問他這齣劇怎麼樣，「相當好」可能意味著這齣劇很普通，但是他很高興可以得到這張票。如果是羅德尼的兒子寫了這齣劇，「相當好」可能意味著「很棒，但我不要讓你得意忘形」。

當蘇格蘭高爾夫球選手柯林．蒙哥馬利（Colin Montgomerie）在舊金山的奧林匹克俱樂部（Olympic Club）參加美國公開賽時，《洛杉磯時報》（*Los Angeles Times*）的一名記者問他，如何在一場比賽中打出沒有球陷入沙坑的驚人壯舉。蒙哥馬利回答說：「嗯，因為我的表現相當不錯。」記者認為這是一種很驕傲的回應，猛烈抨擊蒙哥馬利的個性。這並不公平，因為我認為這位高爾夫球選手想要傳達的是一種自我嘲諷的回應。如果他知道美式英語是一種低情境的語言，他可能會說：「嗯，因為我表現得還不錯。」換成美國人要傳達他的想法，美國人則會說：「因為我以前在這個球場打過球。」

你需要一名翻譯才能在中國做生意。請注意他將英文翻譯成中文，以及中文翻譯成英文時會遇到的困難。首先，確認你正在與翻譯員（翻譯你說的話）或口譯員（翻譯出你說的意思）打交道。口譯員會很自豪的理解你說出的話，而不是直譯你說的話。

中文是高情境語言。當我第一次在中國辦研討會時，我非常小心地討論他們的孩子，而不是他們的孩子們。因為這個國家採行一胎化政策，我不想要冒犯任何人（或是讓中國政府認為我不尊重他們的政策）。不過我的口譯員葉保羅（Paul Yeh，音譯）向我解釋，我怎麼說並不重要，因為中文沒有單複數之分。如果有人用中文跟你說他們正在蓋房子，你不知道他們是指一棟房子還是一千棟房子，你必須聽整段對話才會知道。

中文也沒有時態。如果有人用中文告訴你，他們在「蓋房子」，你不會知道這意味著他們正在蓋房子、他們將要蓋房子、他們確實蓋了房子，或是他們未來有一天會蓋房子，你必須聽完整段對話才會知道。

保羅住在台灣，是頂尖的中文翻譯家，他跟我解釋，把英文翻成中文比中文翻成英文容易得多。因為英文是非常特殊的語言，所以很容易翻成中文，但是對中文而言，你可能需要聽一、兩段話才能理解話語的意思，然後才能翻譯成英文。

關於與美國以外的人談判，我們應該要了解的第一件事情是：協議對他們來說並非主要議題。他們更信任雙方之間的關係，雙方的關係是否和睦？如果雙方不合，再多的法律手段也不會讓這段關係更有價值。當你試著敲定協議的要點時，他們正在花時間評估你性格上的細微之處。

與美國以外的人做生意

現在我們將重點放在美國人和美國以外的人打交道時會犯下的另一個重大錯誤，那就是我們太快開始談正事。

沒有人比美國人更快開始談正事。通常，我們會寒暄一下來緩減緊張的氣氛，然後立刻敲定交易的細節，之後才進行社交活動。美國以外的人可能需要花幾天、幾週，甚至幾個月的時間，才能從「開始認識你」的階段，進入到「覺得和你做生意很滿意」的階段。

當伊朗國王倒台時，我在南加州的房地產公司擔任董事長，與逃離新政權的大量伊朗人（他們更喜歡被稱為波斯人）做了很大量的生意，他們通常帶著數百萬的現金要投資。

我經常看到我們的人想要太快開始談生意而犯錯，這導致伊朗人不信任他們。我們很快就了解到他們想要坐下來喝幾個小時的茶，同時評估我們。

如果你飛到日本做生意，你可能需要跟他們交際很多天，之後他們才會感覺適合開始談生意。但是要小心，他們不只是會試著用截止日期來壓迫你。在我的研討會上，許多人告訴我，當他們開始意識到要開始談正事是多麼困難時，他們原本受到良好待遇的喜悅，很快就轉變成懊惱。他們告訴我一些恐怖的故事，像是他們直到坐上豪華轎車返回機場才能開始談判。到成田機場有兩個小時的車程，但是要在極度的時間壓力下進行談判。一想到可能會空手而回，他們就會很害怕，想要直接以自己的底線來進行談判。

與美國以外的人談判時，如果我們美國人放慢腳步會做得更好。我們往往會先發言，然後聽取回應，並觀察對方談判者的行為。美國以外的人告訴我們，我們應該要扭轉這個順序，我們應該先觀察、然後傾聽，最後發表意見。實際上，對於對方的提案慢一點做出反應，展現的是一種尊重的態度。你的沉默並不表示要接受他們的提案，只是表明你對於這個提案給予應有的考量。

美國人在與美國以外的人打交道時，會掉進兩個主要的陷阱：

1. 我們過分強調協議，並對雙方的關係不夠重視。
2. 我們太快開始談正事。

當然，這兩個陷阱密切相關。與對方建立關係而讓你感覺自在需要花時間，將這種關係擴大到信任對方，而且不去仰賴沒有漏洞的合約，需要花大量的時間。

需要記住的重點

1. 美國人重視合約的簽訂。
2. 其他文化注重談判雙方的關係。
3. 對美國人來說，簽約以後，談判就結束了。
4. 對韓國人來說，如果環境有變化，合約就會失效。
5. 對阿拉伯人來說，合約的簽署才是談判的開始。
6. 美國人就算互相提告，雙方還是可以做生意，這在大多數國家是無法想像的事。
7. 高情境談判意味著雙方的關係至關重要。
8. 低情境談判專注在合約的簽訂。
9. 美式英語是一種低情境語言，說出的話很清楚明白。中文是高情境語言，你必須傾聽整段對話才能了解意思。
10. 美國人很快就開始談正事，之後才進行社交活動。其他文化則希望在開始談判之前花時間了解對方。

第45章 如何跟美國人做生意：給外國人的指南

一九六二年我從英國移民到這個國家，之後一直在這個國家生活，而且一直在了解美國人，這讓本章還是個進行式。我會提供一些我對美國人經商方法的觀察，這是給外國人看的。如果你是美國人，你可能會想要跳過這一章，因為你不會同意我說的一切，而且我也不想讓你感覺不高興。另一方面，你可能會採取開明的觀點，因為想要了解其他文化，你必須先了解自己的文化。

美國人非常言簡意賅

這是我到這個國家後學到的第一件事。美國人能用幾句話表達出其他國家（尤其是英國人）一整天要表達的事情。一個英國人早上走出大門可能會說：「多麼美好的一天！我受到早晨的美麗所震懾！」（What a wonderful day! I feel positively overwhelmed by the beauty of the morning!）美國人會說：「超棒的一天！」（Great day!）而這兩句話的意思完全相同。

我在波斯灣戰爭期間的記者會上注意到一點。英國情報官員向媒體宣布：「我很高興要報告，我們正在制定作戰計畫，而且請容我冒昧地說，計畫會稍微提前一點。此外，我毫不猶豫地說，我相信我們會讓計畫一直提前。」美國的情報官員則會站起來，臉上露出狡猾的笑容說：「我們表現得相當出色！」意思完全一樣！如果你不是美國人，你可能會認為這種言簡意賅的表達方法過於直率，但是美國人並沒有任何要冒犯人的意思。

美國人會以一句話回答問題

當美國人問你，你喜歡你住的飯店嗎？他們不想要知道你對這間飯店的反應，他們只是想要確定你很滿意，你可以用一個詞來回答他們的詢問，像是「太好了！」對於以「你覺得……怎麼樣」或是「……如何」或「你喜歡……嗎？」開頭的問題也是如此。

你準備好要做這個練習了嗎？現在就開始：

問：「你覺得美國怎麼樣？」

答：「非常好！」

問：「你覺得美國人怎麼樣？」

答：「非常好！」

問：「你待在這裡很愉快嗎？」

答：「非常好！」

問：「你覺得美國人習慣用一個詞來回答問題怎麼樣？」

答：「非常好！」

美國人喜歡用俚語說話

美國人熱愛俚語！俚語是無法按照字面意思理解的表達方式。當你聽到一個詞，你會立刻知道他的意思並不是字面上的意思。大多數美國人甚至會在沒有意識的情況下使用大量的俚語。我的中文譯者警告我，我的觀眾不理解俚語，我應該避免使用。我在腦海中回顧我的演講，很訝異我在沒有意識的情況下使用多少俚語。

以下是一些俚語的例子：

- 他參加舞會，但我卻對他敬而遠之。（He was at the party, but I Gave him a wide berth.）
- 我花了一整夜才費力讀完這份報告。（It took me all night to wade through the report.）
- 最後，我終於在紐約機場找到他。（I finally ran him to earth at the airport in New York.）

- 這是小菜一碟。（It was a piece of cake.）
- 他只是在火上加油。（He only added fuel to fire.）

美國人需要理解到，俚語可能會讓其他文化的人感到非常困惑。為了讓你了解這聽起來有多麼困惑，我們美國人說的話在外國人耳裡聽起來是這樣：

當他拉我的腿時，他真的進到我的頭髮了，所以我讓他處於乾燥狀態。這是直接從馬嘴裡說出來的，我感覺這就像是一百萬美元。他讓貓從包包裡露出來，所以我抓住公牛的腳。早起的鳥兒有蟲吃，所以我伸出脖子，把豆子露出來，這讓他的襪子都被震掉了。我們願意向後彎腰，因為我們不想把你關掉，而且，因為我們還沒有走出森林，所以我們會咳嗽，因為我們認為你會搔我們的背[8]。

（原文如下：He really got in my hair when he pulled my leg, so I left him high and dry. This is straight from the horse’s mouth—I feel like a million dollars. He let the cat out of the bag, so I took the bull by the horns. The early bird gets the worm, so I stuck my neck out and spilled the beans, which knocked his socks off. We’re willing to bend over backward, we don’t want to turn you off, and, because we’re not out of the woods yet, we’ll cough up, because we think you’ll scratch our back.）

美國人非常愛國

只有一種方法可以回答像是「你喜歡美國嗎？」之類的問題。就是大方表現出無止境的熱愛。「多麼偉大的國家啊，」你應該說：「我就是愛這裡。」美國人不想聽到你從機場過來的路上遇到離譜的交通堵塞，或是暴力犯罪的嚴重程度如何讓你震驚。

你對美國人太努力工作或太拜金的看法最好留在已經寄放在飯店的行李裡。這並不是說美國人不切實際地看待這些問題，只是他們是以家長式的作風看待自己的國家。他們把美國視為自己的孩子，而且是最喜歡的孩子，你不會想像要批評朋友的小孩，對吧？

我是洛杉磯旅行家世紀俱樂部（Traveler's Century Club）的成員，要獲得會員資格，你必須去過一百多個不同的國家。大家聽到我去過這麼多國家時，往往會問我：「如果你可以住在世界上任何地方，你會住在哪裡？」我從不直接回答這個問題。在回答這個問題之前，我會先稱讚美國，說：「如果我不能住在美國，我會住在瑞士法語區蕾夢湖（Lake Leman）北岸的葳葦（Vevey），或是蒙特勒（Montreux）。」

8 這段話的原意是：他跟我開玩笑的時候，我真的很火大，因此我不理他。這個消息來源很可靠，我感覺很棒。他無意間說溜嘴，因此我當機立斷，為了要捷足先登，我要冒險洩漏秘密，這讓他感到非常震驚。我們會願意這麼竭盡全力，是因為不想要讓你失望，不過因為我們還無法脫離險境，所以我們勉為其難地把這項資訊告訴你，會這樣做是因為我們認為你會互蒙其利。

你也許聽過美國人批評自己的國家，有時甚至是大肆批評。這是美國人的特權，言論和集會的權利受到憲法的書面保障，但請不要認為這種批評意味著抱怨的人想要改變政府的施政方法。

你可能會很驚訝總統或國會議員因為看來微不足道的輕率行為很快受到批評，這並不是清教徒式的憤怒，儘管美國人在這方面的心胸確實狹隘很多。在電影《風起雲湧》（*Primary Colors*）中，飾演希拉蕊（Hillary Clinton）的英國演員艾瑪．湯普遜（Emma Thompson）被問到柯林頓總統與實習生發生性關係的指控有什麼看法。「我不太了解，」她帶著誇張的天真說：「如果涉及到一批馬或類似的東西，我無法理解這有什麼好大驚小怪。」要知道，美國人表達出對政府醜聞的憤怒，是因為他們有信心政府不會因為沒有成功遮掩醜聞而垮台。

美國的階級制度

我到美國時，我最先喜歡這裡的事情是這裡缺少階級制度。我父親在倫敦開計程車，永遠被貼上工人階級的標籤，這嚴格限制我在這個社會上晉升階級的能力。（我離開英國後，情況有些改善，希望不是因為我離開才這樣。我在第四十七章教你如何跟英國人談判時會提更多。）美國很少有這種不合理的事。

你可能會遇到一些「傳統富貴人家出身」的人，他們繼承龐大的財富，對於透過工作而在社會上晉升階級沒什麼概念，但是這樣的人很少。大多數的美國人都是因為付出努力才有現在的成績。

我的朋友麥可・克洛（Michael Crowe）也是來自英國的移民。他告訴我：「要區別英國人和美國人非常簡單。在英國，如果一個工人正在挖一條深溝，抬頭看見一台勞斯萊斯經過，他會想：『我懷疑他從哪裡偷來的？』在美國，挖掘深溝的工人抬頭看到會想：『有一天，我也會有一輛勞斯萊斯。』」

在你的國家，財富分布可能呈現金字塔狀，金字塔底層是窮人，除此之外，中產階級的規模很小，而且金字塔頂端有少數的有錢人。美國的財富分布狀況則比較像風箏，非常貧窮的人很少，往上則是逐漸增加的大量中產階級和中上層階級，然後是逐漸減少的少數很富有的人。如果你來這裡做生意，接觸到的人幾乎都是中上層階級。

因為美國缺乏階級制度，因此頭銜很重要。頭銜標示出排名與我們的表現。在美國，頭銜還標示出收入，在其他國家則不是這樣，在其他國家，總經理可能會監督許多收入比他還高的經理。但是對美國人來說，頭銜非常重要，這是我們打造階級制度的一種嘗試。在美國，階級（如果你可以這樣說的話）是嚴格建立在金錢之上。如果你在財務上很成功，你就會受人欽佩，而且你的家庭背景或就讀的學校不會給任何人留下深刻的印象。實際上，美國人喜歡吹噓自己卑微的出身，不然我為什麼要告訴你我父親是開計程車的？

美國的宗教

我發現很難讓人相信美國是世界上最虔誠的國家之一，或許是因為憲法保障教會與國家分離，所以你並沒有聽到很多與宗教相關的事情，你會有這種印象或許是因為美國有很多不同的宗教，也或許是因為最虔誠的國家都是少有新鮮面孔拜訪的農村國家。實際上，美國人非常虔誠，會定期上教堂。根據蓋洛普的調查，41％的人會定期去教堂（比二十年前的58％下降），而且80％不去教堂的人會告訴你他們經常禱告，此外，90％的受訪者表示他們相信上帝。根據英國最大的援助組織福音派聯盟難民基金會（Tearfund）的數據，英國相較之下只有15％的人會上教堂。

如果你在美國做生意，了解這點對你來說很重要。雖然宗教的話題幾乎不會在生意中出現，但你面對的可能是一個強烈信仰上帝的美國人，因此請小心不要冒犯上帝，尤其是在聖經地帶（Bible Belt states），這包括愛荷華州到德州，再往東到南卡羅來納州，美國中部都包括在內，這些州可能是最虔誠的幾個州。

拉姆・達斯（Ram Dass）是新世紀（形而上的）宗教領袖，也是一位很有趣的演說家。他說了一個受邀到丹佛（Denver）演講的故事。浸信會贊助他的演講，但是到最後一刻，教會的長老退縮了，他們擔心的是：這個人會說出任何違背他們宗教的事情嗎？他們問他。「大概不會，」他告訴他們，他會說：「有一天我們可能會手拉手，將世界和平的願望推向宇宙。」結果他們告訴他：「我們希望你不要這樣做。」

拓荒心態

如果你知道美國人和「移民」的身分有多接近，對於了解美國人會大有幫助。相當高比例的美國人實際上是移民，在最多元化的加州，這個比例超過20%。以全美國來說，這個比例接近10%。我指的不是來自其他州的移民，而是不是出生在美國的移民。大多數美國人的父母或祖父母是第一代移民。

這讓美國人把自由看得比一切都重要。美國人討厭被告知做什麼事情，特別是政府告知的事情，這種態度導致美國人生活中有幾個難以理解的層面，也導致美國顯著缺乏城市規劃。舉例來說，大多數歐洲人都樂意遵守鄉鎮裡的設計標準，這樣整個社區就會有一致的外觀。美國人不會這樣，因為這會剝奪不受政府控制的自由，這是他們珍視的東西。讓我再舉一個例子。

美國最爭議的一個議題是攜帶武器的權利。你會看到保險桿上的貼紙上寫著：「當槍枝被禁止時，只有罪犯才會擁有槍枝。」沒有人想要阻止其他人打獵，但是很多人質疑公民需要有權利擁有自動武器，而這個武器唯一的目的是殺人。你應該也很難理解這點，除非你明白美國人多麼強烈的認為需要擺脫政府的掌控。

對美國人來說，時間就是金錢

美國人會講個跟律師有關的笑話，有個律師死後去了天堂，（這不是笑點！）在耶穌神話中讓人們得以進入天堂的聖彼得（St. Peter）對那位律師說：「孩子，我們很高興你來到這裡，我們以前從沒收過一百二十五歲的律師。」

那位律師抗議說：「我不是一百二十五歲，我是三十九歲。」

聖彼得說：「根據你計費的時間，一定有些錯亂……」

這個玩笑對美國人來說很有趣，因為它提到企業高階經理人生活的高壓世界。時間對美國人來說是一種商品。我們談論儲蓄、投資和消費，美國以外的人會發現這裡的商業節奏讓人吃驚。一筆交易可能是好交易，但是如果促成這筆交易的人吹噓他促成交易的速度有多快，那就是更好的交易。舉例來說，迪士尼公司董事長麥可・艾斯納（Michael Eisner）在愛荷華州太陽谷（Sun Valley）舉行的一次會議上巧遇美國廣播公司電視台（ABC television）的母公司首都城市公司（Capital Cities）的董事長，他提出由迪士尼收購首都城市公司的構想。不到兩個月的時間，他就以兩百億美元的價格收購這家公司。這筆交易的速度之快，讓他有權利在這片土地上的任何鄉村俱樂部裡吹噓。當一個美國人似乎在催促你達成協議的時候，他並不是想要欺騙你，他只是按照自己的方式做事。

你會發現美國人有很大的生活壓力。他們有種強烈的急迫感，想要抓住機會，並盡可能充分利用那個機會。會這樣的其中一個原因是美國太年輕了，因為我們是非常年輕的社會；還有一部分原因則是來自於美國人有非常強烈的個人主義意識。凱瑟琳．赫本（Katharine Hepburn）說：「走過人生的歷程，你就會學到，如果不划自己的獨木舟，就不會移動。」

另一個部分則是美國人的經驗導致。除非你的年紀大到還記得珍珠港事件，不然你就沒有經歷過戰爭。在恐怖分子炸毀世貿大廈之前，美國人從沒有經歷過生存威脅，這種生活經歷會讓人重新評估自己做事的優先事項，並確定生活中可能有比賺錢更重要的事情。對德國人來說，在水療中心花三個禮拜來恢復身心活力可能是非常有意義的，但是對美國人來說，去水療中心可能更意味著在商務會議之間安排按摩。

自以為是的美國人

保羅．麥卡尼（Paul McCartney）有首歌的歌詞談到太多人伸手去拿容易取得的東西。每當我聽到新的抗議團體興起時，我就會想起這句話。美國有很多人會試著把自己的觀點強加在別人身上。一個抗議團體會組織起來，都是有原因的，不論那個原因有多模糊。你會發現美國人很坦率、直言不諱，而且固執，不要認為那是在針對你。美國企業家可能會對你說：「漢斯（Hans），那是廢話，你知道的！」不要把它視為人身攻擊，這只是顯示出美國人習慣非常開放與直接的溝通。

友善的美國人

美國人期望你會喜歡他們，並分享他們多欽佩自己與自己的國家取得的成就。表面上的友好會讓美國以外的人感到困惑。這其中有部分原因是來自社會流動性。很少有美國人會長期停留在同一個地方，也很少看到出生到現在都居住在同一個州的人。建立長期友誼很困難，因此不要對突然成為知心好友的美國人感到困惑。當我第一次搬到美國時，我發現只是在聚會或野餐中見過面的人會對我說：「我們必須邀你來我家玩。」或是「我們快點找個時間聚會。」我認為這意味著我應該拿出行事曆找個日子，但他們根本沒有這個意思。

名片

每個美國商人都會攜帶名片，而且初次見面時，交換名片是很正常的事。在其他的文化中，仔細研究與欣賞這張名片可能被認為是有禮貌的，但你在這裡不必這麼做，只要粗略看一眼就可以把它放在口袋裡。

美國的小費文化

你應該帶多一點一美元的鈔票，因為在美國有很多地方會用到。你要計畫把餐廳帳單、酒吧帳單和計程車費用加上15%的小費，在機場託運行李的行李搬運工，以及把行李送到房間的行李員都會收你一個行李一美元的小費。飯店門衛幫你開計程車門，而且在你離開時幫你叫計程車，也會收一美元的小費。

不要拿出所有零錢試圖找出合理的小費。在美國，要以紙幣付小費，紙幣不會發出聲響，只需要四捨五入到元。如果你來自不必給小費的國家，這些事情應該會讓你難以忍受，但這是這裡的運作方式。即使服務很差，也不要扣留或減少小費，特別是你與商人在一起的時候，因為這只會讓你看起來很小氣。

美國人口的多元化

美國是地球上人口最多的國家之一，也是最多元化的國家之一。你肯定會遇到來自各種種族背景的人。如果你來自種族背景單一的國家，這可能會讓你困惑。我的朋友傑克來美國看我時，他環顧餐廳，說道：「我不敢相信這個國家有這麼多美國以外的人。」我告訴他：「這些人不是美國以外的人，傑克，他們是美國人，你是這裡唯一的外國人。」

我居住的加州是最多元化的州，20%的加州居民甚至不是在美國出生。如果你居住在洛杉磯市，而且是白人，那麼你是少數族群。洛杉磯有大約20%是亞裔，30%是墨西哥裔，10%是非裔。正如報紙專欄作家卡爾文．特里林（Calvin Trillin）提到：「我認同開放的移民政策，這會提升餐廳的多元化程度，我會讓所有人進來，除了英國人以外。」

不要以為你可以透過一個人的外表來判斷他的地位。你可能會與一家年營收一億美元的公司董事長有約，那位董事長看起來像是亞洲人，或是非裔美國人，或是墨西哥裔人，你就是分辨不出來，當然你也不能假定那個董事長就是男性。

自力更生的美國人

在美國，個人成就備受推崇。從很小的時候，我們就鼓勵小孩要有競爭力、發覺自己的優勢，並追求自己的夢想。對美國人來說，成就才是王道，即使這會讓一個人獲得遠離家人或社區的機會。如果你來自日本和澳洲，你可能會覺得很奇怪。在日本，從團隊中脫穎而出似乎很傲慢，而在看起來很傲慢的澳洲，「位高權重的人」（tall poppy）總是會被砍掉。

按照世界的標準，美國企業高階經理人的薪資很高，但是董事會和股東認為這是合理的，因為任命一個高階經理人來管理公司會對公司的未來產生極大的影響，這種競爭力會貫穿整個組織，儘管近年來各公司試著建立品管圈（quality circles）和團隊解決問題的能力，但這是違背常理的。即使在裝配線上，每個勞工也希望自己在工作和生產的表現都能超越同事。這個國家的成功，很大程度是因為美國是一個競爭非常激烈的社會。

你會在業務往來中碰到這種競爭。美國人想要贏，他們不想要妥協。如果符合他們公司最大的利益，他們就會妥協，但是他們的心裡並不是這樣想。美國傳奇美式足球教練文斯・隆巴迪的金句集中體現這一點。你可能會在商務套房牆上的牌匾自豪地看到這句名言。

它說道：「勝利並不是一切，為了贏而付出努力才是一切。」

美國也是殘酷的社會，對於成功的人來說，回報是巨大的，但是對失敗的人來說，卻找不到什麼支持。美國沒有資遣費，一名失業的辦公室職員會在週五下午四點半接到解雇通知，預計五點之前離開辦公大樓。公司只會欠下還沒休完的特休假，這是公司規定的問題，而不是政府法令的問題。這名員工會被要求付錢給該州的失業基金，而且可以向州政府申請的失業給付金只有十三週。

關於美國人的最後叮嚀

「啊，遼闊的天空，金色的麥浪，
聳立在富饒平原上的巍巍群山！多美麗啊，
美國！美國！
上帝賜福與你，因為你的善與美，讓全世界的兄弟姐妹都愛你！」

這首歌是凱瑟琳・李・貝茲（Katharine Lee Bates）的〈美麗的美國〉（America the Beautiful），這並非美國的國歌。美國的國歌是一首軍歌，有些和平主義者希望將〈美麗的美國〉變成國歌，直到他們被告知，即使是美國人，都覺得這首歌有點太自戀了。美國人對自己的國家非常自豪，他們堅信這是世界上最好的國家。我會向你證明這一點，而且他們會告訴你：「即使不喜歡這裡的人也不會離開。」

✔ 需要記住的重點

1. 美國人說話很簡潔，他們不會花一整個上午的時間來說一些可以用一、兩句表達的事情。
2. 你可能可以用一個詞來回答美國人問你的任何問題，那就是：「非常好！」
3. 美國人會用俚語說話。不要用字面上的意思來理解，不然你很快就會被弄糊塗。
4. 美國人熱愛自己的國家，而且他們預期你也會喜歡。
5. 美國人的階級制度是根據賺了多少錢來劃分。
6. 美國是非常虔誠的國家。
7. 美國人熱愛自由，討厭任何形式的政府控制。
8. 美國的生活節奏非常快速。
9. 美國是非常多元化的國家，來自其他國家的移民比例很高。

第46章 美國人的談判特點

我們先來看看與美國以外的人談判的典型美國人有什麼特點，接著下一章會看看其他國家談判者的特點。

美國人在溝通時往往非常直接

我們習慣使用的表達方式像是「你的底線在哪裡？」或是「按照這個數字，你可以賺多少錢？」或是，我們會試著說：「讓我們攤牌吧！」或是「我們今晚就結束談判。」藉此來轉移談判的焦點。我們「只說實話」、「直言不諱」，而且試圖「一針見血」。我們很少「拐彎抹角」，雖然我建議在與其他美國人談判時採取這種直接的方式，因為這會給對方帶來壓力，但是要意識到，對於美國以外的人，這種做法可能顯得很唐突，而且這種直率可能會冒犯他們。

美國人拒絕對方提出無理的初步要求

這又回到我們希望可以「達成協議」並「逃離這裡」的想法。因為我們想要閃電般地進行談判，而且迅速圓滿完成，我們往往會比美國以外的人用更短的時間架構來思考。我們認為我們可以在幾個小時內完成談判，而美國以外的人則認為需要花很多天，雖然美國以外的人可能會很樂意提出無理的初步要求，因為他知道價格和條件會隨著時間經過而發生巨大變化，但是我們認為這會減緩談判的速度，或是使我們陷入無止境的討價還價。

美國人更有可能單獨談判

發現單獨一位美國談判者出現在國際談判中，而且得到全部授權去開展業務的情況並不罕見。（如果包括他的翻譯和司機，也許會組成一個三人團隊。）然後，當他被帶進談判的會議室時，他發現自己面對的是十或十二人的團隊，這對美國人來說並不好，因為他的心裡會覺得不知所措，除非談判團隊的規模大致相同。不過，我更關心的是這給其他國家的談判團隊帶來什麼印象。

美國以外的人可能會把單獨的談判代表解釋為：「他們並沒有認真地想要在會議上達成協議，因為他們只派了一名談判代表，這肯定是初步的探索。」或是美國以外的人會覺得美國人只是在蒐集資訊，要把資訊帶回給他的談判團隊。

除非美國人明白這一點，並煞費苦心去解釋他就是整個談判團隊，而且得到全部的授權來進行談判，不然他就不會被認真看待。這會讓他處於嚴重不利的地位，因為他隨後無法訴諸高層（見第七章）。如果被迫強調他有談判的權力，他應該要指出他只有在某個談判價格之內進行談判的權力，超過那個談判價格，就需要得到授權。如果被要求透露那個價格在哪裡，他應該要解釋他沒有權力透露那個價格。

美國人受不了情緒勒索

當然，英國人是最受不了情緒勒索的，但美國人也認為，在公共場合表現出情緒是弱者。如果有個美國妻子開始哭泣，她的丈夫立刻會認為他對她做了一件很殘忍的事。在地中海國家，丈夫只想知道他的妻子策劃什麼陰謀。這種對情緒反應的懼怕，導致美國人在與美國以外的人談判時顯得猶豫不決，而且如果我們的提案讓對方暴怒，我們往往會反應過度。相反地，我們應該只把這種情緒反應視為在他們文化中可以完全接受的談判策略。

美國人期待短期獲利

除了希望在與對方建立關係之前完成談判之外，我們還期望從達成的協議中盡快取得成果。我們關注當季股息，而外國投資人關注十年計畫。許多聘請我來培訓員工的公司執行長，尤其是業績波動較大的高科技公司，似乎每天都在擔心他們做出的任何舉動會讓華爾街產生什麼反應。對於許多美國以外的人來說，這種重視短期獲利與當前股價的態度，給人一種「快速賺錢」的心態，我認為這是不恰當的。當他們希望與我們建立長期關係時，我們只關注到獲利，這可能會冒犯他們。

美國人不太可能會說外國語言

毫無疑問，英語已經成為世界上的商業語言。我的妻子吉賽拉在退休前是一家置入性廣告公司的共同創辦人，這是好萊塢最成功的一家置入性廣告公司。她代表公司希望把產品置入電影和電視，藉此行銷產品。她有個客戶是荷蘭大型電子公司飛利浦（Philips）。一九八三年以來，飛利浦一直以英語作為公司的語言。我曾經在墨西哥為奇異（GE）等跨國公司舉辦研討會，這些公司的所有業務都以英語進行。

每當一家公司與來自不同歐洲國家的另一家公司合併時，他們會採用英語作為公司的語言，因為這是他們雙方都學會的外語。現在歐洲的會議通常是用英語進行，因為英語是共通的語言。大多數歐洲商人都會說兩種外語，其中一個就是英語。大多數亞洲商人至少可以聽懂英語，即使他們說得不好。可惜的是，幾乎沒有美國人會說德語或日語，如果我們真的理解一種外語，那可能是西班牙語或法語。

根據歐盟的一項研究，60%的歐洲人會說第二種語言。相較之下，美國這個數字只有

26%，而且其中有一半是來自其他國家的移民。

要意識到這對美國以外的人來說可能顯得多麼傲慢，你只需要想想第一次在巴黎的餐廳用餐時你是多麼生氣。當服務員看起來不會說英語時，你可能會像我一樣在想：「這是一家服務觀光客的餐廳。他們必須一直在這裡安排一位會說英語的人，為什麼他這麼難溝通，就是不肯說英語呢？」

不幸的是，這種態度在美國商人之中非常普遍。對美國以外的人來說，任何對「如果想要跟我們做生意，就應該學習我們的語言」的期望，都會被認為是令人惱火的傲慢。即使他們會說我們的一點語言，我們也應該要表現出驚訝與高興。我們應該一直努力去說幾句他們的語言，即使只會說「早安」和「謝謝」。

如果你是第一次去他們的國家做生意，那麼願意用他們的語言做生意就顯得特別重要。他們會想要知道你承諾要在他們的國家做生意，並確信你不僅僅只想輕鬆獲利。為了表現出你會留在這裡的樣子，請把你的文件資料翻譯成他們的語言，這樣做可能是值得的事。我在中國的研討會總是會用幾句中文當開場白，觀眾就會很高興。

美國人不會環遊世界

美國是世界上最富有的國家之一，但是美國人的旅行次數卻沒有其他富有國家那麼多。在紐約世貿大廈恐怖攻擊事件後的反恐行動期間，美國人突然被要求從加拿大和墨西哥返國時必須出示護照，因此有大約一千八百萬人首次申請護照，這使得持有護照的美國人比例推升至21%，在這之前，這個數字只有16%。

這有部分原因是可以理解的。美國是幅員廣闊的國家，有各種不同的氣候與地理環境，如果你想要世界級的滑雪、登山或衝浪，你都可以在美國看到。一部分的原因是地理位置：除了加拿大和墨西哥之外，去任何地方的路途都很遙遠。另一部分的原因是恐懼：在這些日子以來，有很多資訊告訴美國人，我們生活在可怕的世界。美國缺少歷史，造訪倫敦、羅馬和巴黎的經驗是無價的，因為這可以讓你了解世界。

不要指望美國人了解你的文化有多麼複雜。

美國人受不了沉默

對我們來說，沉默十五秒就跟沉默一生一樣久。你還記得上次電視沒有聲音是什麼時候嗎？你可能還不到十五秒就去拍拍電視機，特別是對習慣冥想的亞洲人來說，這種不耐煩顯然是他們可以拿來利用的弱點。與美國以外的人打交道時，不要被一段時間的沉默嚇到。把不要成為下個發言的人當成挑戰，經過一段長時間的沉默之後，下一個說話的人就輸了，因為下一個開口說話的人會做出讓步。

我有個學生在銀行負責房貸業務，他告訴我在上海談判的故事。「我們二十個人圍坐在會議桌旁，」他告訴我。「這個案子關乎數千萬美元的房屋貸款。突然間，對方完全安靜下來。幸運的是，我已經了解到這個策略並做好準備。我看一眼手錶，三十三分鐘過去了，沒有人說話。最後，他們有位律師出聲，做出讓步，使我們能夠完成交易。」

美國人討厭承認自己無知

就像我在第三十八章討論蒐集資訊的重要性，美國人討厭承認自己無知。這是美國以外的人知道，而且可以運用的優勢。你不必回答任何問題，你完全有權利說：「這是這個階段的秘密情報。」或是乾脆告訴他們你不知道，或是不被允許公布他們想要的訊息。並非每個問題都值得回答。

請允許我在這裡做個愛國宣言。世界各地的人還是很欽佩與尊敬美國人，特別是美國商人。他們信任我們，而且認為我們在業務往來中坦誠直率，這點我相信。在本章中，我並沒有要強調美國人與美國以外的人打交道時擁有的缺點，我一直都只是在教你外國談判代表如何誤解美國人，沒錯吧？

需要記住的重點

1. 美國人在溝通時往往非常直接。
2. 美國人拒絕對方提出無理的初步要求。
3. 美國人更有可能單獨談判。
4. 美國人受不了情緒勒索。
5. 美國人期望得到短期獲利。
6. 美國人不太可能會說外語。
7. 美國人不會環遊世界，只有21%的人有護照。
8. 美國人受不了沉默。
9. 美國人討厭承認自己無知。

第47章 美國以外的人的談判特性

有一個古老的笑話說，天堂的餐廳裡有一位德國經理、一位法國領班、一位英國服務生與一位義大利廚師。另一方面，地獄的餐廳裡有一位義大利經理、一位德國領班、一位法國服務生與一位英國廚師。喜劇演員喬治．卡林（George Carlin）曾說：「如果真的有天堂，那裡會有德國的機械工程師、瑞士的飯店、法國的廚師、義大利的戀人與英國的警察。如果真的有地獄，那裡會有義大利的機械工程師、法國的飯店、英國的廚師、瑞士的戀人與德國的警察。」當然，這些都是刻板印象，但以避免任何刻板印象的名義來忽視各國做生意的特徵也是錯的。

讓我們來看美國以外的人有什麼談判特性。如果我暗示來自這些國家或是擁有這些民族背景的所有人都有這種傾向，就是很嚴重的偏見。然而，可以務實的假設這些國家大部分的人都有這樣的行為。很值得了解與你談判的非美國人有什麼傾向，並觀察他們是否符合模式。

英國人

留意他們的國籍。大不列顛包括英格蘭、威爾斯和蘇格蘭，英國還包括北愛爾蘭。在組成英國的四個國家中，82%是英國人，因此除非他們有口音，不然你可以假設他們是英國人。英國人比較喜歡被稱作英國人，而非不列顛人。要這樣留意有部分原因來自大規模的移民問題。直到一九六〇年代，出生在殖民地（一度包含地球60%的土地面積）的人都可以拿到不列顛護照，而且可以自由移民到英國。你經常會聽到一句話：「我不想被稱為不列顛人，如果你是不列顛人，你可能來自任何地方。我是英國人。」

想要與英國人碰面，請事先預約，因為英國人會按照行事曆生活。要準時，但永遠不要早到。對於社交活動來說，遲到十分鐘比提前一分鐘好。英國人太有禮貌，要記住，有超過六千萬英國人擠在跟奧勒岡州土地面積一半大小的國家，其中有大多數都居住在倫敦周邊的縣。在這樣一個擁擠的國家，為自己的行為設下界限就非常重要。理解這一點是理解英國人的關鍵。如果在擁擠的火車上有人開始演奏走音的薩克斯風，不太可能會有人抗議，但是在美國，那個人會被砲轟。

這就是為什麼你會在英國年輕人身上看到如此離譜的穿著風格與髮型。在外人看來，一個頂著橘色頭髮、穿著以鍍鉻裝飾的皮衣的年輕人，與一個戴著圓頂高禮帽、天天帶著雨傘、袖子裡塞著手帕的銀行家可以和睦相處。這其實是騙人的，因為他們並不贊同彼此的行為，只是他們太有禮貌而不會抗議。

你會發現英國人很少問你私人問題。雖然在美國以「你做什麼工作？」或「你住在哪裡？」開始對話是可以被接受的，但是對英國人來說，這是嚴重的侵犯隱私。因為他們過於禮貌，如果你問他們這個問題，他們都會回答，但是絕不會反過來問你做什麼工作？

英國還是一個階級意識很強的社會，儘管這種情況正在迅速改變，這種改變就呈現在柴契爾夫人（Margaret Thatcher）、約翰・梅爾（John Major）、湯尼・布萊爾（Tony Blair）和高登・布朗（Gordon Brown）是前四個不是出身上層階級的首相。高登・布朗是蘇格蘭人，他是第一位沒有在英國出生的首相。不過你還是會遇到很多擁有階級意識的人，尤其是老年人。舉例來說，如果他們對於自己住在哪裡避而不談，就不要逼迫他們，因為他們可能對於自己住在工人階級居住的郊區感到不自在。

英國人根本不喜歡像美國人那樣與陌生人交談。在英國，與陌生人開始交談的正確方法是談到天氣與無害的言論，像是「今天天氣不錯」，或是「可能會下點雨」。如果他們的回答是一種難以理解的音節，像是「嗯……」，他們不是不禮貌，只是那時感覺跟你說話不太自在。如果他們想要繼續談話，他們會做出同樣無害的回應，像是：「我的玫瑰花需要一點雨水。」或是「每年這個時候下雨沒什麼好訝異的，根本不需要訝異。」然後你就可以開始對話，但是請記住，不要問他們任何私人問題。

禮貌地拒絕茶或咖啡是可以的，但是在世界上許多地方，這是一種侮辱。請注意，英國人對美國人抱持著懷疑的態度。美國人被認為太圓滑，不符合英國人的胃口，他們對於要和美國人交談有些警覺，擔心會被花言巧語的人欺騙。

英國企業的高階經理人並不像美國人有那麼忙碌的節奏。我記得我的姪子在倫敦駿懋銀行（Lloyds）工作的時候，我找他吃午餐，他帶我去城裡一家老酒館，那家酒館在那裡已經供應午餐七百多年了。我們和三個英國商人坐在一張長凳桌，午餐前，他們喝了幾杯琴湯尼，然後享用一頓豐盛的烤牛肉和約克夏布丁（Yorkshire Pudding）午餐，還喝了兩瓶紅酒。

吃完豐盛的甜點後，他們點了白蘭地。我用我最好的美國口音對其中一個人說：「抱歉，先生，可以問一下嗎？吃完這麼豐盛的午餐，你們還要回去工作嗎？」他的回答很大程度體現出英國人對工作與成功的態度。他禮貌地回答：「這裡是英國，我們的成功方法與你們美國人不同，在這裡，我們認為事業上的成功可以讓我們工作不用那麼累，你們那裡的人則認為，想要成功，你需要更努力。」

法國人

在與法國人打交道時，我沒有和多數美國人那樣碰上很多麻煩。我認為很大一部分的原因是美國人只接觸過巴黎人。巴黎之於法國人，就相當於紐約之於美國人一樣，那裡是充斥瘋狂商業活動的壓力鍋，是競爭非常激烈的環境，所以他們給人的印象比我們期望的法國人還更不禮貌。請記住，法國非常集權。政府、銀行和工業巨頭、時尚和娛樂業全都是由巴黎發散出去。

除了巴黎人以外，法國人都很溫暖友好。即使在巴黎，我發現人們對待你就跟你對待他們一樣。如果你心懷怨恨，而且期望他們充滿敵意，那你就會碰到那樣的人。如果你很熱情，渴望與他們碰面，並探索他們的文化，你就會找到樂於跟你分享的人。

法國人很自豪巴黎是世界流行的時尚中心，他們欣賞優雅的禮儀，因此穿著會比在家時還要正式。你可以增加一些額外的裝飾品，像是手帕或絲巾。請記住，法國人很自豪自己的語言技能，這種對語言的熱愛，意味著即使他們會說幾句破英文，也不願意說出來，因為他們不想讓人覺得他說得不好。這並不是因為他們抱持著「如果你想要跟我談話，你就必須說我的語言」的態度。法國商人可能很懂英語，即使他們說英語時感覺很不自在。（確實，法國人發起一場聲勢浩大的社會運動，要避免英語字成為法國語言的一部分，但那是另一件事。）

法國人以能言善辯自豪，他們熱愛爭論與交談，沒有什麼比早上一邊吃著可頌麵包、喝著咖啡，一邊進行抽象性的辯論來得愉快了。他們爭論的重點並不重要，重要的是他們贏得辯論時所使用的邏輯。法國人是邏輯思考者，而且在推銷時注重邏輯和理性，而不是訴諸情感。在談判中，當法國人說「是」的時候，他們的意思是「或許」。當他們說「不」的時候，他們的意思是：「那來談判吧。」

就像法國所有事情都以巴黎為中心一樣，法國的企業也採取中央集權。在大公司中，辦公室會按照階級排序，從董事長辦公室開始發散出去。同樣地，權責的安排也是由上而下發散出去。法國人與英國人一樣，重視原則，而不是結果。他們不會因為可以大撈一筆而違反傳統的經營方式。一定要準時，因為遲到是對法國人的侮辱。見到他們時簡單握手，只有對親密的友人才會親吻臉頰。用「女士」來稱呼所有成年女性，即使她們還是單身。

最重要的是，不要因為談論公事而毀了一頓飯。一頓法式午餐可能會持續兩個鐘頭，而且可能是一次優雅的體驗。除非這餐飯的主人開始談論公事，否則就要避免這樣做。在他們面前展現出你多麼欣賞他們的美食，會對自己更有利。請準備好為這頓飯支付高額帳單，我記得在一家法國餐廳舉辦的晚宴上，有個客人選鴨肉沙拉作為開胃菜。當他們在桌邊雕著鴨子時，我就知道我遇到麻煩了，光是這道開胃菜就要八十美元！

德國人

德國（以及瑞士德語區）是一個低情境國家；德國人看重的是協議，而不是雙方的關係，或是簽訂合約的環境。德國人是少數幾個比美國人預期會有更詳細合約條文的國家。他們確實是協議大師，協議一旦敲定，就永遠不會改變。當你到達談判場所和離開的時候，請緊緊握住對方的手。一定要準時，因為對他們來說這非常重要。談生意的時候不要把手插進口袋裡，因為這對他們來說太隨意了。在工作場所不要講笑話，德國人認為這是非常不恰當的舉動。

德國人一開始顯得很正經與冷漠，他們需要很長的時間跟你相處才會放鬆下來。在商業上，無論是態度，還是風格，他們都比美國人正式得多。他們的語言有正式與非正式的分別，對於更高層級的人使用非正式風格（稱「你」），而不是使用正式風格（稱「您」），就是犯下大錯。不要直呼對方的名字，除非對方要你這樣叫他。

德國人非常重視頭銜。如果你有個頭銜，請使用你的頭銜，而且尊重他們的頭銜。稱呼別人先生（Herr）、女士（Frau），或是小姐（Fräulein），後面接著他們專業的正式職務（舉例來說，施密特醫師先生〔Herr Dokter Schmitt〕，或施密特教授女士〔Frau Professor Schmitt〕）。一起工作數十年的德國工人還是會用頭銜和姓氏來稱呼對方。

德國人開車開得非常快，速限標示常常會被忽視。請記住，快車道只會用來超車，無論你開得有多快，你在快車道上以時速一百英里的速度開車時，還是會有一台車在你後面疾駛，閃著大燈要你讓路。

亞洲人

亞洲人非常重視人際關係，他們比較願意相信跟他們談判的人，而不是他們簽署的合約。在泰國和其他亞洲國家，你可能會看到對方雙手合十，對你微微鞠躬，你應該用同樣的問候語回應，但是雙手要跟他們的手持平或略高。雙手的高度表明對碰面的人尊敬的程度，遇到僕人也許會把雙手放在腰部下方，遇到聖人或偉大的領袖時，可能會用手觸摸額頭。不要得意忘形，但可以把手舉得比他們的手高一點，表示對他們的尊重。

亞洲人往往會認為在談判期間做出的承諾是談判那個人所做出來的，而不是那個人代表的組織所做出來的。美國人把簽署合約認為是事情的「結束」（the closing），亞洲人則認為這是雙方關係的開始。對亞洲人而言，傳達出「簽署合約應該被視為一個開始、而非結束」的訊息很重要。不要期待有目光接觸，因為他們認為這是很不禮貌的。這並非不老實的跡象，很多越共士兵因為無法直視美國人的眼睛而受到折磨，因為對美國人而言，這意味著越共士兵在撒謊。

韓國人

韓國人也把達成協議視為起點，而非最終的解決方案。他們不明白一項協議怎麼可以預見到所有可能發生的情況，因此他們把合約視為一種表達在合約簽署日當天雙方有相同的理解。如果情況改變，他們就不會感覺到受到已簽署合約的約束。你對此的回應不應該是減少對合約的重視，而是該草擬一份足夠有彈性的合約，用來適應不斷變化的條件。如果你可以預測到情況的改變，而不是抵制情況的改變，你應該可以接受這種情況發生，而且為各方應對情況變化的方式提供懲罰和獎勵。

韓國人不認為負責任很重要，他們認為，如果他們無法遵守協議，那就是不可抗力的事。不幸的是，他們可能會計畫以這點來利用你。

中國人

中國有句俗話說：「合情、合理、合法。」這意味著先檢視雙方之間的關係，然後檢視這件事是否恰當，然後才擔心法律的規定。很多中國人現在碰到美國人要握手時，先看看他們是否會先伸出手。傳統的問候方式是從肩膀微微鞠躬，這幾乎是一種很誇張的點頭，比日本從腰部鞠躬的角度要小得多。

你的行事要顯得很低調，因為高調的行為很容易冒犯中國人。中國人做生意是基於跟你建立關係，但如果你對於是否要繼續進行這項計畫有些猶豫，他們就會以此施加壓力，指責你破壞友誼。

中國文化有個強烈的傾向是將群體的需求置於個人需求之上。請記住，幾千年來中國人關注的是家庭的需求，而不是村莊的需求。儒家思想還強調家庭、大家庭與社區的重要性。

中國談判者是以團隊的形式工作，並做出集體決策。共產主義者在中國文化中消除宗教，但是儒家和道家是哲學，並不是有組織的宗教。儒家強調的是家庭、村莊和社會生活的組織，道家強調與自然達到平衡和和諧的重要性。順道一提，道家的發音比較像是D開頭，而非T開頭。

強調團隊動態的其中一部分，就是中文裡「關係」的概念，這是指歷史悠久的互惠讓步。它的應用很巧妙，但卻是中國社會的基礎。幫忙別人時，會期望得到一些回報。幫忙的人並不會具體說明他期望什麼或何時有期望，但是因為幫忙別人所產生的義務，現在已經成為他們關係結構的一部分。無論你走到哪裡，例如在與商界人士和政府官員打交道，以及在中國人生活的各個方面，你都會遇到這種關係。

中國文化的另一個重要部分是尊重長幼有序。請試著了解與你打交道的人年紀。中國人從小嬰兒開始，就被教導要長幼有序，這種觀念會伴隨他們一生。在工作場所，晉升通常是取決於年齡，而不是能力。每個人都該遵從長輩的指導。

當然，你應該知道中國人非常注重面子。在商務會議上，不要指望他們會公開支持或反對你的建議。他們擔心自己可能會丟臉，或讓你或其他人丟臉。

每個中國人骨子裡都是企業家，而且很愛討價還價。可以預期他們一開始會開高價，然後願意讓步。你也應該這樣做，而且不要因為價格被壓低而認為被冒犯。你可以享受討價還價的樂趣。

日本人

日本人不願意說「不」。對他們來說，「是」只是因為他們聽到你說的話。不要問他們可以用是或否來回答的問題，相反地，要提出開放式問題。「你什麼時候可以做那件事？」比「你可以做到那件事嗎？」更好。

日本人如果對長輩說「不」，會被認為沒有禮貌。然而，無論他們變得多麼西化，他們在這點上還是很難改變。我認識一個製作大型圍欄公司的老闆，他把公司賣給日本公司，現在在比他還年輕的企業高階經理人下面做事。「羅傑，」他告訴我，「我跟他打交道很多年了，到現在我還不知道他會不會拒絕我向他提出的提案。問題出在，我永遠無法判斷他是否喜歡這個提案，或只是對一個年長的男性說不感到不自在，因此他寧可批准那個提案。」當日本人說：「這會很困難」時，他們的意思就是不要。

日本是非常高情境的國家，在重視圓滑與禮貌、而非誠實的文化中，說出的話並不總是字面上的意思。他們說的（建前）和他們想的（本音）[9]有很大的差異。在日本，「我們」排在「我」的前面。全體比個人更重要，這與讚揚獨立並獎勵獨立的美國文化相反。在美國，如果要懲罰小孩，你可以把他關在家裡，在日本，如果要懲罰小孩，就要把他趕出家門。

與受到孔子影響的其他亞洲文化一樣，日本強調階級制度，你可以觀察日本人如何互相鞠躬，通常階級最低的人會先鞠躬，而且把頭壓得最低。

Wa的概念在這個文化中很強烈，我們會把這個字翻譯成和諧的意思。他們希望每個問題都可以找到和諧的解決方案，為此，他們相信每種情境都有獨特的因素，使他們能夠改變解決方案來維持和諧。十九世紀西方文化傳到日本以前，他們不理解客觀性的概念，在他們看來，一切都是主觀的。

日本人喜歡集體工作，不要試著確認誰是可以決定成敗的主要談判者，可能沒有這樣一個人。此外，不要期望你的提案會得到很多回饋，這有幾個原因：

- 日本公司有階級制度，每個人都不想因為表達意見而讓自己難堪。
- 日本商人想要有面子，也想讓你有面子。
- 他們厭惡風險，因此不願意發表意見，擔心這個意見會被自己的團體否決。

9 建前（tatemae）是指一個人在公眾場合的行為與意見；而本音（honne）則是指一個人的真實想法和渴望。

就像我告訴過你的，中國有「關係」的概念，關係的意思是互惠。如果我幫你一個忙，你現在就欠我人情，日文稱這是Kashi，字面意思是貸款。在餐廳裡，你會看到同事為朋友倒清酒或啤酒，這被視為是一種讓對方承諾未來會回報你的微妙形式。在這個層面上，這樣隱含的意義實在很吸引人。當你意識到你的日本同事正在幫助你，而且抱持全然的期望你會有所回報時，事情就會變得更為複雜。

日本人一開始採取的立場，取決於他們了解你的程度。如果他們不了解你或你的產業，他們會開高價。這不是要利用你，而是因為他們要藉由判斷你的反應來了解你。這被稱為「banana no tataki uri」談判法，這個術語是指香蕉供應商會向不認識的人開出高得離譜的價格，接著如果買方抗議，他們就會快速降低價格。對我們來說，這聽起來很不道德，但確實很合理。你不知道陌生人的談判風格時，你可能很習慣強硬的殺價。如果你一開始就開高價，你會很快了解他們，並在下一次做生意時採取不同的方法。

在我的書《自性的決策者》（William Morrow, 1993）中，我專門花一整章來解釋日本人如何做決策。以下是一些重點。

他們會集體做決策，因此我們很難弄清楚是誰在做決策，但實際上是沒有人做決策。他們認為定義問題比找出正確答案更重要。集體做決策的目的是要吸收資訊，並認為一旦他們完全了解情況，選項就會明顯浮現出來。團隊中的每個成員都會提供自己的意見，從階級最低的人開始，一直到最高層。

日本高階經理人認為，他們的工作要求他們提出有創意的構想，而不是對結果負責。

美國人更喜歡由一個人做出最後的決策，這樣他就可以承擔責任，日本人則是讓整個團體集體做出決策。當每個人都給出意見的時候，選擇對這個團體而言也許就很明顯。如果還是不知道要選擇什麼，他們也許會退出談判，因為他們知道自己需要吸收更多資訊。這讓美國人很挫折，因為他們感覺一事無成。這樣的好處在於，一旦他們決定事情要繼續做下去，每個人都會參與其中，而且致力完成所有行動步驟。

俄羅斯人

戈巴契夫（Gorbachev）試圖推動改革的時候，我在蘇聯待了兩週。坦白說，我懷疑他們是否會轉變成自由市場經濟，因為俄羅斯人本質上並沒有企業家精神。對於共產主義制度的理解，消除他們生活中所有的激勵因素；禁止宗教，意味著他們的社會沒有道德動機去行善；禁止營利的私人企業，意味著沒有經濟動機去行善。請記住，七十年來，他們都生活在每個人為政府工作的制度下，沒有其他雇主。

錢對他們來說幾乎毫無意義，因為即使他們有錢，也買不到任何東西。（雷根總統很喜歡講一個俄羅斯人的故事，那個俄羅斯人為了一輛車存了一輩子的錢，獲得政府買車的許可證。他帶著錢和許可證來到汽車展示中心，說：「我什麼時候可以拿到車？」「你會在整整七年後得到你的車。」他們這樣告訴他。「七年？」「沒錯，七年後的這一天，你就會得到你的車。」「是早上嗎？還是下午？」「同志，我們說的是七年後，早上或下午有什麼區別呢？」「因為那天早上，水電工答應要來。」）雖然一些俄羅斯人已經如魚得水般地接受資本主義，但是對很多人來說，這是很艱難的轉變，因此不要指望他們會像我們一樣受到獲利的驅動。

俄羅斯人並不害怕提出強硬的初步要求，他們希望你可以表達出對他們的尊重。對美國人而言，這可能會被認為是要擺出高人一等的態度，但俄國人不這麼看。了解即將要跟你談判的人，並讓他知道你對他有多深刻的印象。俄羅斯人有種非常官僚的心態，因此他們不害怕說出自己沒有權力，這會給你帶來最大的挫敗感。俄羅斯人已經學會讓每項決定都有十幾個人簽署，藉此保護自己不受到指責。這種心態源自舊蘇聯時代，當時犯錯可能會造成非常嚴重的後果。

你會遇到俄羅斯人抱持的另一種心態是，他們認為，所有事情都是被禁止的，除非他們被授權去做某件事。我們美國人的想法恰恰相反，我們認為，如果某件事沒有被禁止，就可以去做。他們可能會無止盡的說不，藉此考驗你的決心。

俄羅斯人不害怕表達他們的擔憂，即使這會讓你侷促不安。試著欣賞這種坦率，不要因此受到困擾。就跟應對任何憤怒的人一樣，試著讓他放棄他所採取的立場，讓他重新關注在你們共同的利益。（第三十六章有更多解決衝突的說明。）他們以自我為中心，對雙贏並不感興趣。

俄羅斯的情境可能比你以為的更高，你可能會有股印象認為他們在業務往來中很冷酷無情，但是他們非常直截了當。然而，在這種強硬的談判風格背後，需要讓跟你打交道的人感覺良好。這是在比美國商業關係的表面友好更深的層次上進行。不要以為跟他們喝了一箱伏特加，而且相互緊緊擁抱，就已經建立信任關係。

如果俄羅斯人說某件事情不方便，他們的意思就是不可能。我花了一些時間才弄清楚這點，而且我還是不確定為什麼會這樣，但這大概是翻譯上的誤解。舉例來說，我要莫斯科飯店的櫃台服務員把我們換到更大的房間。她告訴我：「那會很不方便。」我認為這意味著是我要更努力說服她，我可以讓她遷就我。事實根本不是這樣。她告訴我這是不可能的事。我花了將近十五分鐘艱難的談判，才升級到套房。

中東人

在中東談判時要對種族差異很敏感。最重要的是，不要稱他們是阿拉伯人，除非他們來自阿拉伯半島，像是沙烏地阿拉伯、伊拉克、約旦和波斯灣國家。埃及人不喜歡被稱為阿拉伯人，伊朗人則會對阿拉伯人的稱號感到震驚，因為他們以身為波斯人自豪。在伊拉克，80%是阿拉伯人，但是他們不願意稱自己是阿拉伯國家。最好遠離這種討論。

在這個人願意跟你談判之前，一定要花大量的時間來了解他，或許這需要很多天。當中東人跟你簽合約的時候，他們會把這視為談判的開始，而非談判的結束。他們會先簽合約，然後才談判。大多數在那裡做生意的美國人都了解這點，並稱他們是「合約收藏家」。理解這一點很重要，不要把這視為不正當的行為。這只是他們做事的方式。簽下合約的意義不像我們美國人的意向書那麼重要。

在他們的世界裡，一樓是做生意的地方，而且商店老闆的階級比商人還低。不要要求你的中東貿易夥伴在一樓的辦公室做生意，這是對他們的一種侮辱。你所在的樓層愈高，他們就會認為你愈有聲望。

如果跟他們有約，他們遲到，甚至根本沒有出現，請不要生氣。在這個國家，每個約定都不是堅定的承諾。一般而言，他們並不像我們那麼珍視時間。

你往往會受到與你談判的外國人熱情的款待，並收到禮物。這是他們公開要試著贏得你的好感，而且你必須有所應對。最好的計畫是做出回報，而不是拒絕他們的好意去冒犯他們，做出回報會消除收到禮物可能產生的個人義務，而且你會得到加倍的樂趣。

需要記住的重點

1. 了解民族特性會讓你更容易與美國以外的人談判。
2. 英國人不像美國人會自在地跟陌生人談話。這是一個充滿階級意識的社會，所以問他們住在哪裡或以什麼為生時要很小心。
3. 法國人是地球上最集權的大國，因此巴黎人比農村地區的人生活壓力更大。法國商人或許很懂英語，即使他們對於講英語不太自在。

4. 德國跟美國一樣，是低情境談判國家。簽訂合約比建立關係更重要。德國人非常重視頭銜。

5. 亞洲人把關係看得比合約更重，他們往往認為合約是與簽署人之間的協議，而非簽署公司之間的協議。

6. 韓國人把合約視為是簽署合約那天雙方有相同的理解。如果情況改變，他們感覺不會受到已簽署合約的約束。

7. 關係是歷史悠久的互惠讓步理念，這是中國經商的重要組成部分。你會收到禮物，而且被預期要有所回報。從中文翻譯成英文很困難，因為英文是更具體的語言。

8. 在日本文化中，Wa 的概念很強烈。我們會把這個字翻譯成和諧的意思。他們希望每個問題都可以找到一個和諧的解決方案。他們會集體做出決策，而不是按照階級制度來做出決策。不要嘗試去確認誰是決定談判成敗的主要談判者，可能沒有這樣一個人。

9. 俄羅斯人並不害怕提出強硬的初步要求。他們希望你表達出對他們的尊重。了解即將要跟你談判的人，並讓他們知道你對他們的印象有多麼深刻。

10. 在中東，不要稱他們是阿拉伯人，除非他們來自阿拉伯半島（不包括埃及和伊朗）。阿拉伯人要花很多天來建立關係，然後才能很安心的跟你做生意。

Part 5

了解玩家

在前面幾部，我的重點放在如何進行談判。現在我想把重點放在了解其他談判者，並讓你意識到這是優勢談判的重要關鍵。人有各種樣貌。他們會把真實的自我投入到談判之中，這會影響他們制訂的策略類型、影響他們使用的策略，以及如何使用這些策略，並決定他們的整體談判風格。

請記住，即使你正在與領導一萬名工會成員的工會會長談判，你始終是在跟一個人打交道，而不是跟一個組織打交道。我不會怪你去假設會員的需求將決定他採取的行動，但是我相信他的個人需求會引導他的行動。國務卿可能會從總統那裡得到明確的指示，要求他應該要如何進行國際談判，但是個人需求還是可能會主導他的行動。只要了解這個人，往往就可以主導談判。

我們會觀察你，看看你是否有能力成為優勢談判高手，同時我會介紹如何解讀對方的肢體動作，並傾聽他們在談話方式中隱含的意義，然後你就會了解優勢談判高手的個人特質、態度與信念。

大家似乎都認為有些人天生就具有成為成功談判者的特徵。「喔，他是天生的談判高手。」你經常會聽到有人這樣說，但你知道那並不是真的。我要考考你，打開你那裡的任何一份報紙，給我看是否有個出生公告，上面寫著：「有個談判高手今天在聖巴多羅買醫院（St. Bartholomew's Hospital）出生。」當然沒有，人們天生就不是談判高手。談判是一項可以學會的技能。在這一部，我會教你如何適應各種風格的談判者，以便輕鬆解讀各種談判者，並得到自己想要的東西。然後我會告訴你如何調整你的談判風格去應對他們的風格。

第48章　肢體語言：如何讀懂人

在這一章，我會教你優勢談判高手如何解讀肢體語言。

不幸的是，肢體語言是很多人過度投入研究的主題，我認為其他很多領域也是如此。我碰過一個非常相信占星術的人，當他運勢不好的時候，某個特定的日子甚至不會出門。有些人非常相信筆跡分析，他們不會雇用筆跡不符合他們系統的人。我甚至聽說有人相信他們可以透過寫作的方式來識別出犯下謀殺罪的人。而且你可能會因為羅夏克墨跡測驗（Rorschach inkblot test）沒被準確解讀而失去工作機會。

我們不想要過度極端的看待肢體語言。但實際上，我們的溝通中有很大一部分並非口語。還記得我們在討論望而卻步時有談到「視覺反應對提案的重要性」嗎？談判中人們產生的反應，有80%可能不是口語。

如果你想要證明我們不用說話可以進行多少溝通，那在下一次員工會議上，你可以逛完整間會議室，要求每個人不用語言來告訴你一些事情。舉例來說，豎起大拇指表示很好。大拇指向下表示很糟。聳肩意味著什麼都沒差……等等。我跟高達五十個人一起做過這件事，而且發現沒有什麼東西無法用手勢來表達，我懷疑你說不定可以與一百個人做這件事，而且溝通效果一樣很好。我們確實有很多不是口語的交流。

為了讓你了解不用口語可以溝通什麼東西，讓我們看看是否可以用一隻手說出二十件事。

1. 跟一個人招手。
2. 為某個人祈福。在基督教的世界中，以三根指頭祈福（three-finger blessing，拇指、食指、中指）代表三位一體。
3. 用拇指拍打其他四根手指，告訴某個人他的話太多了。
4. 在餐廳要求要結帳。
5. 兩根手指打叉，代表允許自己說謊。
6. 食指在頭的旁邊畫圈，告訴某個人你認為他瘋了。
7. 握緊拳頭，並用食指指向某個人，形成手槍的形狀，藉此認可那個人。
8. 與某個人擊掌慶祝。
9. 握緊拳頭，把拇指翹起來，顯示要搭便車。
10. 握緊拳頭，用指節敲擊頭的側邊，做出「老天保佑」的標誌，藉此避免厄運。
11. 用拇指摩擦食指和中指來代表金錢。
12. 與人握手打招呼。
13. 將手擺在心窩，發誓效忠。
14. 拍拍孩子或狗的頭，表示讚賞。
15. 把拇指和小指伸長，並搖搖你的手，藉此告訴某個人「放輕鬆」。

16. 緊握拳頭並向著門口搖著拇指，藉此說「那我們走吧」。
17. 伸出小指和拇指，並在耳邊搖晃，藉此要求某人打電話給你。
18. 將中指和食指擺出V形，表示你是和平主義者（或是希望某個人獲勝）。
19. 舉起所有手指，手掌向外，並把無名指跟中指分開，做出瓦肯舉手禮，表示你是《星際爭霸戰》（*Star Trek*）的粉絲。
20. 揮手說哈囉或再見。

而且只要用一隻手就可以了！請注意，我已經省略各種猥褻的手勢和各種體育手勢，像是亞特蘭大勇士隊（Atlanta Braves）戰斧砍劈（tomahawk chop）的手勢，還有德州大學（University of Texas）的長角牛搖晃（longhorn wave）。

然而，如果我們過於注意這些手勢，可能很容易會產生誤解。舉例來說，女性比男性更自然會讓雙臂交叉，這對她們來說只是更自在的姿勢，如果我們解讀成她們是要讓自己與外界隔絕，那麼我們可能完全誤讀情勢。

如果我們看到有人在跟我們交談時拉拉耳朵，我們會自動認為這意味著他在要求要有更多資訊，而實際上他們只是耳朵很癢，這種解讀可能是一大錯誤。

特別是，如果你和其他國籍的人打交道，你可能會犯嚴重的錯誤。你知道嗎？在美國，點頭表示「是」，搖頭表示「不」，而對愛斯基摩人來說，情況恰恰相反？但是我們不要過於注意這點，你可能不會跟很多愛斯基摩人談判。

讓我告訴你一個可能是有史以來不用口語造成最大誤解的故事。早在一九六〇年尼爾．阿姆斯壯（Neil Armstrong）踏上月球時，有人問他：「那裡長什麼樣子？」他用手比了OK的手勢，沒有以口語的方式回應。

對於正在觀看節目的數百萬美國人而言，這樣的回答很好，因為比OK的手勢是美國傳統，而且非常好理解。但對於其他六億正在電視上觀看節目的人而言，這個手勢被完全誤解，因為這與世界上熟知的手勢非常相似，那就是當拇指碰到中指時，就展現出敵意，這幾乎是一種挑釁。你可能認為這是義大利的手勢，但這是全世界通用的手勢。

大家會相信某個日本電視台的評論員可能會對另一個人說：「他說什麼？他說什麼？」而另一個人可能會說：「我不知道，但他看起來很生氣……」

我只能想到一種不用口語的通用溝通。我去過一百一十三個不同的國家，去過地球上一些最偏遠的地方，一直發現微笑對所有種族都意味著相同的事情。

為什麼面對面談判更好？

解讀肢體語言的重要性會告訴你，面對面談判比透過電話、傳真、電子郵件或簡訊談判更好。

假設你去一個開發商的辦公室，帶他去吃午餐，並參觀即將上線的一個購物中心計畫。你透過他辦公室的玻璃牆看到他正在打電話，所以你決定在外面等待。他躺在椅子上，雙腳放在桌子上，手機夾在下巴下面。他用手做出一個尖頂的樣子，這明顯是一種有自信的表現。突然間，他的腳放下來，坐直在椅子上，他開始拍拍口袋，要找一支筆。

他看向秘書，用拇指碰著食指，然後搖晃著他的手。秘書知道他的意思，所以給他一支筆，然後他開始在筆記本上瘋狂寫字。寫到那頁的一半時，他在底部大大的畫一條線，並在那裡大大做個記號。

然後他站起來，繞過桌子，把椅子推到桌子下面，開始靠在椅背上說話。這時，他看到你在外面等著，對著你豎起大拇指，然後又讓拇指和食指稍微分開，表示他只要幾分鐘，然後繼續聽著電話。

然後他的臉上露出憂慮的表情，做出這個反應時，他摸了摸鼻子外側。這是個好跡象，表明他不是誇大其辭，就是在撒謊。當他彎下腰，對筆記本上的數字進行進一步的調整時，他又開始微笑，伸手拿起外套，穿到一半的同時結束談話，並掛斷電話。

我在這裡要表達的重點是：即使你聽不到一個字，看看你對談話中發生事情的了解，會比電話另一端的人多多少？

這就是為什麼我建議你避免用電話來談判。一定要考慮去與這個人面對面開會，這樣你就可以解讀他的肢體語言。你不必一直去找他，但我的原則是：如果你想知道你是否必須去找他，你就必須要過去。

特別是，如果你感到不安，你可以更好的判斷出來，這樣你就可以適當的調整你的反應。

透過電話談判的另一個壞處是無法握手。在美國，握手達成協議是非常強大的談判工具，你永遠不應該處於無法用握手來達成協議的情況。

另一件需要記住的重要事情是，大家比較容易相信他們看到的事情，而不是聽到的事情。舉例來說，如果我對你說：「好吧，我不會因為它焦慮。」但是當我對你說這句話時，我把手插在口袋，聳著肩，頭低低的，而且一臉擔心的樣子。你相信哪個？我會焦慮嗎？當然，你會相信你看到的情況，而不是聽到的情況。

如果你很會分析，那麼我們對於肢體語言的課程對你來說可能還不夠詳盡，覺得課程內容顯得過於表面。但是如果你像我一樣，我認為你在這章學到的內容，就足以說服你開始學習肢體語言。

我會提供你可以直接應用在談判流程的一些基本原理，從這裡開始，你可以繼續自己的研究。

你可以在兩個關鍵的地方繼續研究。一個是在機場候機的時候，另一個則是在沒開聲音看電視的時候。

不要因為在機場候機而感到沮喪，應該要開始對周遭的人感興趣。

觀察在你聽力範圍之外的人。你聽不到他們說什麼，但你可能看得到他們。研究他們的手勢與肢體語言，試著解釋他們正在做什麼事，特別是研究把心力全放在手機通話的人，試著弄清楚他們正在跟誰說話，是跟配偶、情人、客戶，還是員工說話？只要稍加練習，你就可以藉由解讀他們的肢體語言來進行判斷。

但請記住，只有肢體語言的變化才是有效的解讀訊號。不要因為某個人雙臂交叉而認為他有敵意。需要留意的是，當某個人明顯說了什麼，導致他突然雙臂交叉時，這時候肢體語言就變得很重要。

我曾經遇過一個肢體語言專家，他經常被律師聘請到法庭上觀察證人的肢體語言，以下就是他告訴我的關鍵重點：「留意肢體語言的變化。僅僅是因為證人可能有摸摸鼻子的習慣，並不意味著他一定是在撒謊，這可能只是意味著他鼻子發癢。但問到某個問題時，他的手突然不由自主的摸著鼻子外側，那就很清楚表明他在撒謊。」

順道一提，在你觀看深夜節目主持人的開場時，你可以看到同樣的手勢。他通常會說：「今晚我們為你準備精采的表演。」但有時你會看到他的手不由自主的摸著鼻子外側，這表明他真的不認為這是一場精采的表演。

回到法庭上的證人。肢體語言專家告訴我：「只是因為他們的手指頻繁的摸著衣領，並不意味著他們感受到很大的壓力，這可能是因為他們穿著一件全新的襯衫，還沒洗過，又硬又不舒服。」

「然而，如果提問的某些內容對他們施加壓力，接著他們的手摸著衣領，那絕對意味著他們感覺到有壓力。」

這時，我的朋友就會介入，讓聘請他的律師注意到這點，而且在交叉詢問期間，那位律師會再次強調這點，試圖找出證人內心實際上到底在想什麼。

現在讓我們考慮在實際談判過程中，肢體語言如何發揮作用。

握手

握手的方式有很多種，一般來說，在這個國家，可接受的是堅定的握手，但是不能握得太用力。幾次穩定的擺動就好。通常我們不會使用另一隻手，雖然與熟人交談時，我們可能會用雙手握手，也就是把左手放在對方的手背上。很多人認為這有點太超過，特別是第一次見面的時候，這就是所謂的政治人物式的握手（politicians' handshake）。

另一種變化是用空著的手抓住對方的前臂，這就是所謂的部長式握手（ministers' handshake）。

還有，當你握手時，把你的手放在對方的肩膀上，這是明確的訊號：他希望你加入委員會！

請注意從標準、熟悉的握手方式所產生的任何變形。顯然，濕黏的手掌是緊張的訊號，因此請觀察準備與你握手時在外套上擦手的人。

幾年前，在女性表明想要握手之前，男性伸手要跟女性握手是聞所未聞的事，但是現在，在當今開明的社會裡，男性應該要在商務場合上伸手跟女性握手。

我在美國各地舉行優勢談判研討會時，我還是很清楚這一點。美國不同地區的風俗習慣不同，在南方（例如阿拉巴馬州、密西西比州、佛羅里達州狹長地帶〔Florida Panhandle〕等），我還是不願意主動與女性握手。在聖經地帶各州（像是奧克拉荷馬州、堪薩斯州和內布拉斯加州）也是如此。因此要小心，確保符合那個地方的當地習俗。

在會議裡要坐哪裡

優勢談判高手明白，你在談判桌上的座位可能會影響談判結果。如果你獨自一人與兩個人談判，像是跟負責建築的副董事長和開發公司的董事長談判，請確保不要坐在他們中間。因為如果你這樣做，他們可以在你無法察覺的情況下，互相交換眼神與訊號。當然，如果你讓他們坐在對面，你就無法輕鬆觀察他們的肢體語言，而且你處於一個很不舒服的位置，你必須來回移動你的頭，就像在參加網球錦標賽一樣。

你要如何控制他們坐在哪裡？請確保他們先坐下，然後你再讓自己坐在他們對面，而不是同一側。

當一群人在談判，而且雙方人數相等時，兩方人馬通常會坐在桌子的兩側。如果兩方的人數不同，則人數較多的那方會試著保持相同的間隔，以便控制對方。

不過，如果你是人數較少的那方，你會想要在安排座位時試著分散坐，這樣你的團隊可以散布在對方的成員之中，這往往會消除那種被壓倒的感覺。

當同一個談判團隊的兩個人坐在一起時，他們往往會被視為是用同一種角度說話。如果他們分開，那麼他們似乎會提出兩種觀點，這給他們更多力量。如果你這一方有一個人，但是對方帶來三個人，而且你們都坐在一張圓桌，你就不應該跟同一方的人坐在一起。

何時開始討論正題

與所有人碰面並在桌子旁邊坐下來之後，接下來要考慮的是：什麼時候該停止閒聊，開始認真的談判？優勢談判高手知道，透過一些無關緊要的玩笑來緩解緊張情緒總是有好處，這樣可以讓每個人都覺得很自在，而且準備好要開始談判，但是什麼時候開始討論正題呢？

優勢談判高手會留意大衣鈕扣現象（coat button phenomenon）。男性通常會扣好外套的扣子，直到他們覺得跟你在一起很自在為止。如果團體中的成員還扣著扣子，請繼續閒聊，直到他們彎下腰，打開外套放輕鬆為止。在婚宴上曾經做過一項調查，調查的人不知道在場的人是家族成員，還是受邀的賓客。他們能以80％的準確度分辨出誰是家族成員，因為他們沒把外套的扣子扣起來。不熟的人則會把外套的扣子扣得更久。

以下是表明他們夠放鬆，可以開始談生意的跡象：

- 肩膀放鬆。
- 雙手放鬆，而且只有在強調重點時才會做出手勢。
- 音調、音色與語速一致，聲音感覺輕鬆自在。
- 眨眼的速度不快。

● 雙手分開，而不是緊握在一起。
● 臉上掛著淺淺的微笑。

眨眼的頻率

你可以環顧談判桌，試著研究對手眨眼的頻率。如果你之前沒做過，可能會對我們眨眼的頻率很驚訝：每分鐘高達六十次的情況並不罕見（雖然有些人眨眼的頻率很慢，一分鐘大約十五至二十次）。之後你會需要這個資訊，因為當一個人眨眼的頻率發生巨大變化時，你就會知道他要嘛對你說的話很有警覺，不然就是處於高度緊張的狀態，而且可能沒有說實話。

想要研究肢體語言，看電視是另一種有趣的研究方式。請試著關掉聲音去觀察評論時事的名嘴，留意他們眨眼的時候。你會很訝異他們講述的故事類型能夠透露出多少資訊。在英國，有一種說法是：「他是眨眼的騙子。」他可能沒有意識到自己正在解讀肢體語言，不過他注意到對方眨眼眨得很快。這是非常明確的跡象，表明這個人正在誇大其辭、正在說謊，或是對於他必須說出的話感到很不自在。

如果你關掉聲音去觀察時事評論員，你的注意力會更為集中，你會訝異的發現眨眼的頻率並不相同。當他們對於自己必須播報的新聞感覺不自在時，你會發現他們眨眼的速度可能會增加四、五倍。

留意對方的頭有多歪

頭歪一邊可能可以告訴你那個人是否有注意你。頭直直地看著你的人可能並不專注。如果他們讓頭稍微歪一邊，尤其是把手放到下巴上的時候，這是他們專注的好跡象。

我們演說家會學習研究這點。我們可以透過頭歪一邊的程度來發現正在密切關注你的觀眾，而且如果有一大部分的觀眾頭直直地坐著，即使臉上掛著一抹微笑，看起來很專注，我們都知道他們並不專心。當這種情況發生時，我們會直接對這些觀眾提問，要他們回答問題，或是我們會改變節奏，或是以某種方式讓這些觀眾更為警覺。

當然，如果演說家注意到大家正朝門口靠，這是很好的肢體語言，表示他們正對你失去興趣！

當你的手碰到頭時

每次手碰到頭的時候，都要仔細觀察。用拇指和食指撫摸下巴，表示他們對你說的內容非常感興趣。彎起手指，而且把手放在下巴下方，表示流露出同樣的興趣。但是當下巴放在手掌邊緣，而且頭靠在手上時，就是無聊的明顯跡象。

當一個人摸著鼻子外側時，幾乎清楚顯示他正在誇大其辭，或是在對你撒謊，除非他平常緊張時就有這種動作。

當一個人拉著自己的耳朵時，他是在對你說：「我想要聽你講更多的東西。」

當一個人搔頭皮時，他是對正在發生的事情感到尷尬或不自在，你可能會想要停止談判，並改變談判的走向。

密切關注手部的動作

我們能從雙手中學到什麼？我們知道手指敲著桌面表示不耐煩。我們知道在強大的壓力下，人們可能會絞扭雙手。還要注意塔狀手勢（steepling），塔狀手勢意味著兩隻手指的指尖有接觸，但手指的根部沒有碰到，這是充滿自信的表現。當你極度焦慮時很難做到這點，如果你看到有人這樣做，你就知道他覺得自己處於優勢。

當一位男性把一隻手或兩隻手放在胸前時，這是開放而真誠的標誌。儘管一位女性這樣做時，往往是因為受到驚嚇或需要保護。

壓壓鼻梁，特別是還閉上眼睛的時候，意味著這個人真的很專注在正在發生的事情。

一隻手放在脖子後面，無論是手指伸進衣領，還是手掌搔著背部，幾乎都是覺得很厭煩的明確訊號。他們真的會發火，有時他們確實會感覺到你很煩人。

戴眼鏡的人可以告訴你的事

戴眼鏡的人可以告訴你什麼事？嗯，你知道從眼鏡的頂端看東西是什麼意思，這是說：「我不相信你。」或是「我不同意。」一個人在談判過程中不斷擦眼鏡，這種情況一小時可能發生三或四次，這要告訴你的事情與一個不斷重新點菸斗的人要告訴你的事情一樣：他需要更多時間思考。當優勢談判高手看到這種情況時，不是要停止說話，就是要談論一些無關緊要的小事，同時對方則會思考更重要的問題。

每當有人要把東西放進嘴裡，不論是眼鏡角、鋼筆或是鉛筆，那就是他們需要更多有營養的東西。他喜歡聽到的東西，但是想要聽到更多。

當然，如果有人突然摘下眼鏡，並把眼鏡扔在桌子上，你會知道他對你很生氣，而且想要把你拒之門外。但是留意一個更微妙的訊息，那就是當他剛放下眼鏡的時候。如果有人摘下眼鏡，而且把眼鏡放在桌子上，這意味著他不再想要聽你說話。

空間行為學對個人空間的研究

肢體語言另一個有趣的部分是考慮當你和某個人交流時，你應該給他多少空間，這是研究你應該在談判過程中與另一個人保持多少距離，這項研究有個名字，叫做空間行為學（proxemics）。

研究人員已經確定，任何小於十八英寸的區域都是私密區。未經許可，你不應該侵入。十八英寸至四英尺是個人區域，超過四英尺是公共區域，與陌生人相處時應該可以感覺很自在。

這裡有很多變數，一個是與你交談的人的國家背景。來自非常擁擠的國家，像是我成長的英國，或是日本，比美國人往往更能適應擁擠的環境。同時，我們也可以更輕鬆的把自己封閉起來，不再跟別人來往。與習慣在寬廣空間的美國人相比，我們在人群中獨處時感到更自在。你可以跟英國人或日本人走得更近，不會讓他感覺有壓力。

當然，這同樣適用在洛杉磯、芝加哥或紐約等城市長大的人，而不是在廣闊的鄉村環境中長大的人。

另一個變數是你與談話對象之間的關係。如果你正在與比你矮很多的人談話，你必須比與身高相同的人談話時站得更遠。否則，你往往會感覺到很像有股氣勢會壓倒那個人。減輕這種氣勢效應的另一種方法是，當你與對方交談時稍微側身，這樣你就不會散發出如巨大的牆般的氣勢。

了解肢體語言可以讓你在談判中獲得重要優勢，有時這是無價的，尤其與你打交道的人也是學習肢體語言的學生的時候。如果你知道他正在研究你的肢體語言，你就有很好的機會去使用你的肢體語言來影響他的思維。

我偶爾喜歡模仿別人的肢體語言。如果他們雙腿或雙臂交叉，我會跟著交叉。如果我看到他們發現這一點，我就知道他們正在研究我的肢體語言！

需要記住的重點

1. 人們對談判中發生的事情，有高達80%的反應不是用言語來表達。
2. 注意文化差異，除了普遍存在的微笑之外，不同的手勢在不同文化中代表不同的意思。
3. 研究機場裡的人，以及把聲音關成靜音去研究電視節目上的人，就可以知道理解非口語的肢體語言可以學到很多東西。
4. 研究大家如何跟你握手，這可以告訴你很多事情。
5. 在會議上，不要坐在對方的兩名談判代表中間，因為你可能無法解讀他們的肢體語言，而且會有個劣勢，那就是不得不讓你的頭來回擺動。
6. 如果你和你的合夥人寡不敵眾，不要坐在一起。如果你們分開坐，你們的論點會更有說服力。
7. 在他們把外套扣子解開，而且肢體語言顯示心態有點放鬆之前，不要開始談生意。
8. 快速眨眼睛，表明對方對你或他說的話感到不自在。
9. 當一個人集中注意力的時候，他的頭會稍微歪一邊。

10. 當一個人把手移到頭上的時候要留意。他接下來做的事情就是告訴你很多事。
11. 留意空間行為學。了解你和對方的距離可以保持多近，又不會讓他感覺不舒服。
12. 當你意識到對方正在研究你的肢體語言時，你使用的肢體語言就很重要。

第49章 話中的含義

我已經讓你學習所有談判策略、學習如何分析你要打交道的人有哪些不同的性格，並仔細觀察語言，但這似乎還不夠有挑戰性，現在我想要多增加一個新面向，那就是尋找談話中的含義。

當美國總統發表演講時，他總是會朗讀演講稿，尤其是涉及外交事務的演講。這是因為演講中的每一個字都會被分析，會被其他國家放在顯微鏡下面，用來確定他說的到底是什麼。而且很多時候，演講中遺漏的內容和放入的內容一樣有意義。

如果你認識一個非常擅長分析對話的人，他會分析你在談判中說出的每一個字，你就必須非常謹慎。你不僅必須熟練地分析他們隱藏的含義，還必須小心不要洩漏你原本的想法。

我參與過一場談判，最後的結果是兩家公司合併起來。我們有個不可外揚的秘密是我們主要的一個股東有嚴重的財務危機，非常渴望不惜代價的完成合併。當然，我們不想讓對方知道這點。

在談判中間，對方的董事長說：「我很擔心你們跟X先生的關係，我覺得如果我們對他進行信用調查，我們會發現他有嚴重的財務問題。」這項聲明的表達方法讓我很困惑。他沒有說：「我們對他進行信用調查。」他完全有權利這樣做。他沒有在一開頭就說：「如你所知，某某人有信用問題。」他說：「如果我們進行信用調查的話。」這提醒我一個事實，他正在跟我們組織裡的某個人聯繫，而這個人給了他這項資訊。

後來，他跟我談話時，他說：「羅傑，你是這家公司的外部董事。」（這意味著雖然我是董事會成員，但我並沒有為這家公司工作。）他繼續說：「我了解你最近花一整天的時間在公司裡訪談所有重要的員工。對於外部董事來說，這樣做是很奇怪的事。你為什麼這樣做？」

我之所以這樣做，是因為我懷疑組織內部有很嚴重的衝突。結果並沒有我擔心的那麼糟糕，但是我不太知道要如何回答他的問題。然後我想起他早先在談判期間是如何提出他的問題，我懷疑我們公司裡有人根據這個回答提供消息給他。我立即知道他已經讀完我那天活動的機密報告。我回答他一系列的問題，使他透露是哪個人跟他合作。

這裡的教訓是要非常非常仔細地傾聽人們使用的詞語。如果某件事讓你覺得非常奇怪，就要逐字逐句地記下來，之後進行分析。很多時候，人們可能說的是一件事，意思卻剛好相反。

聽起來的意思與實際意思完全相反

讓我們看一些聽起來的意思與實際意思可能完全相反的表達方式。如果有人以「以我粗淺的看法」開始交談，他的意思可能剛好相反。他並不謙虛。實際上，他很自私。因為他很棒，因此可以自稱很謙虛。

當你詢問某人的看法時，那個人回答：「嗯，他是常上教堂的好人，」這可能意味著上教堂是他唯一的特點。如果有人對你說：「我們可以稍後再來討論細節。」這可能意味著有很多談判還沒完成。你們的意見並不像那個人想要你們相信的看法那麼一致。當然，最經典的當然是說著：「不用擔心。」如果你的女兒在凌晨三點打電話給你說：「爸爸，不用擔心。」你該怎麼辦？開始擔心吧！

用過即丟

實際上，還有另一組表達方法你應該要留意，因為它們會出現在對話裡非常重要的部分之前。它們被稱為用過即丟的表達，像是「如你所知」、「順便說一下」、「在我忘掉之前」、「我剛剛想起來」，以及「順便說一句」。你可以用下面的表達方式來使用「如你所知」這個詞。「如你所知，我們掌控這家公司51％的代理投票權。」嗯，當然你沒有意識到這點。這是重點，而他們只是試著把這個重點放在句子最後。「順便說一下」、「在我忘掉之前」，以及「順便說一句」通常是在重大公告之前用過即丟的表達方式。

第二次世界大戰結束的時候，杜魯門總統在波茲坦會議中與邱吉爾和史達林開會，就出現用過即丟的典型用法。歐洲的戰爭已經結束，與日本的戰爭則還在持續。杜魯門告訴邱吉爾，三天前我們剛成功試射原子彈，但是他沒有告訴史達林，他覺得有義務告訴他，但是不想要透露那是一顆原子彈，因為擔心這會幫助蘇聯人研發原子彈。在那天會議結束後，杜魯門走到史達林前面說：「喔，史達林先生，順道一提，我們有一種全新的武器，破壞力非比尋常。」你可以看出，杜魯門試著透過用過即丟的「順道一提」，來淡化這項聲明的重要性。

史達林的回應同樣很引人注意。他回答：「喔，是喔，我們知道這件事。」我們認為他是在說謊，他不會知道盟軍有原子彈。將近五十年後，冷戰結束、蘇聯解體後，我們才發現他確實知道這件事。他在洛斯阿拉莫斯（Los Alamos）安插一名間諜，隨時跟他通報。那天晚上，他打電話給瘋狂試著開發自家原子彈的俄國科學家，要他們趕快完成工作。

通常，這些用過即丟的表達方法，像是「順便說一句」與「順道一提」，都是在最重大的聲明前出現，聽到它們的時候應該要提高警覺。

把事情正當化

這樣的表達方法有「坦白說」、「老實說」，以及「說實話」，它們通常被用來試著把不完全正確的陳述正當化。當有人對你說：「老實說，我認為我們不能接受這樣的提案。」他說的老實說是什麼意思？到現在為止，他有不誠實的時候？或是他只是想要把他告訴你的話增加一點說服力？即便如此，他對你也不是很誠實。

另一個讓事情正當化的流行說法是「真正的事實」。事實就是事實，試著增加「真正的」說法來讓事情聽起來很偉大，顯露出說話者的一種偽裝。哈羅德・吉寧（Harold Geneen）在擔任ＩＴＴ董事長時曾因為「事實」這個詞被濫用而大發雷霆，向所有員工寫下一份措辭嚴厲的備忘錄，他寫道：

「昨天，我們召開一場漫長艱困的會議，主要是為了尋找能在接下來幫助我們輕鬆做出管理決策的事實。我認為做出的重要結論應該要很簡單。英文裡，最能傳達沒有爭議的意圖，也就是『最終與可靠的現實』的詞，就是『事實』。然而，最常在實際實用以反話呈現的，也是『事實』這個詞。舉例來說，有幾種說法，這些說法我們昨天也有看到：

『明顯的事實』
『假設的事實』
『報導的事實』
『希望得到的事實』
『公認的事實』，以及許多類似的推論。

在大多數情況下，這些根本不是事實。」

另一個正當化的說法在晚間電視節目上很流行，那是以「完全正確」來表達。主播布萊恩・威廉士（Brian Williams）對安妮・湯普森（Anne Thompson）說：「這已經變成一個大問題，不是嗎，安妮？」而安妮諂媚地回答說：「『完全』正確，布萊恩。」事情要嘛正確，要嘛就不正確。加上「完全」，會讓這樣的陳述打折。

美國文學中最受歡迎的一種正當化說法是瑪格麗特・米契爾（Margaret Mitchell）在《亂

世佳人》中的最後一句話，那時瑞德・巴特勒對著郝思嘉（Scarlett O'Hara）說：「坦白說，親愛的，我不在乎。」（二〇〇五年，美國電影學院〔American Film Institute〕把這句話評選為史上第一的電影台詞。）學習語言和對話中隱含意義的學生一聽到「坦率的」這個詞就會立刻提高警覺，這是一種正當化的手法，他試著讓他不相信的事情變得正當合理。實際上，他確實在乎。而且當亞歷山卓・雷普利（Alexandra Ripley）寫下《亂世佳人》的續集《郝思嘉》（*Scarlett*）時，我們了解到，只有瑞德對郝思嘉的愛，才能把她從絞刑架上救下來。

辯解

辯解是要用來為失敗先打下基礎的詞，像是「我會盡力」或「我會看看我可以做什麼，我會試著控制在三百美元以下。」這些表達離堅定承諾很遙遠，不是嗎？而且他正在讓你做好準備，接受他可能會失敗的情況，所以，除非你願意忍受這點，否則就質疑他。更糟糕的是，當辯解變成以複數來表達的時候。他不再說：「我會盡一切努力。」而是突然變成說：「我們會盡一切努力。」躲在團體後面。任何稱職的銷售人員都不會接受「嗯，我想考慮一下」這樣的藉口，但是如果把「我」變成「我們」，那就要小心了。

如果在談判中間，一個人一直說：「好吧，我認為我付不起那麼多錢。」或是說：「我不願意那樣做。」又或是說：「我必須讓你……」然後對方突然轉而對你說：「好吧，我們必須仔細考慮一下，明天會告訴你決定。」你就有大麻煩了。你最好回過頭來做更多銷售，因為這代表那件事不可行。從「我會嘗試」轉變成「我們會嘗試」，顯然是試圖要逃避。

修正用語

有很多修正用語，其中最受歡迎的兩個修正用語是「但是」和「然而」。對於這類的詞你必須了解的是，它們會抹去之前發生的一切。有人可以用十分鐘的時間告訴你他有多喜歡你的產品，而且這個人看起來肯定會購買。但是如果這十分鐘的談話最後以「但是」或「然而」作結，那就把這十分鐘抹去了，而且你知道你必須重新開始。因為「但是」或「然而」這種修正用語，字面意思就是抹去之前發生的一切。

欺騙用語

當修正用語前面出現像是「我只是個鄉下小孩，但……」或「我不是法律系的學生，然而……」或「我大學沒有畢業，但……」或「我沒有完全了解，不過……」或「這不關我的事，但……」的話，這些都可以說是欺騙用語，而且這正是它們的本質。

舉個例子，當林登．詹森（Lyndon Johnson）入主白宮時，有人曾對他說：「我只是鄉下小孩。」身為鄉下小孩的詹森怒氣爆發，他說：「聽著，先生，在這個小鎮上，當有人對我說這句話的時候，我會感覺要小心錢被扒走。」如果有人對你說他們不是法律系學生，他們可能真的不是，但是你可以放心，他們確實知道在這個特定的情境他們正在說什麼話。

準備句

對銷售人員來說，最重要的一組句子稱為準備句（preparers）。當銷售人員對你說：「我不是有意要干涉隱私。」你可以肯定他要轉而談論非常隱私的事。「我不是有意要干涉隱私，但是你什麼時候申請破產？」當他說：「我不想要插話」時，他在做什麼？就是插話！

誇大

為潛在的困難問題做好準備的另一個方法就是誇大。假設有人想要問你去年的收入有多少，因為他正在幫你申請貸款。他也許會對你說：「這實在很尷尬，但……」在這三秒鐘裡，各式各樣讓人尷尬的事情在你腦海中閃過，而當你發現他唯一的要求是要問你的收入數字，你就更容易接受了。

有人可能會對你說：「我需要你大力、大力的幫助。」你認為他會跟你要一千美元，或至少五百美元。當他跟你要五十美元時，你會覺得這樣的數字很小。

試探性言論

在談判過程中，你會經常碰到試探性言論。試探性言論是以「我沒有考慮太多，但……」或「只是假設我們……」或「我隨口說，我會認為……」或「如果我們……會發生什麼事？」如果人們下定決心要嘗試某件事，但是不確定你是否會同意，就會發出這些小小的試探性言論。

這告訴你兩件事。首先，它告訴你這個人會接受他建議的事情，不論這個人是否聲稱自己沒有考慮過這個問題。實際上，這個人已經把自己的談判範圍縮減了。這也告訴你這個人不確定你會不會接受這個提案，所以如果你再努力督促一點，你可能會談到更好的條件。

神經語言學導向

談話中隱藏意義的另一個重要部分是理解大家往往會受到某種感官所引導。我的意思是，我們會透過不同的感官（視覺、聽覺、感覺、觸覺和味覺）來解釋我們經歷的一切，而且我們大多數人都會受到某種感官引導。

味覺和嗅覺很少是主要的感官。你會遇到三種常見的感官是視覺、聽覺和感覺。你可以透過一個人使用的語言種類來判斷一個人主要是受哪種感官引導。

舉例來說，假設三個人一起參加交響音樂會。這三個人分別是油畫家、鋼琴家和詩人。現在，以他們從事的職業來看，你會預期油畫家主要是視覺導向，他看到的東西比他感覺到或聽到的東西要重要得多。鋼琴演奏家是聽覺導向，他聽到的東西比他看到或感覺到的東西更重要。詩人則是感覺導向，他感覺到的東西比他看到或聽到的東西更重要。他們每個人都會對發生的事情做出不同的解釋。

儘管在談判中遇到的人屬於什麼感官導向可能不那麼明顯，但是這種感官導向依然存在，而且對你的策略還是很重要。你可以從他們表達自己的方式得知他們的感官導向。舉例來說，一個透過聲音來感受的人，例如鋼琴演奏家，會說：「對我來說，這『聽起來』不錯。」或是「我『聽到』你的聲音。」而主要是感覺導向的人，像是詩人，會說：「我對這點『感覺』很好。」或「我可以『接受』（warm up）這個建議。」之類的話。

如果你正在與主要是視覺導向的人打交道，你會需要用簡報文件夾或走到黑板前面為他畫出來，這樣他就可以確實看到。對於聽覺導向的人而言，這並不重要。實際上，你甚至可能會因為這樣做而惹惱對方。他的內心可能在說：「你不必畫圖給我看，我第一次就聽得很清楚了。」請確保去配合跟你談話的人，如果他是聽覺導向，他們會說：「對我而言，這『聽起來』不錯。」

這時千萬不要回答「對我來說，這『看起來』也不錯。」研究這類事情的人稱這是交叉反應（crossed response）。與肢體語言的研究一樣，有些人可能會完全沉迷於研究對話中隱含的含義。當然，我在這裡給你的是非常簡短的摘要。當你對這個主題愈來愈了解，你就會更仔細研究別人說的話，而且當你學會更熟練的解讀對方說的話，你就會對這個主題變得更有興趣，而你對這個主題的知識也會自動增加。

需要記住的重點

1. 如果錄下一場談判，並轉換成文字，你就會發現談話的方式中隱含各種含義。
2. 有些表達方式會提醒你注意對方說話的意思與真正的意思相反。舉例來說，「以我粗淺的看法」、「他是常上教堂的好人」，還有「別擔心」，我們都是在說意思相反的話。
3. 在重要聲明之前使用用過即丟的表達方式有「如你所知」、「順便說一下」、「在我忘掉之前」，以及「順便說一句」。
4. 想把事情正當化的人通常會試著將不完全真實的陳述正當化，例如「坦白說」、「老實說」，以及「說實話」。
5. 辯解用語是用來讓你做好準備，接受他們無法做他們應該要做的事情。例如，「我會盡力」或「我會看看我可以做什麼」或「我會試著控制在三百美元以下」，更糟的說法是：「我們會試試看。」

6. 修正用語是指抹去前面一切的詞，像是「但是」與「然而」。

7. 當修正用語前面有一句話，像是「我只是個鄉下小孩，但……」或「我不是法律系的學生，然而……」或「我大學沒有畢業，但……」或「我沒有完全了解，不過……」或「這不關我的事，但……」的話，這些都可以說是欺騙用語。

8. 準備句是幫助你準備好應對困難的問題。「我不是有意要干涉隱私」和「我無意插話」這都是演說家在為演說鋪路。

9. 誇大的用語很容易可以讓你得到一些東西。有人可能會對你說：「我需要你大力、大力的幫助。」你認為他會跟你要一千美元，或至少五百美元。當他跟你要五十美元時，你會覺得這樣的數字很小。

10. 試探性言論會告訴你對方會接受他們的提案。

11. 傾聽人們說話的方式，這會顯示出他是視覺導向的人、聽覺導向的人，或是感覺導向的人。你要改變措辭，配合他們的說話方式。

第50章 優勢談判高手的個人特質

要成為優勢談判高手，你必須具備或發展以下的個人特質：勇於探究更多資訊、有比其他談判者堅持更久的耐心、勇於提出比預期更多的要求、有誠信去追求雙贏的解決方案，並願意成為很好的傾聽者。在這章中，我們會詳細探討每一點。

勇於探究更多資訊

糟糕的談判者總是不願意去質疑對方說的任何事情，因此他們在談判時只知道對方告訴他們的事情。優勢談判高手會不斷質疑他們對對方的理解，而且更重要的是，他們會根據這些知識做出假設。在蒐集資訊時，你應該採用調查記者使用的許多方法。

提出棘手的問題，也就是你確信他們不會回答的問題。即使他們沒有回答，你也可以藉由判斷他們被問到問題的反應來了解情況。問幾個人同樣的問題，看看你得到的回應是否相同。在長時間的談判中多次詢問同樣的問題，看看你是否會得到一致的答案。如你所知，我在第三十八章專門討論在談判之前和談判期間蒐集資訊的重要性。

有比其他談判者堅持更久的耐心

耐心是優秀談判者的一種美德。我記得早期我曾在美國各地巡迴宣傳一本談論談判的書。有幾次我上電視，記者對我說：「你看起來不像談判者。」我知道他們的意思，但這並沒有冒犯我。他們的意思是：「我們以為你看起來會更強硬。我們以為你看起來會更卑鄙。」或許很多人看過談論工會談判者的電影，會認為談判者都是強硬、冷酷無情的人，會用盡各種手段來欺騙對方，讓對方輸掉談判。這完全是錯的。好的談判者都是非常有耐心的人，他們不會讓時間壓力迫使他們達成不符合每個人最佳利益的協議。

還記得越南和平協議嗎？艾弗里爾・哈里曼在巴黎的麗茲飯店以週為單位租下一間套房。越南的談判代表春水則在鄉間租下一棟別墅，租約兩年半。當你的政府、你的人民和世界都盯著看成果時，表現如此大的耐心需要勇氣，但這非常有效。

勇於要求更多

前美國國務卿季辛吉曾說：「會議桌上的成效，取決於可以將自己的要求誇大到多少。」除了在得不到你想要的東西表現出有意願離開以外，我認為沒有什麼東西比理解這個原則並有勇氣去應用它來得更重要。

我們缺乏勇氣，有時只是因為我們害怕被恥笑。還記得我在第一章教你把目標放中間的策略嗎？我告訴過你，在買東西的時候，你應該提出超低的報價，將你的目標價放在你的報價與賣方報價中間。接著再說一遍，我告訴過你，當你賣東西的時候，要把你最初的出價訂得很高，把你的目標價放在你的出價與買方的出價中間。

你要不斷抬高你的「最高報價單位」，有時這很難做到。我們根本沒有勇氣提出那些看似過分的提案，因為我們害怕對方會嘲笑我們。對嘲笑的恐懼，阻止我們在一生中完成很多事情。要成為一名優勢談判高手，你必須克服這種恐懼。你必須能輕鬆抬高你的最高報價單位，而且不要為此道歉。（我會在第五十五章討論懲罰的力量時教你更多克服恐懼的方法。）

有誠信去追求雙贏的解決方案

詹姆士・藍西・厄爾曼（James Ramsey Ullman）的《直線上升》（*Straight Up*）是講述年輕登山家約翰・哈林（John Harlin）的精采傳記。三十歲時，約翰・哈林以最短的路徑直上艾格峰（Eiger Mountain）時不幸身亡。作者是著名的登山事件記錄家，在序言中寫下哈林一生的故事。他說：「直線上升是一種調酒方法，也是登山和生活的一種方法。」[10]

我相信誠實才是談判的方法。通常，如果你的競爭對手很弱，你就會被誘惑趁機占他便宜。你可能處於一種情況，你知道某些事情，但是如果對方知道那件事情，他們就不太願意跟你達成協議。這時，即使對方陷入困境，有誠信追求雙贏的解決方案就會是罕見而珍貴的商品。我的意思不是說，因為你很仁慈，所以你要向對方做出代價高昂的讓步。我的意思是，你要繼續尋找向對方做出讓步的方法，同時又不會放掉你的立場。

願意成為很好的傾聽者

只有很好的傾聽者，才能成為雙贏談判者。只有很好的傾聽者，才能在談判中察覺對方真正的需求。以下是在準備談判和進行談判時，成為很好的傾聽者的一些技巧。

- 將傾聽視為一種互動過程，藉此增加你的專注力。
- 身體前傾。
- 稍微歪頭，顯示你正在專心聽。
- 提出問題。
- 給予回饋。
- 複述他所說的話。
- 避免玩心理戰而讓人厭倦。

10 譯註：straight up 在登山術語，指的是用最短的路徑直上；在調酒中，是指將酒加入冰塊攪拌後，再濾掉冰塊，這可以讓酒精的刺激感隨著溫度稍微降低而減少；而在英語中，這也有誠實的意思。

● 專注在他說話的內容，而不是說話的風格。你可以藉著挑選句子中最長的詞，或是重新描述剛剛說過的內容來做到這點。因為傾聽的速度是說話速度的四倍，所以你必須做些事情，不然就會恍神。

從對話一開始就做筆記，增加你對談話內容的理解。隨身攜帶一大張紙，以日期和主題為開頭，並開始記下簡短的筆記，記下所講的內容。紙張的成本比花時間回顧和取得詳細資訊的成本更便宜，這會向對方傳達出你很重視他說的話。另一個好處是，當人們看到你把事情寫下來時，他們告訴你的內容往往會更準確。接下來，直到他完整表達之後，再來評判別人。如果你立刻分析某個人很虛偽、善於操弄或很自私，你往往就會把他拒之門外，不再聽他說話。稍等一下，直到他說完話之後再進行評估。

首先要求對方提出結論，讓你更有能力去評估他說的話。接下來，如果你不是完全同意他的看法，請他提出支持他結論的依據。在他提出結論的依據前，都要保持開放的心態。意識到自己的偏見，而且意識到這些偏見會如何影響你的反應。如果你知道自己不喜歡律師，那麼當你意識到這會導致你不信任跟你交談的人時，你就可以更清楚地評估這些資訊。

也許你無法忍受有人要欺騙你，你會自動抵制他們說的話，無論那些話是對是錯，所以你要注意到這一點。這會讓你更有能力去評估他們說的話。學習在記事本的中間畫一條線，分成兩邊做筆記。在左邊，列出他們告訴你的事實情況，右邊則寫下他們說話內容的評價。

需要記住的重點

1. 勇於提出棘手的問題。如果你只根據對方選擇告訴你的內容進行談判，那麼你就會很容易受傷。
2. 耐心是很好的美德，不要太執著於達成協議，以致於忽視協議使雙方都有利的機會。
3. 要求比預期更多需要勇氣，但是這是至關重要的一點。你的談判能力有多好，取決於你有多少能力可以把最初的需求誇大。
4. 有誠信去追求對對方更好的解決方案。你最重要的想法並不是「我能讓他們給我什麼東西」。而是「我能給他們什麼東西，又不會放掉我的立場？」當你給對方他們想要的東西時，他們也會給你你想要的東西。
5. 傾聽是一種技能，就像說話一樣，但是這個技能更重要。請努力增進你的傾聽技巧。

第51章 優勢談判高手的態度

願意忍受模稜兩可

優勢談判高手喜歡一個構想：在進入談判時，不知道自己會成為英雄，還是抱著頭備受指責的退出。這種願意忍受模稜兩可的情況需要一種特別的態度。喜歡人群的人，對於這種模稜兩可會更為自在。喜歡事物勝過人群的人則比較不自在。因此，工程師、會計師和建築師這種仰賴準確性的職業，在談判時可能會碰到困難。他們不喜歡模稜兩可，寧可把一切都黑白分明的列出來。

給你一個小測驗，測試你是否願意過著模稜兩可的生活：

1. 如果去參加一個聚會，你首先想知道可能在那裡遇到誰嗎？
2. 如果你的配偶帶你到餐廳跟朋友吃飯，你想知道你要去哪一家餐廳嗎？
3. 你喜歡把假期計畫得很詳盡嗎？

如果對這三個問題你都說：「沒錯。」那你就會遇到模稜兩可這個大問題。為了成為更好的談判者，我建議你強迫自己容忍你確實不知道結果是什麼的情況。

我記得有一次我培訓一群建築師，為了測試他們對模稜兩可的接受度，我問他們一系列可用數字回答的問題。我告訴他們，如果他們不知道答案，可以給出一個範圍，而且他們可以將範圍擴大到他們想要的範圍。我問他們的一個問題是：「從六個字母和六個數字的組合中，可以產生多少種車牌？」

對我來說，有個好答案是「在一千五百萬至兩千萬之間」。一個非常準確的答案是「在一千七百萬至一千八百萬之間」。他們對這個問題的回答很吸引我。他們想要知道，他們能否使用字母「I」與數字「1」。他們想要知道，是否可以使用字母「O」和數字「0」。我說：「這有什麼關係？只要給我一個範圍就好了。」他們不會這樣做，而且堅持要我告訴他們，是否可以使用外觀相似的數字和字母。

我注意到這家公司的董事長笑得太厲害，差點從椅子上摔下來。後來他告訴我：「羅傑，你不了解，建築師受過的訓練是精確。他們不能忍受模稜兩可的情況，他們必須知道大樓是否會屹立不搖，還是崩毀倒塌。他們無法忍受模稜兩可。」

我告訴他們可以使用外觀相似的字母和數字，這時他們才紛紛拿出計算機，開始瘋狂的輸入數字，給我答案：正好是 17,576,000。除了加州和德州，這些車牌組合在其他州都夠用了。

我可以清楚記得我意識到我對模稜兩可很不自在的時刻。我年輕時喜歡爬山，曾飛到尼泊爾，長途跋涉到聖母峰的基地營。途中，我計畫在印度首都新德里停留幾天。我沒有多少錢，所以我安排一趟到阿格拉（Agra）簡便的泰姬瑪哈陵之旅。我找了一個英文很好的印度人，我們就搭公車去了，路程大約十五英里。阿格拉原來是一座相當破敗的城市，與我們參觀的美麗紀念碑形成強烈的對比。

我凝視著車窗外幾個背包客蜿蜒穿過擁擠的市場，他們顯然把自己擁有的所有東西都綁在背上。我想：「在一個陌生的國度，夜晚降臨的時候，你不知道要在哪裡睡覺是多麼可怕的事。」

我以前從沒有想過這件事，但是我突然意識到，在我活著的數千個夜晚中，我從來沒有讓自己處於不知道那天晚上要睡在哪裡的情況。我認為自己是喜歡冒險的人，我環遊全世界，爬過危險的山脈，但是從來無法信任自己可以在沒有提前計畫的情況下找到一個地方睡覺。

這件事我想得愈多，就愈意識到我必須為此做些什麼。我不能繼續害怕模稜兩可，以致於我必須提前完整計畫。

幾個月後，我的行程是到澳洲演講。我沒有像往常一樣精心規劃我的旅行，而是買了一張環球機票。有了這類型的機票，你不必提前規劃行程，可以在最後一刻打電話到航空公司，取得下一個目的地的座位。唯一的限制是你的旅程不能回頭，你必須繼續向東或向西移動。這趟旅行花了我一個月的時間，我沒有提前預訂任何東西，甚至沒有預訂飯店。

我從洛杉磯的家飛到大溪地，再到澳洲演講，然後又去新加坡、曼谷、法蘭克福跟巴黎。我可以毫不困難地在有需要時叫到計程車或租車，找飯店也沒有碰到任何困難。

如果你執著於提前計畫一切，我建議你進行這項練習。嘗試在沒有任何計畫下飛到其他地方。培養一些自信，相信自己可以處理任何發生的事情。它會讓你成為一個更好的談判者，而且也會提高你的自尊心。

你的自尊心與你處理出錯事情的能力直接相關。如果早上汽車無法啟動引擎，有些人可能會非常沮喪，但有些人則有強大的能力來解決問題，不讓問題使他們無法行動。

韌性

我喜歡「韌性」這個形容詞。我以前一直認為這意味著承受傷害的能力，但實際上並非如此，這意味著從傷害中恢復的能力。如果你擠壓啤酒罐，它會保持被擠壓的狀態，這並沒有韌性。如果你擠壓塑膠水壺，它會彈回原來的形狀，因為它非常有韌性。

韌性是談判者的一個強大特徵。無論做多少計畫，談判都不可能按照你的計畫進行，會有不愉快的意外發生，會有一些困難迫使韌性不足的人放棄。如果你有韌性，你就有能力從不幸中恢復過來。

我的妻子吉賽拉非常有韌性，她出生在二次世界大戰中期的德國。在那場戰爭中成為失敗的一方已經夠糟了，但更糟糕的是，她生活在那個國家的東邊，面對蘇聯入侵的殘酷統治。她、她的父母與她的雙胞胎姊妹赫爾佳（Helga）設法逃到西德，然後在十二歲的時候移民到費城。心理學家告訴我們，我們的性格很大程度是早年形成的，我當然相信這些早期的挑戰使她變得如此有韌性。

身為演說家的妻子，韌性是一大特質。很多時候我必須告訴吉賽拉，我下週都會在佛羅里達州舉辦研討會。她不會說：「你不在的時候我要做什麼？」她有自己的朋友和興趣。

當我們造訪阿瑪菲（Amalfi）時，她顯示從不幸中恢復的強大能力，阿瑪菲是從義大利那布勒斯往南延伸到西西里島的阿瑪菲海岸線上一座美麗的老城區。高聳的懸崖從地中海筆直矗立，幾個世紀以來，義大利人找到在這些陡峭懸崖上建造房屋的方法，這是一個難以置信的美麗景象。在羅馬時代，皇帝會在懸崖頂上建造避暑別墅。如果你還沒有去過那裡，請務必把這裡加進願望清單中，有生之年一定要看一次。

我們在阿瑪菲，想去參觀拉維洛（Ravello），這是在阿瑪菲懸崖頂上藝術家聚集的地方。有一年夏天我們在波西塔諾（Positano）租下一間別墅，那時我們就愛上了拉維洛。波西塔諾是朝蘇連多（Sorrento）和龐貝（Pompeii）方向北方幾英里的一個美麗的小鎮，從那裡通往拉維洛的唯一一條路是一條狹窄的兩線道，以數十個髮夾彎切進岩石，奇蹟般爬上懸崖。這是一條艱困的旅程，但非常值得。如果你能在拉維洛找到一個陽台，一邊品嘗經典的奇揚第紅酒（Chianti Classico），一邊欣賞幾世紀以來令遊客著迷的美景，你就會同意我的看法，認為生活沒有比這更好了。如果你願意，可以尋找一下，但是你最好相信我的話：生活沒有比這個更好了。也許配上一瓶經典的奇揚第紅酒會更好。

問題是，我們找不到計程車帶我們過去。我們在計程車招呼站等了十五分鐘，但是沒有人出現。我看到一個招牌，上面寫著「公車票」，我對吉賽拉說：「也許我們可以搭巴士到拉維洛。」

她說：「你搭過巴士嗎？」

「三十五年前搬到洛杉磯到現在，我都沒坐過公車，但是我還是小孩子的時候，在倫敦我一直都是坐公車。那就試一試吧。」我在店裡買了兩張票，他們告訴我，下一班車要等五十分鐘。我建議吉賽拉一起在海邊開一瓶葡萄酒吃午餐，我們可以在那裡看到公車站。很快我們就發現，排隊要搭車的人可能會超過公車載客的人數，因此我跟吉賽拉建議跟他們一樣去排隊。吉賽拉說：「羅傑，這裡這麼漂亮，你何不去排隊幫我留個位置？我要把酒喝完。」

公車停了下來，一群人蜂擁而上，我不得不奮力擠上車，還成功搶到後排的兩個座位。公車上擠滿著人，有的坐著，有的站著，我瘋狂尋找吉賽拉，但是都沒有看到她。公車開始前進，我瞥見她站在公車站牌的路邊，我敲著公車的後車窗大喊：「我在公車上！我在公車上！」但是我不知道她有沒有看到我。

旁邊的人說：「那是誰啊？」

「那是我的妻子！」

他們難以置信。「你把妻子留在陌生國家的公車站！怎麼可以這樣？」

「嗯，她是德國人，而且非常有韌性。她會想辦法。」我告訴他們，但是在我心裡我知道自己碰到嚴重的麻煩。我必須用我的餘生不斷陪她看艾瑪．湯普遜的電影，才能讓她消氣。

當我思考我黯淡的未來時，我可以聽到車上的其他人談論發生的事情，有時用英語（Can you believe that idiot!），有時用義大利語（Ci credi che idiota!），有時用法語（Mon dieu! Sacrebleu!）。很快地，公車上的每個人都知道後排的白痴把妻子留在阿瑪菲的公車站，我愈坐愈低，生怕被人發現他們說的是我。

在髮夾彎的半路上，一台計程車突然從公車旁邊呼嘯而過，擋住公車的去路。我看到吉賽拉走下計程車，上了巴士的前門，喊道：「羅傑，你在這輛公車上嗎？」我說：「是的，親愛的，我在後排這裡！」整輛公車爆出熱烈的掌聲，我們出發前往拉維洛。

這就是韌性，這是從不幸中恢復的能力，這是談判者的一個重要特徵。當事情沒有按照計畫進行時，找出辦法來讓事情繼續前進。

競爭精神

優秀的談判者在談判時有強烈的獲勝欲望，把談判視為一場遊戲是讓你擅長談判的一個重要因素。走進競技場，並拿自己的技能與其他人較量是很有趣的。

我一直很訝異，銷售人員在體育競賽中如此有競爭力，但是在與買方打交道時卻如此膽怯。銷售人員也許喜歡打壁球，因此他在安排與買方簡報之前，會在早晨進行一場壁球比賽。在壁球場上，他會在比賽規則之內盡力打敗買方。接著梳洗過後回到辦公室談生意，當買方提到價格的時候，銷售人員會同意買方的要求，感覺自己受到買方的擺布。

你愈把談判視為一種比賽，你就會變得愈有競爭力。你變得愈有競爭力，就會變得愈勇敢，你就會做得更好。

不要迴避衝突

優勢談判高手不會因為要討人喜歡而受到限制。亞伯拉罕·馬斯洛（Abraham Maslow）因為提出人類需求的金字塔而聞名，這個金字塔顯示我們的需求有：

1. 生存。
2. 安全（需要確保我們可以持續存活）。
3. 社交（需要被其他人喜歡和接受）。
4. 自尊心（需要受到尊重）。
5. 自我實現（需要有滿足感）。

大多數時候，優勢談判高手已經超越第三階段：他們需要被其他人喜歡。根據定義，談判幾乎就是衝突管理，或至少是針對對立觀點進行管理。過分渴望被其他人喜歡的人不會成為優秀的談判者，因為他們太害怕衝突。

我培訓醫師的時候，我經常收到這樣的評論：他們認為談判者過於強硬並不聰明，因為他們需要與同業裡的人建立長期關係。我不認為你可以透過對別人讓步來建立關係。我就問你：如果孩子跟你要求的東西你全都給，你跟孩子的關係會比現在更好，還是更差？我認為那些醫師把喜歡和尊重混淆了。當你談判的時候，你希望對方尊敬你，而不是喜歡你。

這些醫師顯示出他們在迴避衝突。醫師在這個世界上是治療者，而不是戰士。對於一個談判者來說，這不是很好的特質。學習享受良好的衝突，只要能為雙方帶來有助益的結果就好。

這是否意味著優秀的談判者都是冷酷無情的人，他們之所以獲勝，是因為他們不在乎對方是否失敗？不，並非如此。實際上這意味的是，對他們來說，最重要的事情是不斷解決問題，直到找到每個人都可以接受的解決方案。

需要記住的重點

1. 學會自在的接受模稜兩可，因為談判是要管理不穩定的局勢。
2. 要有韌性。談判永遠無法完全按照你的計畫進行，要學會從不幸中恢復過來。
3. 把談判視為一場必勝的遊戲。積極參與競爭，但還是要遵守遊戲規則。
4. 不要擔心別人不喜歡你。你不必希望別人喜歡你，你想要他們尊敬你。
5. 不要迴避衝突。學習享受良好的衝突，只要能為雙方帶來有助益的結果就好。

第52章 優勢談判高手的信念

談判始終是雙向關係

優勢談判始終是雙向關係。在談判中，對方總是面對妥協的壓力，就像你面對的壓力一樣。舉例來說，當你走進銀行申請企業貸款時，你可能會非常害怕。你往往會看著那家大銀行，開始思考：「像這樣的大銀行為什麼要借錢給我這個小老頭呢？」其實你忽視對方的壓力，這家銀行一年花數百萬美元打廣告吸引你來貸款。銀行承受以貸款形式把存款貸放出去的龐大壓力。在那間銀行，很多人的工作都仰賴他們創造的貸款。

我們總是會認為自己處於談判劣勢，一個好的談判者則會學會在心裡彌補這種心態的偏差。當他大步走向貸款行員的辦公桌時，他心裡想：「我敢打賭，那個行員剛剛被老闆嚴厲斥責，老闆告訴他：『如果你今天找不到人借錢給他，我們這裡就再也不需要你了。』」

還記得有個重要員工來找你要求加薪的時候嗎？你坐在那裡想什麼？你在想：「我希望不會因此失去他，這些年來，他幫我做事做得很好。他對自己正在做的事情非常熟練，我不知道哪裡可以找到替代他的人。」

他可能坐在那裡想：「我希望這不會影響我在公司的職涯規劃。這些年來他對我很好，也許我不應該把他逼得太緊，他實在對我很好。」你們對坐在那裡，認為自己在談判中處於劣勢。優勢談判高手學會在心裡彌補這種心態的偏差。

為什麼會出現這種情況？因為雙方都知道自己承受的壓力，但是不知道對方承受的壓力。因此，雙方通常都會認為自己處於劣勢。

當潛在客戶對你說：「我還有六個人可以花更少的錢做這件事，而且成效一樣好。」的時候，不要相信這一點，一定有某些事情把對方拉到談判桌上。客戶有壓力，就像你有壓力一樣。一旦你相信這點，並學會在心裡彌補這種心態的偏差，你就會成為更為強大的談判者。

談判要按照一套規則進行

使你成為優秀談判者的第二個信念是，談判是按照一套規則進行的遊戲，就像西洋棋一樣。或許當你讀到第一部提到的一些策略時，你會想：「羅傑，你從來沒見過我在生意中必須打交道那些人，他們可以把匈奴王阿提拉（Attila the Hun）弄得看起來像凱蒂·庫瑞克[11]（Katie Couric）。他們永遠不會陷入那樣的陷阱。」

這樣說並沒有錯，但我希望你從我這裡得到一點不切實際的希望，直到你有機會試著使用那些策略為止。我的學生不斷地告訴我：「我從沒想過這些策略會奏效，但確實如此，真是太神奇了。」當你第一次對其他人使用望而卻步、蠶食或定錨策略，而且意想不到的帶著一千美元退出談判時，你就會相信我了。

定錨策略的實戰應用

我還記得在南加州對一家大型儲貸銀行的員工進行培訓。他們在當地的一家飯店安排下午的研討會，隨後舉行雞尾酒會和晚宴。在雞尾酒會期間，我跟儲貸銀行的董事長談話的時候，飯店的經理從懷裡拿出兩瓶紅酒，他問董事長是否願意在晚餐時搭配這些酒。被問到這個問題的時候，他告訴董事長紅酒一瓶要二十二・五美元。董事長正要同意的時候，我說：「你必須談到更好的價錢。」飯店經理看起來有點不高興，這位董事長看了很震驚。經理說：「我的建議是，如果你請大家喝，我給你一瓶十五美元。」董事長面露喜色，正要同意的時候，我說：「我們大概要一瓶十美元才會考慮。」

這讓飯店經理說：「我不跟你討價還價，我能給你的最好價格是十三・五美元。」請記住，那天下午董事長參加研討會，而且聽我講定錨策略，但是直到看到這個技巧實際應用之前，我認為他都覺得這個技巧不會有用。

11 譯註：美國知名新聞主播。

請從我這裡帶走一點不切實際的希望，直到你有機會出去嘗試這些策略。最重要的信念是，談判是按照一套規則進行的遊戲。如果你學好規則，就可以玩好遊戲。

說「不」，只是一開始採取的談判立場

對優勢談判高手來說，「不」這個字從來都不是拒絕的意思，這只是一開始採取的談判立場。請記住，下次當你對某個人提案（可能是你的老闆或潛在客戶），而他勃然大怒地說：「又是你，你又提出瘋狂的構想了。我必須告訴你多少次我們永遠不會這樣做？滾出我的辦公室，別再浪費我的時間。」當那種情況發生的時候，請記住，優勢談判高手不會把這段話視為一種拒絕（我知道，已經很接近拒絕了），他會認為這只是一開始採取的談判立場。他的心裡想著：「這一開始就採取的談判立場不是很有趣嗎？我想知道為什麼他會決定用這個方法開始談判。」

你的小孩知道這點，不是嗎？你可以告訴小孩：「我聽膩這個了！去你的房間！明天早上以前我都不想見到你！如果你再提這件事，我就把你關禁閉一個月！」他們聽到你拒絕他了嗎？沒有，他們在房間裡想著：「這一開始就採取的談判立場不是很有趣嗎？」

需要記住的重點

1. 雙方通常都會認為自己處於劣勢，因為雙方都知道自己承受的壓力，但是不知道對方承受的壓力。因此，你拿到的牌總是比你想像的更強。
2. 談判是一種按照一套規則進行的遊戲，就像西洋棋一樣，你會很驚訝這個策略多有效。
3. 對談判者來說，「不」這個字並不是拒絕，這只是一開始採取的談判立場。

Part 6

開發對對方的影響力

權力、控制力、影響力，確實是任何人際關係的核心，不是嗎？在談判中，最有影響力或最有權力的人會得到最多讓步。如果你允許對方操控你或恐嚇你，因此沒有得到想要的生活，那就是你的錯。另一方面，如果你了解什麼東西會影響其他人，以及如何使用那個東西或找出應對的特定方法，你就可以掌控任何情況。

對優勢談判高手來說，開發影響對方的能力是至關重要的議題，我會用這一整部來討論。在任何談判中，你要不總是覺得自己是恐嚇者，不然就是被恐嚇者。你要不總是覺得你在控制對方，不然就是被對方控制。在這一部中，我會解釋這種感受是怎麼來的，以及如何應對這種感受。

在愛荷華州的研討會上，有個人走過來跟我說：「羅傑，我的妻子參加你的優勢談判課程，我一生中從沒看過一個人出現這樣的性格轉變。她有自己的小生意，不過生意並不好。但是她研究個人力量與你的談判技巧之後，真的出現驚人的改變。她變成一頭老虎，而且真的把生意扭轉過來。」

我一直對於什麼東西會導致一個人影響另一個人很著迷，而且在過去十年裡，我一直致力在研究個人的力量。我會教你一些基本的東西，讓你有掌控其他人的力量。一個人會控制另一個人有各種的情況，在這些情況下，一定有一個或多個因素在發揮作用。無論是教官在新兵訓練時惡整士兵，還是父母試圖掌控犯錯的小孩，都會使用這些基本權力因素中一個或多個因素。

權力這個詞已經聲名狼藉，不是嗎？艾克頓勳爵（Lord Acton）在給克雷頓主教（Bishop

Creighton）的信中寫道：「權力往往會腐敗，絕對的權力會造就絕對的腐敗。」查爾斯·克爾頓（Charles Colton）說：「權力會毒害最善良的心靈，就像葡萄酒會迷惑最精明的頭腦。沒有人夠聰明、夠優秀到信任他可以擁有無限的權力。」然而，我不認為權力的本質是邪惡的，實際上並不是權力導致腐敗，不是嗎？是濫用權力才導致腐敗。你不會說因為偶爾會有水災，有人會淹死，所以水不好；你不會因為偶爾有颶風導致房屋被毀，就說空氣不好。不是權力導致腐敗，而是濫用權力導致腐敗。海浪蘊藏巨大的力量，然而每天都有數百名躍躍欲試的衝浪客在浪尖上衝浪；電力可以在夜間照亮小孩的房間，也有能力電死被定罪的殺人犯。權力本身與權力的使用方式無關，教宗的權力在數百萬人之上，阿道夫·希特勒也是如此，就像蕭伯納（George Bernard Shaw）說的：「權力並不會使人腐敗，但如果傻瓜掌權，就會使權力腐敗。」

權力可以是非常有建設性的力量，當我談論權力時，我不是指獨裁者的肆意殘暴，不論那個獨裁者是在政界或在產業界，我指的是影響其他人的能力。

我在這一部要介紹的是，當其他人在跟你談判，讓你在談判桌上先讓步時，你可以做的事情。當然，這些事情也能讓你掌控其他人。這種能力從何而來？它來自這八個要素中其中一個或多個要素。

第53章　正當性的權力

正當性的權力屬於有頭銜的人。如果說你比較害怕擁有副董事長或醫師頭銜的人，而不是沒有頭銜的人，我想你會同意這種說法。我們會立刻擁有正當性的權力，因為在那個頭銜賦予我們的那一刻，這個權力就屬於我們。

舉例來說，美國總統在美國首席大法官前面宣誓就職的那一刻，總統就獲得總統職位的全部權力，這些權力不受之前可能存在的個人權力影響。從那時起，總統運用這個權力的方法，就會讓一切變得不同，想要在總統形象與親民態度（只是普通人）之間取得平衡是很難做到的。

頭銜會影響人，所以如果你有頭銜，不要害怕使用它，不要羞於把你的頭銜放到名片或名牌上。如果名片上的頭銜是副董事長，那麼你已經比名片上是銷售人員的人更有優勢。我經營房地產公司的時候，我會讓在地方耕耘的房仲業務員在名片上放上「區經理」的頭銜。（耕耘，意味著他要負責那一區五百棟的房屋，他要挨家挨戶的敲門，並寄送電子報給屋主，藉此確立自己在社區裡的專家地位。）他們告訴我，在名片上寫上區經理的頭銜，屋主接待他們的方式會出現巨大的改變，更願意接受他們。

如果你的名片上沒有吸引人的頭銜，那麼你的公司應該要檢視一下。一個區域的職務安排標準是區經理向地方經理報告，而地方經理向區域經理報告，因此，區域副總裁似乎是更吸引人的頭銜。偶爾我會遇到一家公司以相反的方式任命頭銜，區經理負責美國西部。我不建議他們改變，但是因為傳統的任命方式是相反的，所以區經理往往不像區域經理是那麼令人印象深刻的頭銜。

正當性的權力還告訴你，如果可能的話，你應該讓他們來找你，而不是在他們的地盤上談判，因為在他們那裡，周圍有各種屬於他們的權力象徵。如果你要帶他們去某個地方，一定要用你的車，因為你會有更多掌控權。如果你要帶他們去吃午餐，應該要去你選擇的餐廳，而不是他們最喜歡的地方，因為那個地方會讓他們感覺一切都在掌握之中。

優勢談判高手可以做以下五件小事來建立自己的頭銜力量：

1. 如果你有頭銜，請使用你的頭銜。如果你沒有頭銜，看看是否可以得到一個頭銜。
2. 使用名字的首字母。舉例來說，如果你的名字是約翰．多伊（John Doe），應該稱自己為J.R. 多伊（J.R. Doe）。這樣不認識你的人就必須稱呼你多伊先生，而不是直接叫你的名字。
3. 如果可能的話，在你的辦公室或附近的地方談判，而不是在他們的地盤談判，這樣你就會處於自己的權力基礎所在，周圍都是你的頭銜所帶來的各種權力。
4. 跟其他人談判時，永遠要使用自己的車，不要讓對方載。房仲業務員都是這樣，不是嗎？當對方在你的車裡時，你就可以掌控他們。
5. 讓助理幫你打電話與接電話。我個人不喜歡行政助理打電話給別人，但這確實可以傳達正當性的權力。

其他形式的正當性權力

還有其他形式的正當性權力。市場定位是正當性權力的一種形式。如果你可以聲稱自己的公司是最大（或最小），或是如果你聲稱自己的公司最老（或最新），你在市場上就有權威。你可以聲稱自己是最全球化的公司，或聲稱是最專業的公司；你可以告訴大家你是新品牌，所以你更加努力；或是說你在這一行已經四十年了。你如何定位自己實際上並不重要，重要的是，任何類型的定位都可以給你正當性的權力。

尊重法律也是正當性權力的形式。有些人遵守法律只是因為害怕受懲罰，但是我們大多數人是因為尊重法律而遵守法律。如果我們在沒有駕照的情況下開車，幾乎不會碰到任何麻煩，但大多數時候，我們會費盡苦心確保口袋裡有駕照。對不繫安全帶的駕駛開罰是非常困難的事，但是當加州通過安全帶法時，我開始繫安全帶，只是因為我很自豪地顯示出我尊重法律。如果周圍沒有人，你會在半夜闖紅燈嗎？可能不會，因為我們看到每個人遵守交通法規的好處。

傳統也是正當性權力的一種形式（直到二十世紀初，傳統和法律都被認為是影響人類行為唯一的主要影響因素）。如果你能在對方心中確立你已經做某件事情很長一段時間，你就可以在沒給任何理由的情況下，說服他這樣做事是有效的。

既定程序是另一種正當性的權力。「我們一直都是這樣做」這句話有力量，這就是價格標籤會有正當性權力的原因。因為他們說：「這就是它的運作原理。我們在商品上貼上價格標籤。你選擇你想要的東西，然後把它帶到收銀台。我們按照標籤上的價格收取費用。」僅僅是因為這個既定程序，在這個國家很少有人質疑價格標籤。

相反地，停車場設立的程序則不同。「你看著標價，然後給我們報價」是既定程序，即使是討厭討價還價的人也會遵循這個程序。優勢談判高手知道，在讓對方做我們希望他們做的事情時，要使用「標準合約」。「這是我們的標準合約，每個人都要簽署。」這段話只是傳達程序的力量，這是正當性權力的一種形式。

個人力量的第一個要素是正當性權力，它適用於任何擁有頭銜的人，或是在市場上擁有自己地位的人，或是表明有一種既定的做事方式存在的人。

正當性權力作為恐嚇因素

另一方面，當你與其他人談判時，不要被頭銜嚇倒。與沒有頭銜的人相比，我們往往更害怕一家銀行的副董事長或一間公司的董事長。舉例來說，如果你正在尋找特定品牌和型號的汽車。

有一天，在一間高爾夫球場的停車場上，你找到一直在尋找的那輛車，而且車窗上掛著「待售」的牌子。你朝駕駛座的車窗裡面看，想看看那台車開了多少里程，車主走了過來，告訴你他要賣一萬美元。這似乎有點太貴了，但是你答應考慮一下再回覆。他在一張紙上寫下姓名與電話，然後告訴你如果有興趣的話，可以打電話到他的辦公室。

你決定，如果他能把價格降到六千或七千美元，你就會很想要擁有這輛車。你打電話給他說：「我想要出價買你的車，我們什麼時候可以聚在一起討論這個問題？」

「這週我真的很忙，」他回答。「但是我的辦公室在市中心，如果你想在那裡碰面，我可以給你幾分鐘的時間。」當天稍晚，你到他的辦公大樓，大廳指示牌指引你到二十四樓，那裡有個秘書帶著你進入一間頂樓套房，門上釘著巨大的金色標誌，上面寫著「董事長」。

偌大的辦公室裡，牆壁上掛滿匾額與獎狀，無不讚頌著辦公桌背後那個人的偉大事蹟與成就，那是你在高爾夫球場停車場遇到的人。當你進來時，他站起來，跟你握手，然後回到他的談話中，示意你坐在面向辦公桌的椅子上。他正在談著要在瑞士證券交易所賣出一些股票，聽起來像是一筆高達數百萬美元的交易。最後，他掛斷電話，微笑地說：「現在那台車怎麼樣？你不會要求我要降價吧？」

現在，對於出價六千美元，你有什麼感想？你可能被嚇到，要嘛禮貌的道歉，說你根本沒有決定要買這輛車，或是說：「你願意用九千美元賣給我吧，不是嗎？」那時，你可能希望從一個工廠工人那裡買車。

賣方的立場與你對那台車的估價有什麼關係？絕對沒有關係。如果那台車對你而言價值六千美元或七千美元，那麼無論你是從幫牙膏蓋上蓋子的工人那裡買這台車，還是從美國總統那裡買這台車，這台車的價值都一樣。

實際上，如果你進一步分析情況，你會認為這家公司的董事長不會願意接受較低的報價，因為他沒有出售汽車的壓力。這可能是錯的。他可能更願意接受更少的錢，因為他不需要錢，或是不想要花時間在賣車。另一方面，那個藍領工人可能面臨財務壓力，也許需要他開價的每一分錢。不要被頭銜嚇到，以免忽視在考慮報價時應該優先考慮的其他因素。

有些頭銜沒有任何意義

不要讓頭銜嚇倒你的一個好理由是，有些頭銜毫無意義。一九六二年我第一次來到這個國家的時候，我只有四百美元，所以我必須盡快找到工作。我想要去美國銀行工作，那間銀行願意訓練我當櫃台行員。我不理解這項安排，因為我連美國的貨幣都搞不清楚。對美國以外的人來說，美國的貨幣讓人非常困惑。有些硬幣上沒有數字，十分硬幣（dime）上沒有印「十分」、五分硬幣（nickel）上沒有印「五分」。電話的投幣口寫的不是dime和nickel，而是五和十。更讓我困惑的是，所有鈔票的顏色和尺寸都相同。

這讓我很困惑，但是我需要一份工作，而且我不會質疑他們的判斷。在那裡，我在銀行櫃台自言自語地說：「五分錢的形狀比十分錢還大，儘管它的價值只有十分錢的一半。」這時有位女士走過來，要求兌現一張支票。我說：「很抱歉，那張支票超出我的限額，你介意我把這張支票交到平台那裡，取得主管的批准嗎？」

她說：「你不知道我是誰嗎，我叔叔是美國銀行的副行長。」

美國銀行在當時是世界上最大的銀行，有五百或六百間分行，所以這個資訊立刻嚇到我。我採取標準的紐倫堡防禦（Nuremberg defense），解釋說我只是做主管告訴我要做的事情。她氣呼呼地走了，我轉向旁邊的櫃台行員，告訴她：「我想我剛剛惹了很大的麻煩，我剛剛讓美國銀行副行長的姪女不高興。」

另一個櫃台行員笑著說：「你難道不知道美國銀行有多少個副行長？」她拿出一本像電話簿一樣的目錄，其中列出數百位副行長。頭銜有時毫無意義。

有些頭銜意義不大

我的女兒茱莉亞在南加州大學獲得商業金融學位，畢業後到紐約股票經紀人添惠公司（Dean Witter）在比佛利山莊的辦公室工作。有一天，她談著要成為那裡的副董事長，我告訴她：「茱莉亞，妳必須在人生中設定實際的目標。這是一家大公司，妳可能需要很多年才能成為副董事長。」

她回答：「喔，沒有，我想我今年底就會成為副董事長。」

我問她：「添惠有多少副董事長？」

她告訴我：「我不知道，一定有上千位。我們這間辦公室就有三十五位。」那間公司明白頭銜會影響人。

有兩個人爭論通用汽車有那麼多副董事長，甚至還有一個負責頭墊的副董事長。為了解決爭端，他們最後打電話到通用汽車，對總機說：「我們可以跟負責頭墊的副董事長通電話嗎？」

總機問說：「當然可以，先生，是乘客座的頭墊，還是駕駛座的頭墊？」

不要被頭銜影響，但是要明白頭銜會影響人。

需要記住的重點

1. 在八種影響力中，第一種是正當性的權力，這屬於擁有頭銜的任何人。
2. 我們發現與副董事長談判比與銷售人員或買方談判更困難。
3. 藉著說我們是最古老、最新，或最大，這種在市場上的定位，可以給你正當性的權力。
4. 尊重法律是另一種形式。當你說：「我們的使命宣言排除那種可能性」時，你是在訴諸他們對法律的尊重。
5. 傳統是正當性權力的另一種形式。「我們一直都是這樣做的」就是一個例子。
6. 不要被頭銜或其他職位上的標誌所嚇倒，例如豪華的辦公室。
7. 請記住，有些頭銜並沒有任何意義。

第54章 獎勵的力量

個人力量的第二個要素是獎勵的力量。優勢談判高手知道，如果你能讓對方相信你會獎勵他們，你就賦予自己影響他們的權力。不幸的是，很多試圖銷售產品或服務的人從沒有建立自信，去向對方表明會獎勵買方。這些人認為買方向他們下訂單是對他們的獎勵。

獎勵的力量有很多種形式。金錢是顯而易見的形式，但是還有更多種形式。有些形式的獎勵包括讚揚對方、原諒對方、有權力分配頭銜（經理人、副董事長、隊長）、有權力分配工作或安排假期，以及向其他有權力的人提供建議。

如果你的公司發展到授權某個人去決定哪些員工可以得到工作，哪些員工得不到工作，那麼你可能已經把你的個人力量交給被授權的人。有些董事長會把個人力量交給人資主任，讓人資主任有權力決定人事的晉升與加薪，這個力量就給人事主任掌控。

為什麼辯護律師能從客戶那裡賺取如此多的費用呢？這是因為他們讓委託人相信，只有他們才能確保客戶無罪釋放。他們讓被告相信，如果由他們代理出庭，就會很幸運。他們讓客戶認為：「如果我能讓這位律師代表我，那就太棒了，因為他是業界最優秀的律師，你不能做得比那更好了。」而尋找客戶並試圖說服客戶雇用他們的律師，則會被貶低為冷血訟棍律師。

辯護律師的事業經營方法

有個成功的刑事辯護律師曾經參加我的研討會，後來我問了他一個我一直很想問的問題：「你會問你的當事人是否有罪嗎？」他告訴我：「喔，絕對會問！除非我知道他們是不是真的有罪，不然我無法為他們辯護。我可能會花一大筆錢試圖找到證據去支持客戶的不在場證明，結果發現這件事從未發生過。」

「你的客戶裡有多少人有罪？」

「我為客戶辯護超過二十五年，只遇過一個無辜的客戶。其餘的人都說：『當然，我犯罪了，讓我離開監獄吧。』請記住，我的費用很高。幾乎可以肯定的是，付錢給我的人都是有罪的，而且直指他們的罪證難以辯駁。」

你想要掌控客戶嗎？只要讓他們相信你是唯一能解決他們問題的人。不要低價出售！提供最優惠的價格就像是說：「有很多人可以解決你的問題，但是我可以花更少的錢來解決。」

如果你銷售的是一項產品或服務，你必須相信自己是業界最優秀的人。那麼你必須知道如何讓客戶相信這點。他們不可能做得比你更好。如果你願意用個人和公司的聲譽和專業能力來解決這些買方的問題，那麼他們不是在獎勵你，而是你在獎勵他們。

當然，你不能做得太過分，因為很快會變得太傲慢，但也不要反過來做，認為你的客戶會藉著給你訂單來獎勵你。我聽過一些傳言說，有些銷售人員實際上會懇求買方只給他們公司一小部分的業務，你相信嗎？這聽起來不就像是一隻狗在乞討餐桌上的殘羹剩飯嗎？當你真正相信你正在獎勵買方，而不是買方在獎勵你時，你就有信心要求他們給你所有的生意。

花點時間記下與你談判的人會因為跟你打交道而獲得回報的三個原因。如果你從事銷售工作，想一想為什麼選擇你會帶給他回報，而不是選擇競爭對手。如果你正在應徵工作或要求升官，請考慮三種選擇你可以獎勵公司的方法。

1. ______

2. ______

3. ______

我想你寫下的其中一個理由是「他們想要我」。這應該是他們選擇你而不是競爭對手的主要原因，不是因為你銷售的產品或服務的品質，而是因為他們想要我。為了成功發出獎勵的力量，你必須為產品或服務增值；他們必須看到從你那裡買下產品或服務的價值。在你的產業中，可能存在一些合法的競爭，也就是擁有能夠以非常有競爭力的價格提供非常相似產品的公司。差異必須在你身上，以及你對產品和服務的了解、你對他們的問題與機會的了解、你有能力發揮創造力去解決他們的問題，並抓住他們的機會。

我想知道你正在做的生意有多少競爭對手？兩個、三個，或是或許有六個？猜猜我身為專業演說家有多少競爭對手？我參加的全國演說家協會（the National Speakers Association）有三千五百名會員，每當我要敲定一場演講時，我都必須跟其他三千四百九十九名演說家競爭，才能獲得在觀眾面前演講的特權。會議策劃者對我說：「羅傑，競爭如此激烈，你怎麼可以收取這麼高的費用呢？」我告訴他們：「因為我很好！」對你而言，這句話聽起來非常傲慢與自負，但是你對你做的事情必須很有信心。你必須有很大的信心相信自己做得比其他人更好。他們應該選擇你的主要原因是他們想要得到你，而他們要得到你的唯一方法就是選擇你。

獎勵的力量作為一種恐嚇因素

優勢談判高手了解，只要你認為別人能夠獎勵你，你就給他恐嚇你的力量。如果你認為買方透過給你訂單來獎勵你，你就給他恐嚇你的力量。這就是為什麼當你進行大拍賣的時候，會比進行小型拍賣來得更讓人害怕。收到潛在的獎勵更大，所以你感覺很害怕。當然，這完全是主觀的，不是嗎？當你剛入行的時候，你可能會感受到銷售一千美元帶來的獎勵感，之後，要銷售到十萬美元才能讓你興奮。

當對方開始對你使用獎勵的力量時，認明這個力量，而且不要被它嚇到了。有些人絕對是使用獎勵力量的大師，當他們要求你讓步時，他們只是碰巧提到他們下週有個大計畫要上線，你可能可以加入，或是他們會談論在港口的遊艇，或是他們在山上的滑雪小屋。他們甚至不必出面告訴你，如果你們一起做生意，就可以使用它們。這只是隱含的獎勵力量。不要讓它激怒你，但認清它的本質，不要讓它在談判中讓你失去立場。

一旦你認清獎勵的力量，並了解他們試著對你做的事情，他們用獎勵的力量控制你的能力就會消失，而身為談判者的你就會變得更有自信。

需要記住的重點

1. 你透過讓買方購買你的優質產品或服務來獎勵他，他不會從你那裡購買東西來獎勵你。
2. 成功的服務提供者，例如辯護律師，擅長向人表示有他們站在你這邊是你的幸運。
3. 不要低價出售！以最優惠的價格銷售就像是在說：「有很多人可以解決你的問題，但我會花更少的錢來解決。」
4. 他們選擇你而不是競爭對手的主要理由是因為他們想要你。
5. 留意對你使用獎勵力量的人。

第55章 懲罰的力量

與獎勵的力量相反的力量就是懲罰的力量。任何時候你認為某個人可以懲罰你，他就可以對你施加壓力。你知道，當州警把你拉到路邊，而且他站在那裡，可以開罰單，也可以不開罰單的時候，你的感覺有多糟。處罰也許不是很嚴重，但是恐嚇的程度確實非常大。

順道一提，在加州房地產業有個與這有關的笑話。加州擁有超過五十三萬兩千名有證照的房地產經紀人，這意味著每五十個人中有一個人是經紀人或仲介。如果你認為在同業中有競爭力，可以來加州房地產業試試。有個笑話是，一名高速公路警察把你拉到路邊並說：「好吧，先生，讓我看看你的房仲證照。」

你說：「警官，你不是要我的駕照？」

他說：「不是，不是每個加州人都有駕照。」

對我們而言，考慮對其他人使用懲罰的力量很困難，但懲罰的力量存在於任何談判中。如果你退貨給商店店員，並要求退款，獎勵的力量與懲罰的力量都會影響店員的決定。如果他慷慨的退錢給你，你會感謝他，這就會是一次愉快的經歷。如果他拒絕退錢給你，你可能會很生氣，這會是一次不愉快的經歷。

以下是一些懲罰力量的形式：嘲笑或讓人難堪的力量；藉由洩漏秘密來影響聲譽的力

量；透過提起痛苦的經歷來引起痛苦的感受的力量；分配困難或痛苦的任務；浪費你的時間的力量；讓你重複做同樣的任務；或是讓你再上一次課，以及限制你的未來的力量。

讓我們看看優勢談判高手如何同時使用獎勵的力量與懲罰的力量，藉此發揮強大的影響力。父母會對孩子使用獎勵的力量與懲罰的力量：「如果你現在去睡覺，我就會講故事給你聽。」「如果你不吃胡蘿蔔，就不能看電視。」銷售人員強調對客戶有好處，說服他們購買，而且試圖委婉的暗示不投資的危險：「進行這項投資會創造獲利奇蹟。」「搶在競爭對手前採取行動！」

經理人使用胡蘿蔔加棒子的方法來激勵員工：「把這件事做好，真的會讓你成功。」「喬，注意我說的話，別把事情搞砸了。」政治人物用它來維持世界和平：「維持民主政府，我就會給你最惠國待遇。」「如果惹惱我們，我們就有一萬個核彈頭準備在十五秒後發射。」

在任何要說服的場合中，獎勵和懲罰的因素總是會存在。假設你的車在店裡，他們告訴你明天才能準備好領車，但是你今晚必須拿到，你會讓他們知道你的具體感受。

當維修汽車的店經理聽你講話時，他的心裡在想什麼？如果他同意你的要求，你就會報以感激的態度，並讓他覺得很愉悅與溫馨。如果他不同意你的要求，他擔心事情會變得很糟糕。優勢談判高手了解這兩個要素，而且知道如何巧妙的應用它們。

不了解優勢談判的人會選擇其中一種力量，但不使用另一種力量。他們威脅要執行懲罰的力量，但是不了解與獎勵的力量結合之後會有多強大。我確信你見過有人犯過這種錯誤。當汽車還沒有準備好時，糟糕的談判者會很生氣，並試圖迫使對方違背自己的意願做出讓步。「如果我的車沒有在下午五點準備好，我就會去告你，要你把所有東西都賠償給我，我就會擁有這間店。」採用恐懼策略是有效的說服方法，但往往會做得過於粗暴，結果適得其反。接下來，如果對方屈服了，他們往往會因為勝利而沾沾自喜，而使錯誤加劇。

讓我們看看說服大師如何利用獎懲來影響一個國家。這是一九四〇年六月四日溫斯頓·邱吉爾（Winston Churchill）在下議院發表演講的結尾，當時與德國的戰爭看起來會輸掉。

我們不會退縮，也不會失敗，我們會持續到最後。我們會在法國、在海洋上作戰。我們在空中作戰的信心與力量持續在增加。我們會不惜一切代價保護我們的島嶼，我們會在沙灘、登陸地、田野、街道和山丘上戰鬥。我們永遠不會投降，即使這個島嶼全部或大部分的地區都被征服並陷入飢餓之中，雖然我在這一刻並不相信會有這件事發生，但是我們在海外的帝國子民，在英國艦隊的武裝與護衛之下會繼續抗爭下去，直到新世界在上帝認為適當的時刻，以其所有的力量站出來解放並拯救這個舊世界。

最後一句話說明溫斯頓·邱吉爾是影響公眾輿論的天才。格局較小的人可能會為英國人加油，並發表一篇老派的勵志演講，講述「英國人永遠不會成為奴隸」，並引用「統治吧，不列顛尼亞」（Rule Britannia）裡流行的愛國名言，這樣就會很滿意了。邱吉爾比他們更聰明，他不僅使用獎勵的力量，還使用懲罰的力量，告訴他們這個國家可能會輸掉這場戰鬥，並被德國占領。

優勢談判高手知道巧妙運用獎勵的力量與懲罰的力量會更為有效。他們暗示，如果他們沒有得到想要的東西，事情就會變得讓人不愉快。然而，當對方看起來要屈服的時候，他們很快就會藉由表達感激之意而轉為使用獎勵的力量。「那太好了，我真的很感激你，你非常好。」

現在花一點時間記下與你談判的人會因為沒有跟你達成協議而受到懲罰的三個原因。如果你從事銷售工作，請想一想為什麼選擇你的競爭對手（而不是你）會懲罰客戶。如果你正在應徵工作或尋求升官，請考慮三種選擇其他人會懲罰公司的方法。

1. ______

2. ______

3. ______

希望你寫下的其中一個理由是他們「得」不到你，這應該是他們避免選擇競爭對手的第一個原因，而不是因為你銷售的產品或服務的品質，因為如果他們這樣做，他們就得不到你。為了成功發出懲罰的力量，你必須為你的產品或服務增加很多價值，以致於他們擔心無法從你那裡買到。就跟獎勵的力量一樣，差異必須在你身上：你對產品和服務的了解、你對他們的問題與機會的了解、你有能力發揮創造力去解決他們的問題，並抓住他們的機會。

還記得我們在第一章討論的把目標放中間策略嗎？我告訴你，你應該把最初的報價訂得更高，高到把實際的目標放到中間。有時候，你會很害怕這樣做，你根本沒有勇氣提出那種很不尋常的報價，因為你害怕對方會笑你。在我的書《強力表現的十三個秘密》（*The 13 Secrets of Power Performance*），我給你這個問題的答案：你必須弄清楚你最害怕的東西是什麼，然後去做。就跟獎勵的力量一樣，答案在於經驗。雖然新手商人可能會對一千美元的談判感覺很緊張，但是經驗豐富的商人對於輸掉價值十萬美元的談判也可以保持冷靜。儘管全新的銷售人員可能會擔心失去一千美元的銷售，但經驗豐富的銷售人員不會因為輸掉價值十萬美元的銷售而被嚇倒。

全新的銷售人員總是會對獎勵的力量與懲罰的力量感到困惑。當他們第一次打電話銷售的時候，他們認為每個買方都可以藉由下訂單來獎勵他們，或是透過拒絕他們來懲罰他們。或是更糟糕的是，嘲笑他們提出的建議。一旦他們銷售一段時間，他們就會理解到，銷售跟其他事情一樣，只是一場數字遊戲。如果他們努力工作，而且與很多人談話，總是會有很高比例的人會拒絕他們。一旦他們了解這是一個數字遊戲，他們就不會再認為有人可以獎勵或懲罰他們，而且他們會對自己做的事情變得更有自信。

任何時候，當你認為有人可以脅迫你時，他就有能力恐嚇你，而且我們知道，最強大的懲罰力量，就是藉由嘲笑別人來讓人難堪的力量。

山頂上的恐懼

對嘲笑的恐懼會阻止我們完成一生中想要完成的事情。很多年前，我還在學習滑雪的時候，我跟朗恩・梅里波爾和馬蒂・梅里波爾（Ron and Marty Meripol）一起在加州猛瑪山（Mammoth Mountain）滑雪，他們的滑雪技巧比我好。他們說：「羅傑，今天我們帶你到簷口[12]去。」

我說：「我想我還沒準備好上簷口。」

他們說：「喔，來吧，羅傑。你可以做到，我們走吧。」

我們坐纜車到達山頂，海拔剛好超過一萬一千英尺。當我們靜靜地移動到白雪覆蓋、幾乎垂直的懸崖邊時，我還是可以感受到那台小纜車裡的緊張氣氛。這種行進的過程令人畏懼，即使最有經驗的滑雪者在接近山頂時也不會說話。他們靜靜坐在那裡，沉浸在私人的思緒中，強迫自己克服對未來的恐懼。

最後，我們滑進纜車的終點站，走到外面，冰冷的風襲來。我緊張得穿上滑雪板，和朋友一起划了大約三百碼，直到我們站在簷口頂上。簷口是積雪凸出的部分，被雪吹過懸崖的角落。滑雪者在這個簷口切出一個V形，一直延伸到懸崖上。我必須面對幾乎垂直的懸崖，從這個V形的滑雪道滑下去。如果我滑倒一次，接下來一千英尺我的頭就會朝下摔下去。

我站在那裡，透過這個滑雪道往下看，我看到它的時候，我有兩個選擇。第一個選擇是徒步走回搭乘纜車的地方，搭纜車回去，但是如果我這樣做，我的朋友會笑我。第二個選擇就是赴死！我選擇死亡，而不是被嘲笑。這種對懲罰的恐懼有多強烈。

最近，我和孩子們再次從簷口上滑下來，現在他們在簷頂上有個標語：「當你的朋友說出發的時候，不要害怕說不。」

了解懲罰的力量，並在使用的時候感覺很自在。不論你是否同意，懲罰的力量始終存在於談判中，而你是否有能力可以有效的使用這個力量，對身為談判者的你能否成功至關重要。

12 譯註：指在山脊或山坡上形成的雪崖或雪脊，如果底部不穩定，就有可能坍塌，引起雪崩，因此非常危險。

需要記住的重點

1. 懲罰的力量是主觀的。
2. 在任何溝通中，懲罰的力量都存在。
3. 花錢是一個大問題，但是懲罰的力量還是有很多其他的形式。
4. 客戶避免選擇競爭對手的第一個原因，應該是因為他們如果這樣做，他們就得不到你。

第56章 敬畏的力量

個人力量的第四個要素是敬畏的力量，任何擁有一致價值觀的人都可以擁有這個力量。一個明顯的例子是宗教領袖，他正在說：「你可以相信我，因為我有一套價值觀，而且我不會偏離這些價值觀。」

你會喜歡並欣賞客戶一直以來都有一致的行為，他們也會喜歡並欽佩你做到這一點。如果你願意堅持自己的原則，特別是如果你會因此去承擔財物損失的風險時，就會在其他人面前建立信任，而且他們會因此喜歡你。舉例來說，你可能在賣電腦，而你有勇氣對客戶說：「當然，你想省錢，如果對你來說這是正確的做法，那我也贊成，但事實並非如此。我知道，除非你購買附有 2TB 的硬碟型號，不然你不會完全滿意。抱歉，但我不會賣給你比較差的東西。」

他們會因此愛你，當然，這會引起一些人的注意，但是如果你已經做好功課，而且你是對的，那麼你就有權力與那個客戶打交道。如果你退縮，他們怎麼會尊重你？

假設你的醫師告訴你，你需要進行四次冠狀動脈繞道手術，而你說：「我想我可以做三次手術就好。」如果他說：「好吧，那我們試著做三次，看看有沒有效。」你對他會有什麼感覺？你會讓那個人拿手術刀靠近你嗎？我不那麼認為。

當你散發出敬畏的力量，其他的談判者就會注意到，他們會欽佩並尊重這一套價值觀，而且這讓你有很大的影響力可以影響他們。當你在談判的時候，如果你表現出願意走捷徑，或是以某種方式去操縱一些你不該操縱的關係時，短期你可能會增加銷售，但長期來看，你對那個買方的影響力會受損。

請注意，不要先設定標準，然後再打破自己的標準。不要告訴買方你永遠不會降價，接著就降價，這比一開始沒設定標準還糟糕。

敬畏的力量是最強大的影響因素。能成功表明你有一套一致的標準，而且永遠不會偏移這些標準，會對人產生很大的影響。這就是為什麼它比獎勵和懲罰等明顯有影響力的因素更強大的原因，儘管獎勵與懲罰這兩種力量可能會對人產生直接而龐大的影響，但是它們最終往往會適得其反。

總是要透過獎勵來說服小孩的父母很快會發現小孩學會期待得到這些獎勵，而且如果沒有得到獎勵，就會反抗。你可以在早期階段，每年付給公司高階經理人兩千萬美元，這對他來說是很大的激勵因素。他會盡一切努力來確保這樣的獎勵可以持續收到。然而，隨著時間經過，這種獎勵的價值會開始減少。

舉例來說，你可以展現懲罰的力量，藉由威脅要解雇他來激勵他。然而，如果這樣的威脅持續太久，往往會適得其反。當你持續威脅他的時候，他要嘛會找到擺脫壓力的方法，要嘛學會忍受壓力。然而，敬畏的力量卻會不斷成長。你表明自己擁有一套永遠不會偏離的一致標準愈長，就有愈多人學會信任你。這樣的信任感會逐漸膨脹成一種強大的能力，可以在談判中影響別人。

敬畏的力量作為一種令人恐懼的因素

當有人對你使用敬畏的力量時，你可能會感到畏懼，因為我們欽佩這種特質。當他們對你說：「沒錯，但是我們不這樣做生意。我們的創辦人，願上帝保佑他的靈魂，他提到，二十八年前開始創業時他就說：『讓我們為我們的產品制定公平的價格，而且永遠不要偏離那個價格。』」當我們聽到如此理想化的說法時，一定不願意違背它，因為我們欽佩有原則的人，不喜歡違背原則的人。

當有人以這種方式對你使用敬畏的力量時，你有兩個選擇：

1. 設法證明雖然他們告訴你他們從來不會破例，但確實會有例外。前例的力量很強大。如果你可以確定某個時刻會出現例外，就能完全消除敬畏的力量。如果你在佛羅里達州的假日飯店（Holiday Inn）要求特殊優惠，而且你可以證明西雅圖的假日飯店有對你做出讓步，那麼你和佛羅里達州的飯店櫃台打交道時就會有很大的力量。
2. 設法證明雖然這在過去是很好的規則，但是現在不再是明智之舉。我知道有一家財星五十大公司多年來一直說：「我們創辦人在剛創辦這家公司時制訂一項規定，也就是我們永遠不會偏離定價銷售。我們應該有個公平的價格，而且每個人都應該付出相同的金額。」這家公司維持這個規則數十年，但是最終因為競爭對手開始打折，他們不得不仿效。僅僅因為這是多年來的規定，並不意味著這應該是今天的規定。

需要記住的重點

1. 我們希望由擁有一套價值觀的人來領導。
2. 有勇氣決定什麼東西對客戶是最好的，而且永遠不要偏離這一點。
3. 敬畏的力量比獎勵的力量或懲罰的力量更強。獎勵與懲罰的力量可能會隨時間減弱，但是敬畏的力量會隨時間持續增強。
4. 敬畏的力量用在你身上可能會讓你害怕，因為我們欽佩做事始終如一的人。
5. 蒐集足夠的資訊，讓你可以去質疑像是「我們從來沒有破例」之類的陳述。
6. 如果你找不到例外，請說服他們，是時候更加變通的破例了。

第57章 魅力

個人力量的第五個要素是魅力，這可能是最難分析和解釋的力量。什麼是魅力？當然，我們都聽過靈恩派[13]（charismatic religions）。從這個意義來說，魅力意味著一種特殊的才能，像是治癒或預言的能力，這是來自上帝的禮物。在流行用法中，魅力意味著一種特殊的特質，可以使一個人能夠捕捉到另一個人的想像力、激起支持與奉獻。

德國社會學家馬克思．韋伯（Max Weber）是第一個把這個詞引進現代的用法，並表達出魅力是可以學習的說服技巧，他稱這是一種權威的形式，人類直到二十世紀初都認為權威不是法律，就是傳統，但馬克思．韋伯引進魅力，把它視為權威的第三個形式。一個人僅憑個性，就可以影響另一個人。

馬克思．韋伯還提出一個理論，認為在困難時期會選出有魅力的領導人。德國的希特勒與阿根廷的胡安．斐隆（Juan Peron）當然是如此。看看最近的美國政治，你也會看到這樣的現象。富蘭克林．羅斯福（Franklin Roosevelt）是在經濟大蕭條中期首次當選。巴拉克．歐巴馬（Barack Obama）是在經濟大衰退以來最嚴重的經濟衰退時期當選。

13 譯註：直譯是指「有魅力的宗教」。

歐巴馬是很有魅力的總統，因為他天生很得人緣，而且有自信。他以強而有力的方式把自己對國家的願景表達出來，激勵他的追隨者。

加州大學戴維斯分校（University of California-Davis）的心理學家迪安．西蒙頓（Dean Simonton）認為，總統候選人如果要被人認為很有魅力，必須表現出一些要素，他必須有戲劇天賦、有意識的塑造自己的公眾形象、有效的運用修辭、表現出操縱人心的藝術性、傳達出鮮明、引人注目的個性、有能力保持人氣，享受總統府的儀式，並充滿活力與決心，成為精力充沛的人。

如果你把這些特性應用到你認為最有魅力的總統身上，你會發現魅力並不是與生俱來的神秘特徵，而是可以培養的技能。在我的書《強力說服的秘密》中，我花整整兩章來解釋如何培養個人魅力。現在，讓我們來認識魅力的力量與局限性。

認識魅力大師：比爾．柯林頓

我肯定你一定有遇過充滿超凡魅力名人的經驗。當我碰到柯林頓總統時，我感覺非常不舒服，因為跟他的政治光譜完全相反，而且我很肯定他有感覺到這一點。我不想要說一些支持他的話，所以我說：「祝你好運，總統先生，別被他們打倒。」你猜猜他做什麼事？他看著我的眼睛說：「羅傑，如果你願意留下來，我就會堅持下去。」我說：「我會支持你，總統先生。」短短十五秒的時間，因為他個人特質的力量，他就得到我堅定的支持承諾。

在圖森（Tucson），我發現自己正在跟一個剛剛在政治活動中見過比爾．柯林頓的人談話。她告訴我：「我們大約有四十個人被選中去跟他會面，我們聚集在一家飯店的會議室裡。他進來之後，在會議室裡來回走動，花了大約二十分鐘握手。當他離開的時候，我們每個人都確信他是特地來見我們的。」

這就是魅力的力量！

魅力很難解釋，我們看到的時候就會知道，但我們很難解釋。當你無法理解某件事時，想想相反的情況會很有幫助。你認為世界上最沒有魅力的人有什麼特徵？你最不想和誰在荒島上度過餘生？我認為那個人是完全以自我為中心的人，是只考慮自己的人。

以尚．保羅．蓋蒂（Jean Paul Getty）為例，當他還是世界首富時，很多人都想要他擁有的東西，但是沒有人想要成為他那樣。亞里斯多德．歐納西斯（Aristotle Onassis）跟他做生意的時候遇到很大的困難，他在自傳中提到，直到他知道蓋蒂做的所有事情完全只顧個人利益，情況才好轉。

如果魅力的反義詞是以自我為中心，那麼很明顯的是，魅力是有能力表現出你關心跟你接觸的每個人。你不必成為德蕾莎修女（Mother Teresa），去關心地球上每個窮人，或是你也不必成為小馬丁．路德．金恩（Martin Luther King, Jr.），關心每個遭受種族歧視的人，但是你確實要關心每個遇到的人。

戴爾・卡內基（Dale Carnegie）在代表性作品《人性的弱點》（*How to Win Friends and Influence People*）中給我們很重要的建議：把遇到的每個人都當作當天遇到最重要的人。這句話說得很好，不是嗎？不是你見過最重要的人，甚至不是那週會見到最重要的人，那就太超過了。對待你遇到的每個人，就好像他是你當天遇到最重要的人一樣。你不能尊敬副董事長，但卻把秘書當成僕人。

銷售人員往往會過分強調魅力的力量。很多老派的銷售人員告訴我：「我的員工跟我做生意的唯一理由是因為他們喜歡我。」嗯，現在不是這樣了。不要落入威利・羅曼[14]（Willy Loman）的陷阱。甚至在六十年前，當亞瑟・米勒（Arthur Miller）寫下《推銷員之死》（*Death of a Salesman*）時，威利・羅曼就說過：「最重要的事情是被人喜歡。」他也在取笑這句話。當然，如果買方喜歡你，他更有可能跟你下訂單，但是不要認為這給你太多掌控權。今天的買方太老練了，這離掌控整個談判還有很長的一段距離。

魅力作為一種讓人恐懼的因素

有些人會非常精明的對你使用魅力。不知不覺中，你會發現自己只是因為非常喜歡他而做出讓步。每當你發現自己被另一個人吸引時，你應該停下來想一想：「如果我無法忍受這個人時，我會做出讓步嗎？」

需要記住的重點

1. 魅力是一種特殊的特質，它會使一個人有能力抓住另一個人的想像力，激發另一個人的支持與奉獻。
2. 它與影響其他人的兩種傳統方式一樣強大：法律（我們都同意會遵守這些法律）和傳統（我們一直這樣做）。
3. 有魅力的領導人在艱困時期有更大的影響力。
4. 當你學會關心其他人時，魅力就會增強。
5. 把遇到的每個人都當作當天遇到最重要的人。
6. 不要因為喜歡別人而向他們讓步。停下來想一想：「如果我無法忍受這個人，我會做出這樣的讓步嗎？」

14 譯註：劇本《推銷員之死》的主角。

第58章 專業能力

個人力量的第六個要素是專業能力。當你向人表明你在某個領域比他們擁有更多專業知識時，你就會對他們產生影響力。想想那些因為專業能力而受你敬重的人，像是你的醫師、汽車修理技師與水電工。當幫我打掃家裡的女傭告訴我需要特殊的清潔劑來清理特殊材質的髒汙時，我甚至會聽從她的意見。

我認為，隨著我們生活的世界變得愈來愈複雜，專業能力變得愈來愈重要。我認為這種麻煩早在一九六五年索尼推出第一台錄影機就已經開始了。在那之前，生活雖然很困難，但還是可以應付。我們可以打開烤箱，打開收音機和電視機。當我們承認自己無法弄清楚如何操控錄影機時，我們承認從那時起，會有很多事情需要請專家來解決。也許是從那之前就開始了，我記得我站在一輛新車前面，那是我的父親在一九五〇年代中期買回來的車。我問他：「搖把的孔在哪裡？」

「沒有孔。」他告訴我。

「這不合理。電池無法啟動的時候，你要如何啟動這輛車？」我已經習慣在母親要去城裡採購的時候，在寒冷的早晨用手啟動十五分鐘的汽車。

「我也不確定，」我父親告訴我。「他們說，如果電池無法啟動，就表示有嚴重的問題要修理。」

「這還是不合理。」我重複說。然而，我現在已經習慣了，而且接受錄影機。當我第一次看到家用電腦時，我以為我永遠不知道要怎麼使用。我現在使用 iPhone 還是會出狀況，如果我無法弄清楚它是如何運作的，我會請十三歲的孫女雅絲翠（Astrid）解釋給我聽。我很不情願地承認，在我的眼界到達那裡之前，還會做出很多妥協。隨著科技年復一年、月復一月，而且很快的一週又一週的出現跨越式的發展，專家將會成為國王。我們每個人都應該意識到，如果我們不繼續瘋狂地成為自己領域的專家，蜂擁而來的新技術就會壓過我們。

今天，專業知識不再是你學習或獲取的東西，因為你去年知道的知識，並不足以支撐今年的發展。你必須不斷、永無止境的尋求大多數的專業知識。如今，如果你想要失去專業知識，你要做的就是拒絕相信你必須不斷努力地去提升你的技能。

有能力影響其他人行為的三大因素是：

1. 獎勵的力量或財富。
2. 懲罰的力量或暴力。這會讓我們感到不安，不是嗎？但是如果你擁有更強大的軍隊，你就擁有權力。如果墨西哥的販毒集團比警察擁有更多更好的槍枝，他們就擁有權力。我把這種力量描述為懲罰的力量，這是比暴力更為微妙的術語，但它指的是同一件事。

3. 專業能力或知識。如果你懂得更多，你就有能力影響別人。在印刷機出現之前，讀寫能力被視為專業能力。現在的情況要複雜更多，這就是我所謂的專業能力。

關鍵在於：專業能力勝過獎勵的力量與懲罰的力量。用途最少的是懲罰的力量，你只有在極少數的情況下才能使用。獎勵的力量雖然很強大，不過它會失去價值。專業能力只會一直不斷的成長。

以一家公司雇用初階員工為例，起初，威脅解雇那個人會激勵他更加努力工作，讓他進入管理階層，而且你給他的十萬美元薪酬方案會激勵他，直到他的專業知識發展到有個競爭對手願意付給他五十萬美元來經營他們的公司為止。

專業能力作為讓人恐懼的一個因素

不要讓人用專業能力來恐嚇你。還記得剛開始創業時，你研究事業上各種技術層面的知識，但現在你還有信心認為自己了解這些知識嗎？後來你遇到一個似乎比你懂得更多的人，還記得這多麼讓人恐懼嗎？不要讓他們對你這樣做。當他們質疑你的專業時，不要害怕說：「這不是我的專業領域，但我們的專家是業界最優秀的，你可以完全信任他。」

律師和醫師真的很重視這點，不是嗎？他們開發一種你無法理解的全新語言，向你展示你沒有、但他們擁有的專業能力。

醫師沒有理由用英語開處方，但如果這樣做，他們就會消除一點神秘感，消除一點點的專業能力。律師也是同樣的道理，他們開發一種我們無法理解的全新語言，以便展現出專業能力。

需要記住的重點

1. 我們會尊重比我們更專業的人。
2. 我們必須每天不停的追求更多專業能力。如果我們不這麼做，技術和不斷變化的世界會輾壓我們。
3. 有能力影響其他人行為的三大因素是：暴力（懲罰的力量）、財富（獎賞的力量）與知識（專業能力）。
4. 專業能力勝過財富和知識。
5. 不要讓人用他們的專業能力來恐嚇你。

第59章 情境的力量

個人力量的第七個要素是情境的力量，我們都很熟悉這個力量，舉例來說，郵局裡的人平常在生活中的其他方面沒什麼影響力，但是在特殊的情況下，他可以接受或拒絕你的包裹。他可以掌控你，而且他也喜歡使用這個力量。

這種情況在大型組織或政府機關中很常見，在那些地方工作的人沒有太多自由度可以更改工作的方式，而當他們得到一定的自由度，而且當他們可以掌控你時，他們就會渴望使用這個力量。

他們難道不喜歡利用情境的力量嗎？

我記得在加拿大新斯科舍省（Nova Scotia）哈利菲斯（Halifax）的一個大型銷售集會上演講，我到那裡的前一天晚上，這群人舉辦派對來作為所有活動的結束，這些人全都玩瘋了。其中一個人在凌晨三點上床睡覺，然後決定在房間裡放點冰塊，他茫然地站在那裡，想著是否要穿上衣服去拿冰塊。最後他想到：「現在是凌晨三點，製冰機就在門口的轉角，誰會看到我？我就這樣溜出去。」當然，他忘記了，一走進走廊，門就在他身後關上了。

很快地，他就拿了一桶冰在門外，心裡思考著自己有什麼選項，他最後確定自己沒有太多選擇，所以他放下一桶冰，低著頭，穿越哈利菲斯喜來登飯店的大廳，來到櫃台前面，一位年輕的女孩在櫃台，他跟她要另一把鑰匙。她直視著他，說道：「先生，給你鑰匙之前，我需要查看一下身分證明。」這就是情境的力量，他們難道不喜歡使用這個力量嗎？

談判中的關鍵問題是，有時你會遇到一種情況：人們有某種情境的力量可以掌控你，無論你是多麼優秀的談判者，你都會輸。如果無論如何你都必須做出讓步，那麼無論你做什麼，你最好盡可能優雅的讓步。對此感到沮喪，以致於失去對方的善意，並沒有意義，而且就算是這樣，你還是必須做出讓步。

有多少次我們去百貨公司要求退費時，店員跟我們說：「好吧，我們這一次就讓你退費，但這不是我們平常的規定。」這有什麼意義呢？如果無論如何你必須做出讓步，最好盡可能優雅的做出讓步，這樣才能保持對方的善意。

多年前我還是房仲的時候，我們公司在某個地方建造四棟新屋。在加州，我們通常使用澆置混凝土樓板進行建造。我們剛澆置完混凝土，市府施工處的檢查人員就把車停下來，走了過來，隨意地問道：「你們在做什麼？」

這對我們來說似乎不言而喻，但是他是出名的沒有幽默感，所以我們簡單的回答說：

「我們在澆置混凝土樓板。」

「在我檢查完排水系統前，你都不能施工。」他說，我們可以發誓他很享受這一刻。

接下來的事情看起來肯定像基斯通警察[15]（Keystone Cops）的例行公事。每個人四處奔走，試圖找到已經簽署的建築許可。隨著恐懼增加，我們意識到他是對的。有人犯了錯，檢查員擁有足夠的情境力量，我們必須派一個工作人員拿著鏟子去那裡，在混凝土凝固之前把水管挖出來，這樣施工檢查人員就能看一眼，並簽署確認。重點是：不要因為它而心煩，優勢談判高手會認清情境力量的本質，並會把情境轉移到自己確實有一定掌控權的領域。

需要記住的重點

1. 有時候，沒有權力的人會因為情境的關係，對你施加壓力。
2. 這在政府機關和大企業中非常普遍，在這些地方工作的人做事幾乎沒有什麼自由度，他們應該要按照書本上的規定去做。但是當某個情況讓他們可以掌控你時，他們很喜歡利用這個力量。
3. 認清情境力量的本質，不要因為這個力量而心煩意亂。

15 譯註：美國知名笑鬧默劇裡的警察。

第60章 資訊的力量

個人力量的最後一個要素是資訊的力量。共享資訊會形成一個契約，每當你要與某個人分享資訊時，你就會跟那個人更加親近。這就是為什麼在過去，每當國會議員通過約束自己的法律之前，很喜歡巡迴演講。可能受到國會立法嚴厲懲罰的協會，也會聘請參議院或眾議院議員在協會的年度大會上演講。

這個協會有能力付給那位議員一大筆的謝禮，不必涉及任何交換條件，光是立法的委員與協會會員相互聯繫這件事，就讓立法的委員與這個產業形成一個契約。藥品銷售人員很難與醫師碰面，所以他們都知道自己應該要一直帶著新的資訊出現，也許是一項新研究，因為與醫師共享資訊會讓他們與醫師形成密切的關係。

在這個網路時代，資訊作為一種個人力量，已經失去很大的影響力。「資訊就是力量」這句古老的格言已經有點過時。現在，只要在搜尋引擎上點擊幾下，就可以免費獲得資訊，想要隱瞞資訊變得更加困難。

資訊的力量作為一種親密的因素

隱瞞資訊往往會是一種恐嚇行為，大公司很擅長這樣做。他們會在行政層面上開發資訊，但是不會與員工分享這些資訊。並不是因為這個資訊有多秘密，也並不是因為它會造成任何傷害，只是因為這些大公司知道，在行政層面上的保密可以讓他們掌控員工。

以下是海軍訓練手冊上一段有趣的引述：

> 資訊的力量取決於你提供或隱瞞的資訊，或是你擁有對方不具備的知識。向下屬下達命令時，使用資訊的力量。下達命令時，應該讓下屬認為那項命令來自你的層級。當被迫遵守你不同意的命令時，不要在傳達命令時說：「那是部門長官說的。」以一種毫無疑問是你發起的命令來說明與呈現那項命令。

在談判時，不要告訴對方你被要求做某件事。提出你的建議，並讓他們思考你為什麼會那樣做決定。

人類天性有種欲望，想要知道正在發生什麼事。我們無法忍受有秘密。你可以把一頭牛放到田裡，牠會一輩子待在田裡，永遠不知道山的另一邊有什麼東西。美國太空總署（NASA）計畫花數十億美元飛往火星，因為我們非常需要知道火星上是否有微生物。

隱瞞資訊可能會讓人非常恐懼。讓我們想像一下，你已經向採購委員會做了詳細的簡報，委員會的成員們對你說：「我們需要討論一下，你介意在外面大廳等候嗎？我們準備好的時候會去叫你。」坐在外面的大廳，你會感覺很不舒服嗎？我們很討厭別人對我們隱瞞資訊。

一旦我們意識到他們對我們這樣做只是一種談判策略，他們就不再能用這點來恐嚇我們了。你要意識到，他們可能在那裡談論我們都知道的美式足球比賽分數，這樣的話，當我們回到談判中，我們的自信程度就減少了，而他們的權力卻提高了。一旦我們意識到這只是一種策略，他們就不再能用這個策略來恐嚇我們了。

需要記住的重點

1. 共享資訊可以與其他談判者建立親密關係。
2. 隱瞞資訊是一種恐嚇行為。
3. 在這個網路時代，「資訊就是力量」這句古老的格言可能還是正確的，但是由於很容易得到資訊，以致於很難隱瞞資訊，資訊也失去力量。
4. 不要告訴對方你被要求做某件事。提出你的建議，並讓他們思考你為什麼會做這樣的決定。

5. 當對方在談判中要求要找時間討論時，不要被嚇到，這可能只是要恐嚇你的策略。

6. 當你了解談判策略的動態時，你就不會被嚇倒。

第61章 把這些力量結合起來

現在你知道掌控其他人的八個要素。回顧一下，這些要素如下：

1. 正當性的權力（在市場中你的頭銜與地位的力量）。
2. 獎勵的力量（獎勵對方的能力）。
3. 懲罰的力量（幾乎總是一種感覺，而不是實際情況）。
4. 敬畏的力量（投射出一套價值觀的能力）。
5. 魅力（人格的力量）。
6. 專業能力（對方不具備的能力）。
7. 情境的力量（源自於情境的力量）。
8. 資訊的力量（對方缺乏的知識）。

花點時間對自己是否擁有這些要素進行評價，不是評價你看到的自己，甚至不是評價你真正的樣子，而是評價你認為別人看到的你。跟你談判的人在這八個領域中如何看待你？在每個方面給自己打分數，一至十分，一分表示力量非常弱，十分表示力量非常強。潛在的最高分數是八十分，如果你的分數在六十分左右，這對優勢談判高手而言是非常好的數字。你有力量，但是你對對方還是有同情心。如果你的分數超過七十分，我會擔心你跟對方打交道時太嚇人了。如果分數低於六十分，你就有一些弱點。檢查你給自己比較低分的要素，看看如何讓自己接近十分。

查看這個表時，請記住，這八個力量要素也是對方可以恐嚇你，讓你認為自己沒有任何力量的方式。下次當你在談判中感覺失去掌控力，也就是他們開始恐嚇你的時候，找出哪個要素對你產生影響。辨別出那個要素，可以幫助你處理這個情況。

現在讓我們來看看這八種力量的特殊組合。首先從敬畏的力量、魅力和專業能力開始。優勢談判高手知道，如果想要掌控整個談判，這三種力量的結合至關重要。你是否認識一個似乎更容易說服別人接受他的建議的人？你也許與老闆一起參加談判，他讓談判看起來更容易。他和對方坐下來，跟他聊了十五、二十分鐘。他看起來並沒有說什麼重要的事情，但是到了最後，對方卻說道：「我們來這裡幹什麼？我們是否需要頂級的產品線，或是我們可以採用什麼標準嗎？你們可以告訴我們，你們是專家。」

以下是他掌控對方的方法：他很好的散發出敬畏的力量、魅力與專業能力。敬畏的力量是指：「無論對我有什麼好處，我都不會做任何不符合你最大利益的事情。」這建立了信任，不是嗎？魅力則是有討人喜歡的個性。而專業能力則是：你的經理人向對方散發出他更了解情況，但又沒有顯得很傲慢。當你把這三個力量結合起來時，你就離控制這場談判的狀態很接近了。你已經非常接近對方做出決定的時刻了。「好吧，」他會說：「你們認為我們應該做什麼？」他已經把談判的掌控權交到你們這一邊。

個人力量的八個要素中，另一種組合對優勢談判高手更為重要，這些關鍵要素綜合起來的影響是很龐大的，當這四個要素聚集在一個人身上的時候，會發生難以置信的事情。這四個要素分別是：正當性的權力（頭銜的力量）、獎勵的力量（獎勵別人的能力）、敬畏的力量（一致的價值觀：無論發生什麼事情我都不會偏離）和魅力（個性：清楚展現出來的吸引力）。

當這四個要素聚集在一個人身上時，無論用在行善還是作惡，效果都很驚人。這就是一九三〇年代希特勒一直掌控德國的原因。他一直強調這個頭銜：元首！元首！元首！他一直強調獎勵的力量，他一直對德國人民說：如果我們這樣做，如果我們入侵捷克斯洛伐克和波蘭，我們就會得到這樣的結果。獨裁的敬畏力量：我們永遠不會偏離這點。希特勒還具有把人催眠的魅力，他的演講讓成千上萬人著迷。

沒有人比希特勒更堅持初衷

吸引我的地方是，希特勒在一九二六年寫完自傳《我的奮鬥》（*Mein Kampf*），在書中寫下接下來發生的每個細節，包括德國出兵捷克斯洛伐克和波蘭，再到烏克蘭，擴張德國的領土。雖然第二次世界大戰開始之前，這本書在德國已經發行五百萬冊，但並沒有翻譯成任何語言。希特勒嚴格控制他的書只能在德國境內流通，但我很難相信沒有書被運出境與翻譯。也許翻譯的人根本無法相信他計畫做的事情如此之大。或許我們太需要希特勒作為反共的堡壘，或許他們認為這是一個瘋子的胡言亂語，但是我們如果認真看待的話，我們就會知道他計畫的每個細節，因為他從來沒有偏離自己的初衷。

這也是大衛・柯瑞許控制德州韋科市大衛教派的方法，對他們的控制力道如此大，以致於不僅要告訴他們住在哪裡、思考什麼、想什麼、說什麼，還要告訴他們什麼時候死。大衛・柯瑞許告訴他的人民他是神，這是非常好的職稱，沒有什麼職稱比這個職稱更好的了！他一直強調獎勵的力量：如果你跟我在一起，你就會上天堂，如果你跟著他們走，你就會進監獄。敬畏的力量：我們不在乎世界上其他地方怎麼想，我們就是相信這些事。魅力：他具有催眠般的性格，這是所有邪教領袖的標誌。

硬幣的正面是印有約翰・甘迺迪（John F. Kennedy）那面，每個總統都擁有這個頭銜的權力。每個總統都有能力提供獎勵，但不是每個總統都能夠散發出一致的價值觀，這是吉米・卡特失敗的原因，也是比爾・柯林頓無法擺脫的困擾，因為他們似乎搖擺不定，這最終也導致理查・尼克森（Richard Nixon）失敗。

並不是每個總統都能散發魅力，這是傑拉德・福特（Gerald Ford）的問題。儘管他有很強的三個力量，但是他沒有清楚表達出來的吸引力。在理查・尼克森的職業生涯中，儘管他才華洋溢，卻很少有人喜歡他，這一直困擾著他。我認為這也是老布希會垮台的原因，特別是因為他在超有魅力的羅納德・雷根（Ronald Reagan）之後上台。

約翰・甘迺迪和羅納德・雷根都有很強的四種力量，這使他們成為現代史上最受歡迎的總統。看看巴拉克・歐巴馬迅速崛起，取得權力，以及他的四個力量得到的評價有多好。如果你專注在發展個人力量的這四個要素，你就能擁有這種力量。當你這樣做的時候，我向你保證，你會發現你在影響其他人的能力上有顯著的改變。

需要記住的重點

1. 根據其他人對你在這些領域的看法，以一至十分對自己評分。如果你的總分在六十分左右，對身為一個談判者來說是一件好事。
2. 這些力量結合起來非常強大。
3. 把敬畏的力量、魅力和專業能力結合起來特別強大。
4. 如果你的正當性權力、獎勵的力量、敬畏的力量和魅力都是十分，你就有強大的影響力可以影響別人。

第62章 其他形式的力量

個人力量的另一種形式是瘋狂的力量。我不認為你會經常使用這個力量，但你應該要了解。瘋狂的力量是指：如果你能讓對方相信你瘋了，你就可以掌控他們。

在共產越南再次向美國以外的人開放邊境之後，我在胡志明市（以前叫做西貢）和河內待了一週。在河內，我雇用一個導遊帶我四處參觀。她經歷過戰爭，我很想聽聽她的感受。當我問她她認為誰是最好的美國總統時，我知道她是公務員（因為每個人都處於共產主義的管轄之下），而且只會說她被授權說的話。

她想了想，然後說：「我不知道誰是最好的總統，但是我知道誰是最糟的總統，那就是理查·尼克森，他是最糟的總統。他想要向我們丟核子彈。他瘋了，他是最糟的總統。」我相信，即使是理查·尼克森，也不打算在河內投下核子彈。他和亨利·季辛吉制定一個策略，他們認為，如果他們能說服北越政府相信他們瘋了，他們就可以迫使他們上談判桌，而他們的做法非常有效。

在商業上，瘋狂的力量意味著一個人的反應方式反覆無常，以致於你永遠不知道他會如何對待你。有一天，你走進他的辦公室，他會張開雙臂擁抱你，下次你走進他的辦公室，他可能會把你趕出去。如果你能讓人相信你瘋了，你就有能力可以掌控他。

分擔風險的力量

個人力量的另一種形式是分擔風險的力量。如果你向對方傳達其他人正在分擔風險，你就可以控制對方。聯合投資的力量就是這樣：投資的人愈多，就愈容易吸引其他人加入。

如果我在你拋硬幣的時候以兩萬美元跟你賭五千美元，你應該很樂意接受這個賭注。我給你的賭注是在機率一半一半的情況下，賠率是四比一。（職業賭徒會告訴你，賭什麼並不重要，只要機率比應該要有的機率好就好了。）然而，拋硬幣輸五千美元的風險對你來說可能太大了，你會拒絕我。考慮一下：如果你能找到一百個人，他們都願意冒著虧五十美元的風險，你會下這個賭注嗎？你可能會這樣做，因為潛在收益相同，你意識到其他人正在跟你分攤風險。

同樣的原則也適用於聯貸投資。如果我要你在一家不動產聯合組織（real estate syndication）投資十萬美元，你可能不願冒那麼大的風險。即使我要你投資五千美元，你可能也會認為風險太大。然而，如果我告訴你，我還有十九位投資人已經準備出資五千美元，你是第二十個人，你就有可能同意我的提案。另外，如果我建議你在二十個不同的聯合組織投資十萬美元，這樣做可能比在一個聯合組織中將十萬美元全部投資進去的機率大得多，因為你覺得你正在降低風險。

我們可以從中學到什麼？只要你能夠證明你要求對方承擔的風險有其他人分擔，你就發展出影響他們的力量。

混亂的力量

混亂也有力量。你聽起來可能覺得不太正確，因為你一直都很明白，困惑的頭腦會說不。確實如此，重要的是要確保跟你打交道的人了解他正在經歷的事情。然而，困惑的頭腦確實很容易被引導。

如果你正和某個人談判，而且告訴他：「你有兩種可能的選項，這兩個選項非常容易理解。我來向你解釋，你就能做出選擇。」透過這種方法，你幾乎沒有能力影響他，因為他很容易就看出每個選項的好處，並做出自己的選擇。

然而，如果你對他說：「有很多方法可以找到合適的選項，而這可能會讓人非常困惑。有二十五種不同的選項可供你選擇，除非你對每個選項都很熟悉，否則你很難知道哪個選項最適合你。好在我很熟悉這些選項，也成功指導過很多跟你有相同處境的人……」他會更加受到影響。我讓他愈困惑，他向我尋求指引的機會就愈大，只要我能讓他做一件事，那就是相信我。頭腦混亂的人很容易被引導，但前提是被引導的人信任領導者。

就像你看到的情況，混亂中蘊藏著龐大的力量。最好的防禦方式就是保持理智，不要讓別人混淆問題，進而讓你接受他們的構想。當他開始偏離正題時說：「我不明白所有細節跟我的選擇有什麼重要意義，我們不要混淆視聽，而是抓住關鍵問題，這樣說對吧？」

傳達你有很多選項的力量

如果你宣傳自己有很多選項，而且不需要在此時此地達成協議時，你就可以在談判中得到影響力。如果你強調你的產品或服務很有競爭力，買方可能會提高報價，特別是你告訴他們你不必銷售，而且價格肯定不會低於你的報價的時候。舉例來說，你可能會對潛在買方說：「我希望能給你更多時間做出決定，但是我現在需要知道，因為我已經有另外兩家的出價，對我來說，讓其他買方等待是不公平的。」

如果你是買方，任何賣方都會在得知你有許多其他選擇，而且價格更低時有所警覺，舉例來說，如果你正在回覆一個關於船或汽車的分類廣告，你可能會說：「今天晚上七點和八點我有另外兩個報價要看，他們的要求沒有比你多，但是我還是想考慮一下你的報價，我可以六點過來看你的報價嗎？」

在任何談判中，選項最多的一方擁有的力量就愈大。你愈讓別人覺得你有很多選項，身為談判者，你的力量就愈大。

需要記住的重點

1. 如果你能讓對方相信你瘋了，你就能控制他們。
2. 在商業界，這種老闆的反應是無法預測的。
3. 如果你能證明其他人正在分攤風險，你就能說服對方。
4. 頭腦混亂的人會說不，但頭腦混亂的人更容易被引導。
5. 談判中最重要的力量是傳達你有很多選擇。

第63章　談判動力

除了專業談判者以外，很少人會思考什麼東西在驅動其他談判者，因為我們往往都會假設，驅動對方的因素跟驅動我們的因素是一樣的。社會學家稱這是「社會中心主義」，這意味著我們認為，如果我們是他們的話，對方想要我們想要的東西。

優勢談判高手知道，如果我們是他們，我們想要的東西可能與他們想要的東西無關。優勢談判高手知道，我們愈能了解驅動對方的是什麼東西（他們真的想要實現的目標），我們就愈能在不放棄自己立場的情況下，滿足他們的需求。糟糕的談判者會陷入麻煩，因為他們擔心如果他們讓對方了解太多自己的情況，就很容易受對方欺騙。這位糟糕的談判者不想要找出驅動對方的動力，並向對方透露他們的動機，而是讓他的恐懼阻止他這麼開放。

福特汽車（Ford Motor Co.）企業關係執行副董事長，以及首席談判專家彼得・佩斯蒂洛（Peter Pestillo）強調，你必須評估這次的談判，並確定什麼東西對你來說最重要。「這是哪種類型的談判？」他說：「如果只是一次性事件，你可以專注在結果上，但是如果要持續維持關係，那談判成功就是要讓雙方都感到滿意。只拿你要的東西，不要試圖讓任何人難堪。」在這一章，我們會探討在對方跟你談判時，推動對方的不同因素。認識並理解這些驅動力是產生雙贏談判的秘訣。

競爭動力

競爭動力是新手談判者最了解的動力，這也是為什麼他們認為談判具有挑戰性的原因。如果你認為對方想以任何方式擊敗你，你就會害怕遇到比你更好的談判者，或是遇到更無情的人。汽車經銷商有這種驅動力，汽車銷售人員會藉著提供「城裡最低價」來吸引顧客，但是卻是根據銷售人員的銷售獲利來支付報酬給銷售人員。顧客想要最低的價格，即便這會讓經銷商虧錢，或是讓銷售人員失去佣金。而銷售人員想要拉抬價格，因為這是讓他賺錢唯一的方法。

競爭動力的談判者認為，你應該盡可能去了解對方，但是要讓對方對你一無所知。知識就是力量，但是競爭動力的談判者認為，正因為如此，你發現的愈多，透露的愈少，你的處境就會更好。蒐集資訊時，他不相信對方談判者告訴他的任何事情，因為這可能是一種詭計。他會接近對手的員工或同事，藉此秘密蒐集資訊。

這種方法與雙贏哲學背道而馳，雙贏哲學認為，讓雙方都滿意的方法是擴大談判範圍，尋找主要問題之外的問題，在不損害雙方基本需求的情況下做出讓步。彼此競爭的談判者對於雙贏沒有幫助，因為雙方不夠信任對方，無法分享資訊。

因為他認為對方也會對他做同樣的事情，所以他會努力防止洩漏資訊給對方。導致這種方法的原因是假設必定有個贏家，而且必定有個輸家。這裡缺少的東西是考慮到雙方都有可能獲勝，因為他們並不是為了完全相同的事情在努力，而且藉由更了解對方，雙方都可以把對對方很重要，但對自己並不那麼重要的東西讓出去。

解決動力

解決動力是最好的談判情況。此時，對方渴望找到一個解決方案，而且願意討論實現這個目標最好的方法。這意味著沒有人會威脅對方，而且雙方都真誠的談判，要找出雙贏方案。使用解決動力的談判者會為創造性的解決方案抱持著開放的態度，因為他們覺得一定有個更好的解決方案他們還沒有想到。要有開放心態才能發揮創造力。像買房子這樣簡單的交易，就可以看到買方和賣方在交易中提出各種變數，讓買方承擔相關標的貸款（underlying loan），就可以調整買方的融資成本，賣方也可以提供買方融資，同時繼續承擔相關標的貸款（稱為打包相關標的貸款〔wrapping the underlying〕）。

買方可以給賣方額外的時間去找另一間房子，藉此滿足賣方的需求，賣方也可以從買方那裡長期租回房屋。房價可能包括所有家具或部分家具，賣方可以保留房屋的終生產權，這樣他們就可以一直住在那裡直到去世。對於需要現金又不想要搬家的老年人來說，這是一個好注意。房仲的費用可以被取消，或是房仲可以要求以票據而非現金的形式收取費用。買方可以入住，但為了賣方的所得稅問題，可以晚一點辦理交屋手續。

與使用解決動力的人談判最大的好處是，對他而言，沒有什麼東西是一成不變的。他不會受到公司規定或傳統的限制，他覺得一切都可以談判，因為每件事情都可以透過談判解決。只要不違反法律或他們的個人原則，他就會傾聽你提出的任何建議，因為他不認為你跟他是在相互競爭。

這聽起來很像是完美的解決方案，不是嗎？雙方合作尋找完美、公平的解決方案。不過，有一點要注意。對方可能是假裝看起來有動力要找解決方案。一旦你把牌攤在談判桌上，並準確地告訴他你準備要做什麼的時候，他可能就恢復為競爭動力談判。如果情況看起來好到難以置信，那就要小心了。

個人動機

你可能遇到這樣的情況，其他談判者的主要動機並不是為了贏而贏，或是找出完美的解決方案，他們的主要動機也許是個人利益或擴張權力。我很快想到一個案例是，有個律師是根據工作量收費，而不是根據緊急程度收費。太快找出解決方案並不符合這位律師的最大利益。當你遇到這種情況時，你應該看看可以採取什麼措施來滿足那位律師收取更多費用的個人需求。威脅把你的解決方案越過律師直接交給他的委託人，可能會符合你的最大利益。當然，他可能不喜歡這樣的做法，但是如果他感覺你越過他向他的客戶提案，他的客戶會接受這種妥協方案，你也許可以強迫他接受你的解決方案。

另一個例子可能是一位年輕的公司談判代表，他想要給公司留下好印象。他最不想做的事情就是空手而回，因此你的最佳策略可能是確定他有個最後期限，並拖延談判。如果他寧可同意任何事情，也不願意空手而回，那麼你也許可以在去機場的豪華轎車上得到一個很好的方案。

另一個例子是工會談判代表希望在會員前面有良好的形象。在這種情況下，提出一個無法接受的最初要求可能會符合雙方的最佳利益，這樣他在之後就可以回頭跟會員說：「我無法為你們提供你們想要的東西，但是聽聽他們一開始採取的談判立場，我已經幫你們一直拉低他們的要求了。」如果你提出一個更溫和的開放談判立場，他可能很難跟會員推銷這個方案，因為會員會覺得工會不夠努力在為他們爭取權益。

組織動機

你可能會發現自己處於一種情況：對方談判者似乎有很好的解決動機，他確實想找到最好的解決方案，但問題是這必須是他可以推銷給他的組織的解決方案。這種情況在國會上經常發生，參議員或眾議員渴望達成明智的妥協，但是他知道會受到自己所在的州與地區選民嘲笑。在票數接近的情況下，你會一直看到這種情況。

在國會中，得到選民支持的政治人物都會迅速做出承諾。而在自己選區遇到麻煩的人可能想支持自己的政黨，但又不甘心遵守黨的規則。在這種情況下，政黨的領導階層會一一數人頭，看看他們需要多少票才能獲勝。然後他們會放手讓最可能會因為支持那個方案而受到最大傷害的議員投反對票。在我看來，那些受到傷害最小的人會像待宰的羔羊一樣被引導，被迫投票支持那個法案。

我很難相信任何聰明的參議院議員會反對在我們的街道上禁止攻擊性武器，但是他們當中有很多人在更激進的選民壓力下，反對槍枝管制法案。

當你跟必須取悅組織的人談判時，他可能不願意告訴你他的問題，因為這看起來太像勾結了。你必須積極主動，並思考「是誰讓他在這件事上覺得很為難」，來察覺組織動機。是他的股東、法律部門，還是政府監理機關，他必須繞過他們才能執行最佳解決方案？如果你了解他的問題，你也許可以採取一些措施來使解決方案更適合他的組織。舉例來說，你可能在公開場合採取比在談判桌上更激進的立場，這樣，你的妥協就會顯示出你做出重大讓步。

有一次，有家公司在裝配工人工會罷工時雇用我來幫助他們。工會的談判代表認為他們談判出來的解決方案是合理的，但是他們不能說服正在氣頭上的會員。我們制訂一個解決方案，地方報紙採訪公司的董事長。在採訪中間，他對於公司陷入當前的困境表示由衷的遺憾。

那位董事長說，工會無法說服會員接受這個計畫，董事長也無法說服董事會和股東接受其他計畫，看來這場罷工很快會迫使他把生產從這間工廠轉移到墨西哥的組裝廠。第二天，工人的配偶們打開報紙，看到標題是：〈工廠關門——就業機會南移〉。

到了那天下午，工人的配偶們已經給工人施加足夠的壓力，以致於他們大聲要求要接受之前拒絕的提案。如果你正在與必須拿計畫說服給他的組織的人打交道，應該要一直尋找可以更容易做到這一點的方法。

態度動機

態度動機的談判者相信，如果雙方互相信任、互相喜歡，就能解決爭議。態度動機的談判者永遠不會透過電話、電子郵件、簡訊、傳真或中間人來解決問題。他們想要面對對方，這樣他們就可以感受到那個人是誰，相信這樣的想法，而且「如果我們彼此足夠了解，就能夠找到解決方案」。

吉米．卡特就是態度動機的談判者。當北韓拒絕放棄核子武器計畫時，他開始跟北韓接觸。他在戰爭快要開打之前一直與海地的塞德將軍見面，並懇求柯林頓總統花幾分鐘跟這位將軍講道理。當他最終達成和解時，他要求這位獨裁者來到他位於喬治亞州普萊恩斯（Plains）的教堂，在主日學校教課。這種談判的問題在於，很容易導致出姑息對方的結果。

態度動機的談判者非常渴望找到對方的優點，因此很容易被騙。一個好的例子是英國首相內維爾．張伯倫（Neville Chamberlain）在最後一刻都努力避免與希特勒發生戰爭。他回到英國，宣稱他只放棄捷克斯洛伐克的一部分，就避免了戰爭。希特勒已經意識到他是個傻瓜，沒過多久，世界其他地方就同意希特勒的看法。

談判雙方互相了解與互相喜歡對談判是有幫助的，因為除非彼此信任，否則很難創造出一個雙贏的解決方案。然而，優勢談判高手知道，你必須創造出一個符合雙方最佳利益的解決方案。然後，支持那個對雙方都有利的協議，並確保那個協議得以執行。

需要記住的重點

1. 不要犯下社會中心主義，如果我們是他們，我們想要的東西可能跟他們想要的東西沒有關係。
2. 你愈了解對方的動機，就愈有可能創造出雙贏的解決方案。
3. 競爭動機的談判者不會分享可能對對方有幫助的資訊，也不相信對方提供的資訊。
4. 解決動機是指雙方互相信任，努力尋求雙方都接受的解決方案。
5. 小心競爭動機談判者偽裝成解決動機談判者。
6. 有時，個人動機談判者的需求比找到最佳解決方案更重要。
7. 組織動機談判者可能會很滿意解決方案，但是無法說服他們的人，也無法想出幫助他們說服組織的方法。
8. 態度動機的談判者對於贏得對方的友誼抱著太多自信。反過來說，努力找出對雙方都有好處的解決方案，那麼你們是否喜歡對方並不重要。

第64章 雙贏談判

最後來談談雙贏談判。我認為你應該跟對方合作，找出你們的問題，並發展出一套雙贏的解決方案，而不是試著去主宰對方，並欺騙他去做他通常不會去做的事。你對此的反應可能是：「羅傑，你顯然對我這一行不太了解，跟我談判的人不會手下留情，在我這一行沒有雙贏這件事。我賣東西的時候，我顯然試著要盡可能用最高的價格賣出，而買方顯然試著要以盡可能低的價格買進。當我買東西的時候，情況正好相反。我們到底要怎樣才能雙贏呢？」

我們來看看這裡最重要的問題。當我們說雙贏的時候，意思是什麼？這真的意味著雙方都贏了嗎？還是說雙方都輸了才公平？如果雙方都認為自己贏了，對方輸了，這是雙贏嗎？在你排除這種可能性之前，請多考慮一下。如果你正在賣東西，而談判結束時，你心想：「我贏了，如果對方是很好的談判者，我會把價格殺得更多。」這樣該怎麼辦？

然而，對方認為他贏了，如果你是更好的談判者，他就會付出更多。你們兩個都認為自己贏了，對方輸了，這是雙贏嗎？是的，我想是的，只要這是一種永久的感受，只要你們明天早上醒來時都不是想著：「天啊，現在我知道他對我做了什麼，我再見到他的時候，等著瞧。」

這就是為什麼我強調要做讓對方感覺自己贏的那些事情，像是：

- 不輕易接受第一個報價。
- 要求比期望得到的更多。
- 對對方的提案望而卻步。
- 避免咄咄逼人。
- 扮演不情願的買方或賣方。
- 使用定錨技巧。
- 使用訴諸高層和白臉／黑臉策略。
- 永遠不要提議要平分差價。
- 擱置造成僵局的問題。
- 總是要討價還價。
- 讓你的讓步逐漸減少。
- 讓對方容易下台階。

雙贏談判的第一個規則

首先要學會的是：不要把談判範圍縮小到一個議題。舉例來說，如果你解決其他問題，而唯一需要談判的就是價格，那麼就必須有人贏，有人輸。只要你把很多問題放到檯面上，你就可以隨時進行權衡，這樣對方就不會介意在價格上讓步，因為你可以提供一點回報。

有時，買方會試著把你的產品視為大宗商品，他們會說：「我們要大量買這些東西，只要符合我們的規格，我們不介意是誰製造，或是來自哪裡。」他們試圖把這個談判視為單一問題的談判，要說服你做出有意義的讓步，唯一的辦法就是降低價格。在這種情況下，你應該盡可能將其他問題，例如交貨、條件、包裝和保固等等，擺到檯面上，以便你用這些項目進行權衡，並擺脫這是單一問題談判的看法。

在一次研討會上，一位房地產銷售人員過來找我。他很興奮，因為他幾乎已經完成一場大型商業辦公大樓的合約談判。「我們已經為此努力一年多，」他說：「而且我們幾乎已經要完成這項談判了。實際上，我們已經解決所有問題，除了價格，而且我們之間的差距只有七萬兩千美元。」我望而卻步，因為我知道，現在既然他把問題縮小到只有一個，那麼就必定有贏家，也必定有輸家。無論他們離成交有多接近，他們都可能會遇到麻煩。在單一問題的談判中，你應該增加其他要素，以便稍後可以討價還價，而且可以明顯做出讓步。

一個間諜的間諜

冷戰期間，聯邦調查局幹員逮捕蘇聯駐聯合國代表團成員、物理學家根納季·札哈羅夫（Gennady Zakharov）。當他在紐約地鐵站的月台上以現金購買機密文件時，聯邦調查局當場把他逮個正著（請原諒我使用這個雙關語）[16]。一週後，蘇聯國家安全委員會（KGB）逮捕《美國新聞與世界報導》（*U.S. News and World Report*）駐莫斯科記者尼古拉斯・達尼洛夫（Nicholas Daniloff）。九個月前，他們設局讓一名裝扮成牧師的國家安全委員會幹員要求達尼洛夫幫他向美國大使館遞交一封信。

現在，蘇聯要求釋放札哈羅夫，以換取釋放被他們稱為間諜的達尼洛夫。雷根對於他們明目張膽的舉動感到憤怒，拒絕他們的要求，而且這個事件開始威脅到即將舉行的軍備控制高峰會。大家都知道，與世界和平的可能性相比，札哈羅夫和達尼洛夫的命運微不足道，但是現在雙方都固守自己的立場，對共同的利益視而不見。這是一場只有一個問題的談判：我們是否要以札哈羅夫交換達尼洛夫？雷根總統堅決表示他不會成為蘇聯國家安全委員會的代罪羔羊。

最後，西方石油公司（Occidental Petroleum）董事長阿莫德・哈默（Armand Hammer）前來救援，他從革命以來一直在俄羅斯做生意。他知道打破僵局的方法是在談判中引進另一個問題，這樣俄羅斯人就可以提供一個讓美國滿意的妥協方案。他建議蘇聯釋放異議分子尤里・奧爾諾夫（Yuri Orlov）和他的妻子伊莉娜・瓦利托娃（Irina Valitova），他們也同意了。這打破了僵局，因為雷根堅持不用俄羅斯間諜交換美國記者的立場，但是現在他可能會發現新的交易是可以接受的，因為這並沒有違反他先前聲明的立場。

如果你發現自己在一個問題的談判中陷入僵局，你應該試著添加其他問題，這叫做擴大大餅，而不是切分利益。幸運的是，在談判中，通常不只有一個主要的問題，還有很多問題也很重要，雙贏談判的藝術就是將這些要素拼湊起來，就像拼圖一樣，這樣雙方都能獲勝。

第一個規則是：不要把談判範圍縮小到只針對一個問題。雖然我們可以藉由在小問題上找到共同點來解決僵局，但是為了讓談判繼續進行，就像我在第十章教過你的那樣，你永遠不應該把談判範圍縮小到一個問題。

雙贏談判的第二個規則

人們並不會追求同一件事。我們都會壓倒性的認為其他人想要我們想要的東西，而且因為這樣，我們相信對我們重要的事情，對他們也很重要，但事實並非如此。

新手談判者最容易陷入的最大陷阱是假設價格是談判中的主要問題。除了價格以外，其他許多因素對對方來說也很重要。你必須讓他相信你的產品或服務的品質，他需要知道

16 譯註：這裡用的字是 red-handed，意思是指在犯罪現場被抓到，因為紅色是共產黨的代表色，因此作者在這裡是要指抓到蘇聯的間諜。

你會按時交貨，他想要知道你會對他們的帳戶給予充分的監督管理，還有，你的付款條件多有彈性？你的公司有財務實力成為他們的合作夥伴？你是否得到訓練有素、積極進取的員工的支持？

這些因素與其他六個因素都會發揮作用。當你讓對方相信你可以滿足所有這些要求時，價格才會成為決定因素。雙贏談判的第二個關鍵是：不要假設他們想要你想要的東西。如果你這樣做，你就會進一步假設，你在談判中幫助他們得到他們想要的東西所做的任何事情，都會幫助他們，並傷害你。

只有當你明白人們在談判時並不希望得到相同的東西時，雙贏談判才得以實現。優勢談判高手關注的不僅僅是要得到你想要的東西，還要關心對方想要得到什麼東西。當你和某個人談判時，最強而有力的一個想法不是「我能從他們那裡得到什麼？」而是「我能提供他們什麼東西，而且不會影響我的立場？」因為當你給他們想要的東西時，他們也會在談判中給你你想要的東西。

雙贏談判的第三個規則

不要太貪心。不要試圖拿走桌上最後一塊錢。你可能覺得自己勝利了，但是如果對方覺得你戰勝了他，這對你有幫助嗎？撿起桌上剩下的最後一塊錢是很昂貴的，有個人參加在圖森舉行的研討會，他告訴我，他之所以買進他擁有的公司，是因為潛在買方犯了錯。

對方苦苦討價還價，把賣方逼到沮喪邊緣。買方蠶食到最後一口之後說：「在轉讓所有權之前，你要給那輛敞篷小貨車換上新輪胎，不是嗎？」最後一根稻草壓垮了賣方。那位老闆憤怒的回應，拒絕把公司賣給他，而是賣給在參加研討會的那個人。不要試圖得到一切，在桌子上留一點東西，讓對方覺得自己也贏了。

雙贏談判的第四個規則

談判結束後，把一些東西放回檯面上。我並不是要你告訴他們你會給他們超出談判的折扣，我的意思是比你的承諾做出更多的事情。給他們一點額外的服務，多關心他們一點，然後你就會發現，對他們來說，他們不必談判的那點額外的東西，比他們必須談判的一切更重要。

現在讓我回顧一下我教你們跟雙贏談判有關的內容：人們有不同的性格，因此，他們的談判方式也不同。你必須了解自己的風格，而且你的風格如果與其他人不同，你必須使自己的談判風格適應他們的風格。在談判中，不同的風格意味著不同的人為了得到自己想要的東西，有不同的目標、關係、風格、缺點，以及方法。

勝利是一種感受，藉由不斷讓對方感受到自己已經贏了，你可以讓他相信他已經贏了，不必向他做出任何讓步。不要把談判縮小到只有一個問題，不要認為幫助對方得到他想要的東西會影響你的立場，你們並不是為了同樣的事情在談判。糟糕的談判者會試圖迫使對方放棄他們已經採取的立場，但是優勢談判高手知道，即使立場相差一百八十度，雙方的利益也可能是相同的，因此他們努力讓人不去注意自己的立場，而是專注在自己的利益。不要貪心，不要試圖把桌上最後的一塊錢拿走。把東西放回談判桌上，做更多討價還價以外的事情。

請記住優勢談判高手的信條：

談判時最重要的想法不是「我能讓他們給我什麼？」問題在於：「我能給他們什麼，既不會影響我的立場，又可能對他們有價值？」當你給人們他們想要的東西時，他們也會給你你想要的東西。

需要記住的重點

1. 雙贏並不是意味著雙方公平的讓步，也不是雙方得到公平的利益。
2. 只要雙方感覺自己贏了，即使雙方感覺對方輸了，就是雙贏。
3. 優勢談判意味著透過談判的方法，你可以得到你想要的東西，而且讓對方感覺自己贏了。

4. 如果你把談判範圍縮小到只剩下一個問題，就必定有贏家和輸家。保持足夠多的議題開放談判，雙方可能會感覺自己贏了。
5. 如果你正在進行單一問題的談判，請引進其他問題，這稱為擴大大餅，而不是切分利益。
6. 不要假設他們想要你想要的東西。如果你這樣做，你就會進一步假設，你在談判中幫助他們得到他們想要的東西所做的任何事情，都會幫助他們，並傷害你。
7. 不要試圖從談判桌上把最後一塊錢拿走。
8. 做更多討價還價以外的事情。
9. 請記住優勢談判高手的信條：**談判時最重要的想法不是「我能讓他們給我什麼？」問題在於：「我能給他們什麼，既不會影響我的立場，又可能對他們有價值？」當你給人們他們想要的東西時，他們也會給你你想要的東西。**

結論——最後的叮嚀

在這本談論談判的書中，我一直試著強調雙贏哲學：談判的解決方案不是要主宰對方，而是也要為他們取得勝利。永遠記住，人們給你想要的東西，不是發生在你主宰對方的時候，不是在你壓制他們的時候，當你能夠給他們想要的東西時，他們就會給你你想要的東西。

我試著強調我的信念：在任何談判中，目標不是擊敗對手，而是創造性的達成協議，讓每個談判者都感覺自己是贏家。我認為，在每一次的談判中，不論談判的目的是什麼，雙方都可以獲勝。不僅如此，我一直說雙方都應該要贏。

談判基準

我已經談到良好談判的一些標準，這些基準可以用來判斷談判的價值。這些標準不應該比舊英格蘭銀匠使用的標準寬鬆，因為他們可以在商品上打上自己的印記。這些標準不僅可以幫助你確定你是贏還是輸，還可以幫助你確定玩這個談判遊戲的表現有多好。

- **每個人都必須感覺自己是贏家。**你應該考慮的第一個標準是參與談判的每個人是否都感覺自己是贏家。如果對方離開談判桌時認為自己不是出色的談判者，低聲抱怨：「我簡直不敢相信，他勸我放棄一切。」那麼你可能沒有完成一次良好的談判。相反地，當雙方在結束交易時感覺好像已經完成一些重要的事情時，就已經完成一次良好的談判。
- **雙方都關心對方的目標。**第二個基準是雙方感覺都會關心對方的目標。如果你覺得對方在傾聽你說話，即使這樣做毫無必要，至少你會認為他們有考慮到你的需求。如果對方對你也有同樣的感受，那麼，身為談判者，你很可能可以成功營造一種溝通的氛圍，進而達成雙贏的解決方案。
- **對雙方來說，都是公平的。**第三個值得關注的基準是（雙方都應該擁有的）一種信念，那就是對方是以公平的方式進行談判。舉例來說，如果一支美式足球隊知道對方遵守規則，那麼他們並不介意會輸掉比賽。只要是公平的對抗，沒有人會介意一場艱苦的戰鬥。

如果一個候選人相信他的對手發起一場公平合理的競選活動，那麼他就不會在意自己的失敗。當出現犯規行為、違反規則，或是發生偷偷摸摸的事情時，這時談判者就會產生一種被背叛的感覺。雙方的談判團隊在結束談判時的態度應該是：「嗯，他們很強硬，而且他們很努力在談判，但是他們確實聽到我的觀點，我相信他們是以公平的方式進行談判。」

- **這個過程很愉快。**第四個基準是，每個談判者都應該感覺自己會喜歡在未來的某個時刻與對方或各方打交道。我們可以假設，這就是兩名西洋棋棋手離開比賽時的感受，他們認為比賽進行得很公平與順利。每個人都想要跟對方再次比賽，他們並不是為了要超越對方或報復對方，而是因為相互比賽的過程很愉快，而且很有挑戰性。
- **雙方都渴望遵守協議。**第五個判斷標準是相信對方有決心遵守合約中的承諾，雙方都應該有充分的理由相信對方會遵守協議中的條件。

如果任何一方感覺只要有機會，對方就會放棄自己的承諾，那麼這場談判就不是雙贏談判。因此，我對雙贏談判者的定義是，一個能夠從談判中得到想要的東西，同時仍然使自己達到這五個基準所建立的標準的人。失敗的談判者則是指無論他們在談判中達成多少目標，沒有滿足這些基準要求的人。

需求談判

重要的是要了解，每個人採取的行動都只是為了自己的利益，因此必須從這個角度出發來激勵對方。國際談判專家稱這是「需求談判」（needs negotiating）。這套哲學的基礎是一種概念，認為人只會為了滿足自己的需求而採取行動。在這種情況下，他們不一定需要滿足其他人的需求，才能達成可行的協議。談判的贏家會尊重對手的需求和價值觀，並積極努力去滿足他們的需求，以及自己的需求。

花一點時間去思考我們討論過的想法。如果你努力把它們應用到日常生活中，那麼在與其他人打交道的任何情況下，你都可以獲得驚人的掌控力。使用這些技巧可以幫助你達到你想要的成功水準。請記住，你需要或想要的一切，目前都由其他人擁有或控制。

現在你已經掌握可以更有效與這些人打交道所需要的技能。你需要以合乎道德的方法來使用它們，藉此達成對每個相關的人都有利的協議，也就是找出雙贏的解決方案。

現在你已經準備好成為優勢談判高手。你學到的技巧會使你有能力掌控事業上的任何狀況，以便你和你的公司能夠順利地獲得最好的交易。更重要的是，這些技巧會讓你有能力去管理生活中的衝突。從現在開始，永遠不應該因為憤怒或沮喪而失去對局勢的控制。

從現在開始，你的生活將由自己掌控。從現在開始，你可能會顯得心煩意亂或很生氣，但你這樣的作為可以當成一種特定的談判技巧，你永遠不會失控。即使只是一件簡單的事情，像是要你的兒子打掃房間，或是要你的女兒按時上床睡覺，你都會掌控一切。

從現在開始，你就會明白，任何時候你看到衝突，都是因為一個以上的參與者不了解優勢談判技巧。無論是夫妻吵架、老闆解雇員工、工人罷工、犯罪，還是難堪的國際事件，優勢談判高手都知道，事情會發生，是因為參與者不知道在不訴諸衝突的情況下，如何得到他們想要的東西。我期待有一天衝突都可以避免，因為大家都會知道如何透過良好的談判技巧獲得想要的東西。我邀請你跟我分享這個願景，現在承諾要一直練習良好的談判技巧，來消除你和周遭人生活中的衝突。那麼，你樹立的榜樣會幫助我們進入一個光明的新未來，暴力、犯罪、戰爭都會成為不符合時代潮流的事。

國家圖書館出版品預行編目資料

優勢談判：把自己的思想放進別人的腦袋，把別人的錢放進自己的口袋 / 羅傑．道森著；陳諭聖譯. -- 初版. -- 臺北市：平安文化, 2024.6 面； 公分. --（平安叢書；第 799 種）(溝通句典；65)
譯自：Secrets of Power Negotiating
ISBN 978-626-7397-46-6（平裝）

1.CST: 商業談判 2.CST: 談判策略

490.17 113007263

平安叢書第 799 種
溝通句典 65

優勢談判

**把自己的思想放進別人的腦袋，
把別人的錢放進自己的口袋**

Secrets of Power Negotiating

作　　者—羅傑．道森
譯　　者—陳諭聖
發 行 人—平　雲
出版發行—平安文化有限公司
台北市敦化北路 120 巷 50 號
電話◎ 02-27168888
郵撥帳號◎ 18420815 號
皇冠出版社（香港）有限公司
香港銅鑼灣道 180 號百樂商業中心
19 字樓 1903 室
電話◎ 2529-1778　傳真◎ 2527-0904
總 編 輯—許婷婷
執行主編—平　靜
責任編輯—陳思宇
美術設計— Dinner Illustration、李偉涵
行銷企劃—謝乙甄
著作完成日期— 2021 年
初版一刷日期— 2024 年 6 月

法律顧問—王惠光律師

讀者服務傳真專線◎02-27150507
電腦編號◎342065
ISBN◎978-626-7397-46-6
Printed in Taiwan
本書特價◎新台幣 549 元 / 港幣 183 元